国家科学技术学术著作出版基金资助出版

软体机器人
原理、设计及应用

Principle, Design and Application of Soft Robot

费燕琼 / 著

化学工业出版社

·北京·

内 容 简 介

本书从软体机器人的由来、概念及分类，结构、仿生机理与驱动原理，运动建模，控制原理及其控制系统设计方法，传感器，设计与制造等方面，全面阐述软体机器人的原理、设计及应用。该书是著者多年软体机器人科研成果的总结，对广大软体机器人理论研究、设计制造人员和高校师生有较大的指导作用。

图书在版编目（CIP）数据

软体机器人原理、设计及应用/费燕琼著. —北京：
化学工业出版社，2022.12
ISBN 978-7-122-42735-9

Ⅰ.①软⋯ Ⅱ.①费⋯ Ⅲ.①机器人技术 Ⅳ.
①TP24

中国国家版本馆 CIP 数据核字（2023）第 006212 号

责任编辑：王　烨　陈　喆　　　　　　　　　装帧设计：刘丽华
责任校对：王鹏飞

出版发行：化学工业出版社（北京市东城区青年湖南街 13 号　邮政编码 100011）
印　　装：中煤（北京）印务有限公司
710mm×1000mm　1/16　印张 21¼　字数 430 千字　2023 年 11 月北京第 1 版第 1 次印刷

购书咨询：010-64518888　　　　　　　　售后服务：010-64518899
网　　址：http://www.cip.com.cn
凡购买本书，如有缺损质量问题，本社销售中心负责调换。

定　　价：158.00 元

前　言

近年来，软体机器人已经成为机器人研究领域中发展最快的方向之一，它在学术界的兴起表明了软体机器人技术在社会和工业中的作用和潜力。软体机器人由柔韧材料制成，可在大范围内任意改变机器人的形状及尺寸，具有高灵活性和高适应性。随着材料学的发展，各式各样的新型材料层出不穷，软体机器人的发展也受到各国科学家的重视。软体机器人与传统机器人相比能够更好地适应复杂工况，对环境产生的影响远小于传统刚体机器人，这使得软体机器人在特种作业、医疗和抓取工作中有着极大的应用前景。

目前软体机器人的研究还在起步阶段，结构的自由度、材料的非线性性质导致软体机器人设计、建模、分析、运动控制非常困难，传统机器人学的分析方法无法直接应用于软体机器人中。另一方面，目前对软体机器人的研究主要采用仿真与实验相结合的方法，缺乏驱动变形的理论建模和数学分析方法，因而对软体机器人有关设计、数学建模、原理分析等相关研究还不成熟。这些问题都为软体机器人的研究带来了挑战和机遇。

笔者在国内较早开始软体机器人的研究工作，在软体机器人顶级期刊 *Soft Robotics* 发表多篇有关软体机器人的前沿论文，考虑到目前市场上全面介绍软体机器人相关技术的图书非常匮乏，笔者拟结合已有成果及各类新颖的软体机器人研究经验，撰写本书。

本书在对软体机器人技术发展和科研动态进行全面综述的基础上，从软体机器人的由来、概念及分类，结构、仿生机理与驱动原理，运动建模，控制原理及其控制系统设计方法，传感器、设计与制造等方面，全面阐述了软体机器人的原理、设计及应用，突出软体机器人的设计思想、理论与方法。本书是笔者多年软体机器人科研成果的总结，希望对广大软体机器人科研和产业工作者有所帮助。

在编写过程中，很多同事和同行都给予指导和帮助，在此深表感谢！

由于笔者水平和时间所限，不妥之处，敬请广大读者朋友批评指正。

费燕琼于上海交通大学

2022 年 12 月

目　录

第8章 软体机器人的应用实例

参考文献

第 **1** 章
绪 论

1.1 软体机器人的由来

机器人（Robot）是人类制造出来的自动执行工作的机器装置。自 1920 年捷克斯洛伐克作家卡雷尔·萨佩克在他的科幻小说中提出机器人的概念，机器人开始逐渐进入人类的生活。从一开始在美国纽约世博会上展出的西屋电气公司制造的家用机器人，到现在的各类机器人，如生活机器人、医疗机器人、工业机器人、特种机器人等，在各行各业中都有着重要的应用。

而大家所熟知的机器人一般都是传统刚体机器人。传统刚体机器人一般是由刚性杆件通过刚性运动副连接构成，通过运动副的运动组合形成机器人末端执行器的工作空间，具有很好的运动精度。这种传统类型的机器人结构简单、便于控制，能够有效地代替人类去完成重复性较高的、有危险的工作。但受其结构与材料的限制，传统刚体机器人存在环境适应能力差、灵活性差等缺点。尤其是在狭窄空间中，无法通过小于机器人自身尺寸或者形状较为复杂的通道。这些缺点大大制约了传统刚体机器人在救援、军事、医疗等方面的应用。比如在地震、矿难救援中，经常要求机器人能够通过狭窄的墙缝、岩石缝等复杂的通道。在医疗应用中，尤其是外科、内科手术中，刚体机器人容易对人体器官组织造成损伤。

由于刚体机器人存在许多结构上的缺点且这些缺点难以解决，科学家们尝试从机器人的材料和结构上进行改进。他们为了进一步拓宽机器人的应用领域，研制出了超冗余度机器人。这种超冗余度机器人的关节自由度大于操作自由度，并具有更好的连续变形能力，例如图 1.1 所示的蛇形机器人。虽然超冗余度机器人的灵活性大幅度提高，但其本质是刚体机器人，仍无法改变自身固有尺寸。因此科学家们又提出了柔性机器人的概念。

柔性机器人具有高灵活性、可变形性和能量吸收特性等特点，对环境具有较强的适应性。高灵活性（自由度多）是指能够使得柔性机器人在复杂的空间环境下进

图 1.1 蛇形机器人

行灵巧运动的能力；可变形性是指为了使机器人完成多种任务，柔性机器人能够进行一定程度变形的能力；能量吸收特性是指机器人在工作时，能够有效减轻与外界环境碰撞所产生的作用力，提高其安全性能的能力。但是柔性机器人从本质上来说还是在刚体机器人的基础上进行设计制造的，因此在结构中同样存在一些刚体机器人的缺点。

为了能够使机器人更好地适应在复杂环境工况下工作，近年来科学家们提出了软体机器人的设计理念。与其他几种机器人不同，软体机器人使用的是纯软体的材料，有着极高的灵活性和适应性。随着软体机器人概念的提出，越来越多形状各异的软体机器人应用于生活和工作中。图 1.2 为各种软体机器人。

图 1.2 软体机器人

1.2 软体机器人的概念

软体机器人的定义为：由柔韧材料制成，可在大范围内任意改变机器人的形状及尺寸，具有高灵活性和高适应性的机器人。随着材料学的发展，各式各样的新型材料层出不穷，软体机器人的发展受到各国科学家的重视。软体机器人的设计灵感来自自然界中的软体动物，具有无限自由度、多种构型，理论上其末端执行器可以到达工作空间内的任意一点。得益于柔软材料，软体机器人拥有极好的环境适应性和灵活性，可以通过结构复杂的通道，甚至可以依靠变形穿过小于机器人外部尺寸的狭窄通道。表 1.1 对比了各种类型机器人的特性。

软体机器人的概念重在一个"软"字，由于其整体是可连续变形的，因此软体机器人与传统刚体机器人相比能够更好地适应复杂工况，对环境产生的影响远小于

表 1.1　各种机器人特性比较

项目	刚体	离散冗余度	硬质连续体	软体
自由度	少	多	无限多	无限多
材料应变	无	无	小	大
材料	金属,塑料	金属,塑料	形状记忆合金	硅胶、形状记忆合金、电活性聚合物等
精确度	很高	高	高	低
承载能力	高	较低	较低	低
安全性	低	低	低	高
灵活性	低	高	高	高
工作环境	结构化环境	结构化和非结构化环境	结构化和非结构化环境	结构化和非结构化环境
操作对象	固定尺寸	变尺寸	变尺寸	变尺寸
与障碍物相容性	差	好	较好	最好
可控性	容易	中等	难	难
路径规划	容易	较难	难	难
定位检测	容易	较难	难	难

传统刚体机器人。这一优点也使得软体机器人在特种作业、医疗和抓取工作中有着极大的应用前景。但软体机器人也同样存在一些问题，由于其有着无限多的自由度，导致软体机器人在运动和抓取的精确度和可控性方面较差，在传感器的使用和数据的采集中同样存在一些需要解决的问题。

1.3　软体机器人的分类

软体机器人主要由软材料构成，依靠自身形状在空间上的连续变化来实现运动，理论上具有无限多自由度。软体机器人分类情况说明如下。

① 根据用途的不同，可以分为：特种软体机器人、工业软体机器人、陆地软体机器人、水下软体机器人和勘探软体机器人等。

② 根据驱动方式的不同，可以分为：流体驱动式软体机器人、化学驱动式软体机器人、形状记忆合金驱动的软体机器人、电活性聚合物驱动的软体机器人（EAPs）、绳线肌腱驱动的软体机器人（TDA）等。

③ 根据结构类型的不同，可以分为：静水骨骼结构软体机器人、肌肉性静水骨骼结构软体机器人以及其他结构软体机器人。

④ 根据受控方式的不同，可以分为：点位控制型软体机器人和连续控制型软体机器人。

⑤ 根据软体机器人能量供给方式的不同，可以分为有缆驱动和无缆驱动式软体机器人。有缆驱动式软体机器人和无缆驱动式软体机器人特性比较如表 1.2 所示。

表 1.2 有缆和无缆驱动式软体机器人特性比较

软体机器人分类	驱动方式	辅助元件	驱动自由度	灵活性
有缆驱动式	气/液压驱动、形状记忆合金驱动、人工肌肉驱动	较多	少	低
无缆驱动式	化学驱动、电活性聚合物驱动	少	较多	高

⑥ 按照运动方式的不同,可以分为:扑翼式软体机器人、摆尾式软体机器人、喷射式软体机器人、蠕动式软体机器人、弯曲爬行软体机器人等。接下来将对软体机器人的不同分类进行详细的介绍。

1.3.1 按照用途分类

按照软体机器人的不同用途进行分类,软体机器人由于其整体结构的柔软特性,多用于特殊场合,完成一些特殊任务。首先是特种软体机器人。特种机器人一般指除工业机器人之外用于非制造业并服务于人类的各种机器人,一般分为民用和军用两大类,其中民用机器人又可以分为:医用型机器人、家务型机器人、娱乐型机器人、类人型机器人等。而军用机器人又可以分为:侦察型机器人、排爆型机器人、战场型机器人、扫雷型机器人、空中机器人等。而特种软体机器人与一般特种机器人的区别是可利用整体结构的柔软性更好地通过复杂地形,完成特殊任务。如图 1.3 展示的是哈佛大学研制出的一种能够穿越狭窄地形的软体机器人。

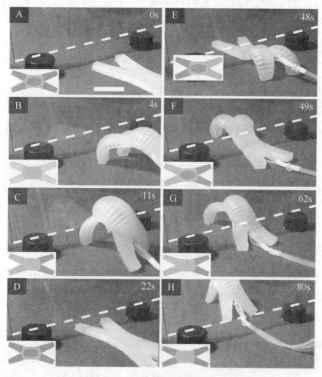

图 1.3 越障软体机器人

图 1.4 是一种可应用于管道维修、废墟搜救以及军事侦察等非结构作业环境中的特种软体机器人。其主要包括基体、微分磁性刚性单元或者微分磁性高分子复合材料、控制电源和控制电路。其中，基体包含头部、颈部、躯干部、脚和尾部五个部分，在躯干部内周向上设置多个通道，在通道内沿轴向嵌入呈小型片状结构的微分磁性刚性单元或者微分磁性高分子复合材料，通过控制各通道内的微分磁性刚性单元或者微分磁性高分子复合材料的伸缩量来实现机器人的弯曲和蠕动。该机器人采用了内置电源，避免遭受环境的破坏，并且机器人成形加工性好，动作连续、灵敏度高。

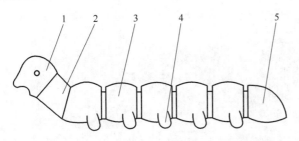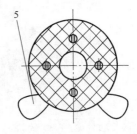

图 1.4　特种软体机器人

1—头部；2—颈部；3—躯干部；4—脚；5—尾部

陆地软体机器人一般指实现普通功能的陆用软体机器人，这种机器人是目前软体机器人的主要研究方向。陆地软体机器人能够在陆地上运行并工作，与陆地刚体机器人相比更能适应恶劣的工作环境。图 1.5 和图 1.6 所示为传统的陆地刚体机器人和陆地软体机器人。

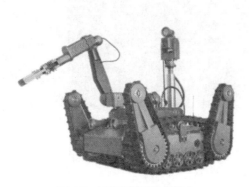

图 1.5　耐核辐射陆地机器人　　　　　图 1.6　陆地软体机器人

陆地软体机器人在地面上运动时，能够主动、被动柔顺适应环境，越过障碍物，具有很大的应用前景。目前陆地软体机器人采用的驱动形式主要为流体驱动、形状记忆合金驱动和化学驱动，其中流体驱动和形状记忆合金驱动控制难度较小，运动迅速，而化学驱动通过化学反应驱使机器人产生运动，控制较难，但运动速度较快。对这几种驱动形式将在第 3 章进行详细介绍。

除了流体驱动、形状记忆合金驱动和化学驱动,目前科学家们还在研究如何利用新材料制作软体机器人的执行器,比如图 1.7 所示的受磁畴影响的 3D 打印材料和图 1.8 所示的由生物肌肉细胞控制和驱动的软体机器人,具体的介绍也将在后面展开。

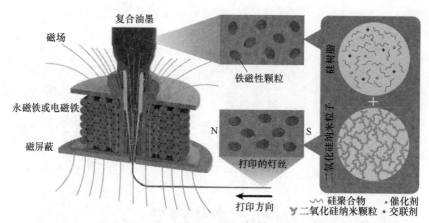

图 1.7 受磁畴影响的 3D 打印材料

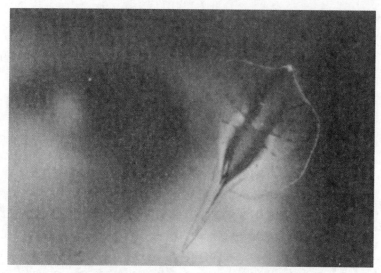

图 1.8 生物肌肉细胞控制和驱动的软体机器人

工业机器人一般指面向工业领域的多关节机械臂或多自由度机器装置,它能按照程序自动执行工作,是一种靠自身动力和控制程序来实现多种功能的机器人。现代的工业机器人还可以根据人工智能技术制定的纲领进行工作。而工业软体机器人由于其柔软、强适应特性,可以运输和传送一些精密或者容易被破坏的物体,并保证其不会被损坏。工业软体机器人除了拥有工业机器人可编程、拟人化和通用性的优点，如软体操作手等，不仅能够像人手一样有效地完成抓取和运输工作，还有着和人手一样的柔软性，能够对不同材质的物体进行操作而不破坏操作对象的结构。图 1.9 和图 1.10 分别为工业机器人和工业软体操作手。

图 1.9　工业机器人

图 1.10　工业软体操作手

随着现代工业制造智能化、高效化要求的提升，机器人在工厂中的使用越来越普遍。在工业生产中，人们越来越重视安全性，能够安全、高效地生产和加工是最为重要的，而工业软体机器人能够有效地解决安全问题，减少刚性机器人带来的安全隐患，工业软体机器人是目前非常火热的一个研究方向。

水下软体机器人，是水下机器人的一个延伸发展方向。水下机器人一般分为有缆式水下机器人（ROV）和无缆式水下机器人（AUV），是一种极限作业机器人，主要用来在海洋和河流湖泊中工作。1953 年，第一艘无人遥控潜水器问世，诞生了水下机器人的概念，此后的半个多世纪以来，随着海洋资源的探测和开发，水下机器人的发展速度也越来越快，从法国国家海洋开发中心建造的"逆载鲸号"无人无缆潜水器，到日本海事科学技术中心研究的深海无人遥控潜水器"海鲀3K"号，再到中国研制出的水下机器人"海龙 2 号"，各国都

图 1.11　水下机器人

在重视水下机器人的研究和开发。图 1.11 为水下机器人。

水下机器人目前已应用于生活的方方面面，在安全搜救、管道检查、科研教学、水下娱乐、能源产业、考古、渔业等领域发挥极大作用。但是水下机器人运行环境复杂，近年来软体机器人的出现，为水下机器人开辟了新的方向。水下软体机器人多采用仿照海洋软体生物结构的设计理念，能够更好地适应水下环境。水下软体机器人的特点是结构小巧，运动灵活，可用来进行海洋探测与检测，有着较大的

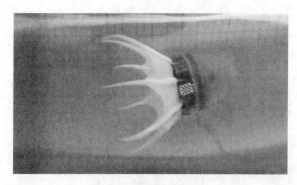

图 1.12 水下软体机器人

发展空间。但目前的难点是水下软体机器人的运动较为缓慢，没法进行精确的运动控制。如图 1.12 所示为水下软体机器人。

勘测机器人分为陆用和海用两种，主要用来勘探和检测各种资源的情况，如图 1.13 所示。由于在勘测过程中地形复杂，传统的勘测机器人很难穿过复杂的地形，因此一些学者提出勘测软体机器人的概念，尝试提高机器人的变形性和复杂环境的适应性来提高勘测机器人的越障能力。

图 1.13 勘测机器人

1.3.2 按照驱动方式分类

软体机器人的材质与结构的特殊性对其驱动方式提出了很多新的要求。软体机器人的驱动方式可分为流体驱动、形状记忆合金（shape memory alloys，SMA）驱动、电活性聚合物（electro-active polymer，EAP）驱动和化学驱动等。

流体驱动式软体机器人是一类使用流体（主要是气体或液体）进行驱动的软机器人，具体来说就是通过流体量的增加、减少使软体机器人内部腔体扩张、收缩，以达到受控变形和运动的目的。气动人工肌肉（pneumatic artificial muscle，PAM）是一种早期的流体致动器，是由纤维套筒包裹可变形弹性管体构成的一种

柔软的线性执行器。软体机器人使用
PAM 驱动的典型案例是哈佛软体机
器人实验室研制的人工心脏，如图
1.14 所示。人工心脏外体为硅胶浇
筑，内部螺旋状埋设人工肌肉。人工
心脏通过 PAM 控制自身运动，选择
性激活或关闭人工肌肉单元，进而模
拟心脏肌肉收缩规律。

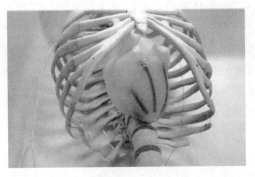

图 1.14　人工心脏

　　除了控制气体量引起软体驱动器
形变获得动力外，研究者们还通过压
缩气体产生冲量推动机器人前进。美国麻省理工学院 Denila Rus 等研制的尾鳍推
进机器鱼，如图 1.15 所示。它利用硅胶浇筑机器鱼的头部与尾部，用 3D 打印技
术打造连接架部分。尾鳍推进机器鱼采用压缩空气或二氧化碳等气体产生推力前
进，人工肌肉（尾部 2 组空腔）进行方向控制，无需拖缆、遥控，自备动力源自主
游动，可快速躲避障碍物。

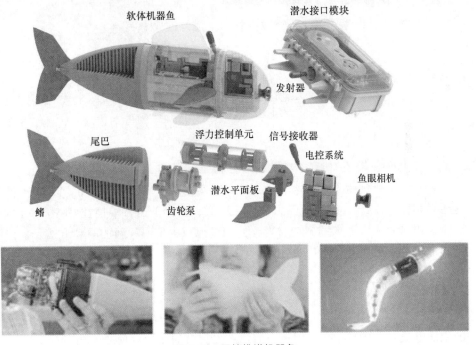

图 1.15　尾鳍推进机器鱼

　　除了流体驱动，通过形状记忆合金进行驱动也是常见的驱动方式。形状记忆合
金又叫"记忆金属"，是 20 世纪 70 年代发现的。它在微观状态下有两种较为稳定
的状态，在高温状态下可以变成任何形状，然后在较低的温度状态下对这种金属材

料进行形状改变，如拉伸或弯曲等，一旦对其重新加热，使其恢复到原来温度，它又会记起原来的形状而变回去，这种金属材料就称作形状记忆合金。

通过内置形状记忆合金执行器使软体机器人运动是当前较为流行的驱动方法，如意大利仿生机器人研究所研制的仿生章鱼，如图 1.16 所示。机器人全身由硅胶薄膜包覆网状形状记忆合金浇筑而成，通过网状形状记忆合金耦合变形实现触手的抓取，曲柄摇杆机构带动触手做出相应的爬行、游动等动作。此机器人的灵感来自自然界中章鱼的全柔性触手，样机受控变形效果近似生物原型，具有运动可仿真预测、环境自适应游动等优点。但仿生章鱼机器人仅触手开发较成熟，整机完成度低，驱动控制仍需拖缆辅助，存在较大的提升空间。具体有关形状记忆合金驱动的介绍将在第 3 章中展开。

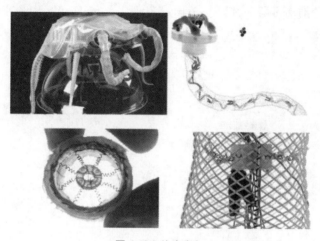

图 1.16　仿生章鱼

除了以上两种，还有通过电活性聚合物驱动的方式。电活性聚合物（EAP）是一类在外加电场刺激下产生大幅度形变的新型柔性材料。与形状记忆合金等传统功能材料相比，EAP 具有形变能力强、功耗低、响应迅速、柔韧性好等众多优点，因此常被用作软体机器人的驱动材料，并相应地衍生出一种新的驱动方式。根据不同的换能机制，EAP 驱动可以分为离子型（IPMC）和电场型（DE）两种驱动模式。

离子型 EAP 驱动是在电化学的基础上，以化学能作为过渡实现电能到机械能的转化，而 IPMC 材料的运用是这种驱动方式的典型代表。当对 IPMC 材料的厚度方向施加电压时，IPMC 会向阳极弯曲，产生较大的变形。反之，当产生弯曲变形时，IPMC 也会在厚度方向产生电压。通过这种特殊性质，IPMC 材料可以构成一个机电耦合系统。基于仿生学，使用 IPMC 软体材料制造软体机器人，如蛇形游泳机器人或多自由度微型机械手，通过切割 IPMC 致动器表面电极，可单独控制每个躯体身段，以便实现蛇形或多自由度微型机械手的弯曲运动。

电场型 EAP 驱动是由电场驱动产生电效应力，直接将电能转化为机械能，进而在宏观上表现出电致动特性。这种驱动方式可产生较大输出力，但激励电场电压较高。Kofod 等基于介电高弹性体材料制作了三角状软体抓手，可抓起轻质的柱状物体。Jung 等以蠕虫为仿生原型，设计出以 DE 材料为单元的执行器，以 6 个基本单元为一组，形成一个二级的柱形单元，并将组合成的二级单元连接成尺寸大小不同的蠕虫机器人，实现了 1mm/s 的爬行速度。有关电活性聚合物的介绍在第 3 章中展开。

化学驱动是指利用化学反应将化学能转化成机械能，从而驱动软体机器人变形，产生相应的运动。目前比较流行的是水凝胶方式和内燃爆炸驱动方式。

水凝胶（hydrogel）是以水为分散介质的凝胶。这种材料最早是美国约翰·霍普金斯大学于 2013 年发现的。在具有网状交联结构的水溶性高分子中引入一部分疏水残基和亲水残基，亲水残基与水分子结合，将水分子连接在网状内部，而疏水残基遇水膨胀的交联聚合物，是一种高分子网络体系，性质柔软，能保持一定的形状，能吸收大量的水。利用这种性质，可以将其作为执行器来驱动软体机器人运动和工作。

内燃爆炸驱动是典型的化学驱动。利用气体间燃烧发生反应使得气体体积膨胀作为运动机制，驱使软体机器人进行运动。哈佛大学 Tolley 等研制出自主跳跃软体机器人，如图 1.17 所示。该机器人外部躯体结构由硅胶树脂组成，依靠爆炸产生高压燃气进行推进。简单来说，就是一种"充气"再"放气"进而产生动力的跳跃方式。机器人底部设计了一个致动装置，装置内部加入了氧气和丁烷，通过火花点燃气体使气体爆炸后膨胀，利用躯体膨胀的程度不同则可以控制机器人弹跳的方

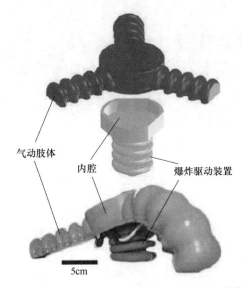
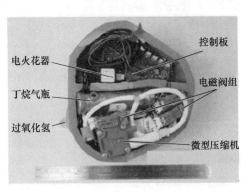

图 1.17　自主跳跃软体机器人

向。"放气"后的机器人弹跳高度可以达到 0.6m,不需外界控制系统就可以执行机器人的所有动作。利用 3D 打印技术打印出该机器人由刚性材料与软体材料混合的骨架,所有刚性部件如 PCB、气瓶、气阀、电池等放置于机器人内部,可以很好保护机器人在剧烈形变时不致损坏。

1.3.3 按照结构分类

软体机器人的结构直接决定了其变形能力,并进一步决定了软体机器人的灵活性和环境适应性。软体机器人受其特殊材料的限制,制造比较困难,因此在结构设计中必须同时兼顾机器人的变形能力和可制造性。在自然界中有许多由柔性材料构成的可动作结构的例子。大象的象鼻,哺乳动物、蜥蜴的舌头和章鱼的触手等都是柔软的结构,是肌肉静水骨骼,如图 1.18 所示,它们可以弯曲、伸展和扭曲。对

(a) 海星的触角

(b) 章鱼的触手

(c) 海葵

(d) 哺乳动物的舌头

(e) 鱿鱼

(f) 象鼻

(g) 棘皮动物

(h) 短鳍鱿鱼

(i) 尺蠖

(j) 蜗牛的脚

图 1.18 静水骨骼和肌肉性静水骨骼例子

自然界中软体生物结构的形态和功能的理解可以增加我们对软体机器人的认识，并且可以产生针对软体机器人新的设计。自然界向人类展示了软体机器人的潜在能力。

软体机器人的结构可大致分为静水骨骼结构、肌肉性静水骨骼结构及其他结构类型。

(1) 静水骨骼结构

诸如蠕虫和海葵之类的软体动物，它们缺乏脊椎动物（例如哺乳动物、鸟类和爬行动物）和节肢动物（例如昆虫和螃蟹）的刚性关节骨架。相反，这些软体动物依靠"静水骨骼"来支撑。静水骨骼一般情况下是一个充满流体的圆柱形腔体，由肌肉壁围绕、结缔组织纤维增强。流体通常是液体（基本上是水），因此可以阻止明显的体积变化。对于静水骨骼，如果肌肉壁中的肌纤维收缩减小其中一个尺寸，则必须增加另一个尺寸，通过布置肌肉组织，这些静水骨骼生物就可以主动控制所有部位的尺寸，并可以产生不同形状的变化和各种各样的运动。因此，该结构中的力传递不是通过刚性连杆提供，而是通过封闭流体中的压力来提供。这个简单的原理是各种软体动物支撑和运动的基础。通常在依赖刚性骨骼的生物体中，静水骨骼的支撑也很重要。例如，螃蟹在蜕皮过程中以及在新形成的角质层硬化之前脱落其外骨骼时依赖于静水骨骼支撑。

除了以多个方向排列的大型充满液体的空间和肌肉纤维外，大多数静水骨骼的外壁都用结缔组织纤维（最常见的是胶原蛋白）来加强，这些纤维排列成连续平行的纤维片，将内部包裹成左右手螺旋阵列。这种"交叉纤维螺旋结缔组织阵列"加强了外壁，并允许平滑弯曲和长度变化。

蠕虫的躯体是典型的静水骨骼结构，由表皮、肌肉、体液和神经系统组成。蠕虫的运动不是利用骨骼而是利用肌肉组织的压缩与扩张实现的。如图 1.19 和图 1.20 所示是 Tufts 大学提出的仿毛毛虫爬行机器人。这种机器人由致动器（SMA 弹簧）、硅胶表皮、控制系统三部分组成。

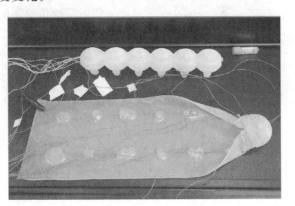

图 1.19 仿毛毛虫爬行机器人

(2) 肌肉性静水骨骼结构

肌肉性静水骨骼结构与静水骨骼结构不同，最大的区别在于肌肉性静水骨骼结构无封闭的流体腔，运动主要依靠不同方向排列的肌肉纤维。大象的鼻子、动物的舌头、软体动物的触手等都属于这种结构。肌肉性静水结构通常由相对抗的横肌和纵肌组成，横肌收缩，躯体纵向伸展；纵肌收缩，躯体横向伸展。

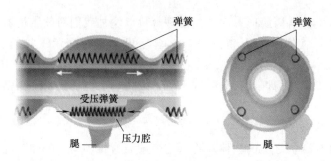

图 1.20　毛毛虫机器人结构

Kier 和 Smith（1985）引入了术语"肌肉流体静力学"来描述这种柔软的动物结构，这些动物的结构中缺乏大流体可填充的空腔。肌肉性静水压力的例子包括章鱼的触手、鱿鱼的触须、各种哺乳动物的舌头、象鼻和各种无脊椎动物结构。这些结构的肌肉组织产生运动力并支撑骨骼，所以能够进行多样化和复杂的运动。通过在生理压力下利用肌肉的不可压缩性并且通过肌肉组织来控制在空间中的所有运动，以与上述流体静力骨骼类似的方式实现支撑和运动。科学家已研究了多种肌肉性静水骨骼结构的形态和生物力学，包括鱿鱼触须、鱿鱼和墨鱼鳍、鹦鹉螺触手、章鱼吸盘、变色龙的舌头、人类舌头和非洲猪鼻蛙舌头等。

肌肉和强化结缔组织在肌肉静水压力的功能中起到了重要作用。动物肌肉的特点使其特别适合于软体驱动。Meijer 等总结了肌肉的性能指标范围，包括恒定长度下最大力的范围、长度对产生力的依赖性、力产生的速率等。肌肉虽然都是可收缩的，但在不同物种之间甚至在同一动物的不同肌肉之间都具有广泛的特征变异性。

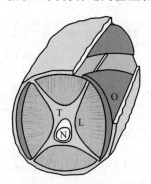

图 1.21　章鱼触手肌肉结构示意图

例如，鱿鱼触手的伸肌组织以大约每秒 15 个长度的峰值速度收缩，并且显示出约 $130\text{mN}/\text{mm}^2$ 的峰值应力，而鱿鱼触手中的类似肌肉组织仅以每秒 1.5 个长度收缩，但却显示出约 $470\text{mN}/\text{mm}^2$ 的峰值应力。尽管触手的伸肌组织在小于 30% 的应变范围内操作，但触手的牵开器肌肉组织在大于 80% 的应变范围内操作。其中章鱼的触手肌肉结构示意图如图 1.21 所示。

由于软体结构的应变放大机制有限，因此高移动性通常需要高应变。灭活后的肌肉可以很容易地伸展，并且在有限的压力下允许大的变形。然而，当被激活时，应力可以很大，以使结构能够适应环境及变形。动物肌肉的这种可变应力能力赋予肌肉独特的灵活性和承重能力。作为复杂的肌肉静液压器的一个例子，图 1.22 显示了章鱼臂的结构。

它具有不同取向的环绕中央神经的肌肉层。横向肌肉组织的纤维面向径向方向并且与临近的两层倾斜肌肉组织（斜肌层 OM）和纵向肌肉组织（纵向肌纤维 LM）交错，其分别螺旋缠绕在章鱼触手上并沿着触手的轴线对齐。由一层纵向肌纤维分开的两层斜肌层围绕外部皮肤下方的触手。斜肌纤维层以顺时针（CW）和逆时针（CCW）方向缠绕。肌肉层与结缔组织的不连续层和肌肉组织中的结缔组织纤维网络整合在一起。纵向肌纤维的收缩导致触手缩短。横向肌纤维的收缩对纵向肌纤维起拮抗作用，引起触手伸展。横向和纵向肌纤维的同时收缩增加了触手的弯曲刚度，使其承受负荷。如果纵向肌纤维不是围绕圆周均匀收缩，则触手在最软的方向上弯曲。因此，沿着触手的长度和围绕触手的周长刺激纵向和横向肌纤维可以使触手以复杂的形状发生弯曲。分别

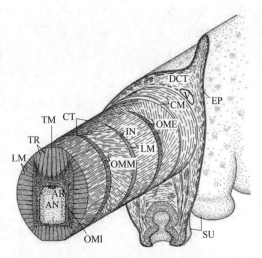

图 1.22　章鱼触手结构示意图

AN—轴神经；AR—动脉；CM—周围肌肉层；
CT—结缔组织；DCT—真皮结缔组织；
EP—表皮；IN—肌内神经；LM—纵向肌纤维；
OME—外斜肌层；OMI—内斜肌层；
OMM—中位斜肌层；SU—吸盘；
TM—横向肌纤维；TR—小梁；V—静脉

以顺时针（CW）和逆时针（CCW）的方式刺激斜肌纤维层可以在 CCW 和 CW 方向上扭转臂。这种柔软活性材料和结缔组织的复杂结构可以产生大而复杂的伸展、弯曲和扭转运动。

欧洲章鱼项目组提出了基于 EAP 人工肌肉的章鱼触手结构，如图 1.23 所示。这种结构由 4 个圆柱形轴向 EPA 肌肉和一组由 4 个弧形 EAP 肌肉构成的横向肌肉层组成。EAP 致动器由硅树脂双面镀金封装制成，通过对两端施加电压，可达到20％的收缩量。

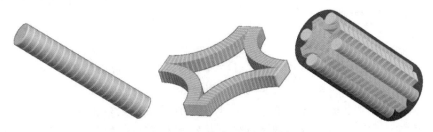

图 1.23　人工肌肉章鱼触手结构

（3）其他结构

气压驱动多气囊结构。其运动机理是通过给机器人的气囊充气，使机器人形

变从而实现运动。如图 1.24 所示为上海交通大学提出的多气囊爬行机器人，通过给机器人的气囊充气，驱使机器人产生一屈一伸弯曲变形，实现机器人的爬行移动。

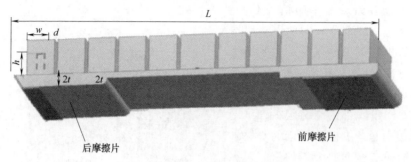

图 1.24 多气囊爬行机器人结构

日本立命馆大学 SHIOTSU 等提出了一种由 SMA 驱动的跳跃机器人，结构如图 1.25 所示。这种机器人的驱动主要靠 8 根 SMA 线组成的发散状结构，通过控制 SMA，使机器人形变，从而实现机器人的滚动。可以通过储存势能后瞬间释放，使机器人实现跳跃。

图 1.25 跳跃机器人

1.3.4 按照受控方式分类

按照软体机器人受控方式的不同，可以把软体机器人分为点位控制型软体机器人和连续控制型软体机器人两种。点位控制系统是一种位置伺服系统，它综合应用了电子技术、计算机技术、自动控制与检测等多个学科的知识，是使被控端按给定的轨迹和速度到达目的地的控制系统。点位控制系统一般包括执行机构、传动机构、动力部件、控制器、位置测量器等，执行机构是最终完成功能要求的动作部件，如机器人的末端执行器、数控加工机床的工作台等。一般的点位控制如图 1.26 所示。

点位控制在机电一体化领域和机器人行业有极其广泛的应用，工业机器人的指

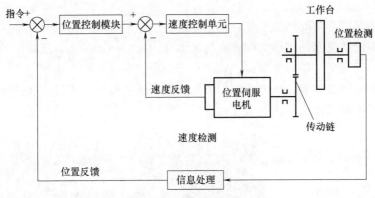

图 1.26　点位控制系统

端轨迹控制和行走机器人的路径跟踪等都是点位控制系统的典型应用。点位控制系统又分为闭环控制系统、半闭环控制系统和开环控制系统。目前多数行走式、移动式的软体机器人都是通过点位控制系统控制的，与连续控制相比，点位控制更加简单，便于操作。

连续控制与点位控制有较大差别，强调的是运动轨迹的连续控制和规划，比如在焊接机器人中，要求控制量是连续的模拟量。对模拟量的获取是连续控制中非常重要的一点。典型的连续控制软体机器人有医学中使用的软体机器人和特种环境中作业的软体机器人，这类机器人对路径的规划较为严格。

1.3.5　按照能量供给方式分类

无论是对于传统的机器人还是软体机器人，驱动机器人运动的能量都是不可或缺的。对于软体机器人，根据能量供给方式的不同可设计不同的软体机器人，因此选择如何进行能量供给也十分重要。一般情况下，按照能量供给方式的不同，可以将软体机器人划分为有缆驱动式软体机器人和无缆驱动式软体机器人。

有缆驱动式软体机器人是目前主流的软体机器人类型。通过缆线不但可以为软体机器人提供能量，还可以连接控制系统，输送和反馈传感器采集到的信号。比如软体抓取机器人、医疗手术机器人、康复机器人等，都需要持续稳定地为这些机器人提供动力和进行数据反馈。对于这一类机器人来说，稳定地控制和运行是最为重要的。

而无缆驱动式软体机器人是一种新型的、较难制造的机器人。由于没有缆线的连接，无缆驱动式软体机器人由自身提供能量，人们通过一些非接触的方式控制机器人。一般情况下，这种软体机器人体型较为小巧，多采用新型材料进行驱动，与有缆驱动式软体机器人相比运动较为缓慢，严格按照已规划路径进行运动的能力较差，但其优点是可以进入一些特殊场合进行工作，比如作为医疗机器人进入人体进行工作等。

图 1.27 所示是美国麻省理工学院研究出的一种 3D 打印的新型材料。这种材料可以随磁场的变化而产生变化，在打印过程中，通过永久磁铁或放置在喷嘴周围的电磁线圈沿着墨水的流动方向（或与墨水反方向）施加磁场，施加的磁场使磁化的磁性颗粒沿磁场方向重新取向，从而赋予挤出的油墨丝永久磁矩。可以通过切换施加的磁场方向或改变打印方向来调节沉积的墨的磁极性。通过改变磁场的方向和强度就可以控制软体机器人的运动和变形。

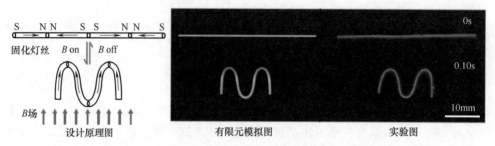

图 1.27 新型材料在磁场作用下的设计原理图、有限元模拟图和实验图

1.3.6 按照运动方式分类

软体机器人的结构机理决定了软体机器人运动形式和变形形式。按照其结构机理来分，可分为蠕动式爬行机器人，手状式机器人，扑翼式、摆尾式、喷射式水中机器人等。

首先是蠕动式爬行机器人。最早的软体机器人的设计思路主要来源于动物界一些昆虫的运动机理，如尺蠖、蠕虫、蝗虫等。在软体机器人刚兴起的时候，科学家们主要设计的是一些形状小巧、结构灵活的软体机器人，这类机器人大多仿照这些节肢动物的运动机理设计，运动效果良好。对于仿尺蠖式软体机器人，独特的运动形式使得该软体机器人不但能够稳定地前进，还可以进行避障，实现穿越狭窄地形的功能。如果对这种软体机器人进行改造，使其具有摄像、抓取等功能，那么它可以有效地完成特殊地形下的勘测和检测工作。如在有辐射危险的工厂中进行监测工作，或在野外地形中进行勘测等，软体机器人都可以很好地适应环境并完成工作。对于仿蠕虫式软体机器人，最主要的运动方式是仿照蠕虫的蠕动，采用蠕动方式运动的生物由多环节构成，各环节的肌肉收缩与舒张交替进行，形成可传递的波形，环节上同时布有刚毛或黏液等结构使生物本体通过摩擦力与地面进行锚定，并使得肌肉变化的波形可以沿身体轴向向前传递，从而实现生物相对于地面向前移动。对于仿蝗虫式软体机器人，采用的是跳跃运动的设计理念，一般都是以化学驱动的方式进行运动。

然后是手状式机器人，手状式机器人又分为软体抓取机器人、软体康复手机器人、软体灵巧手机器人等。这类手状式机器人多采用气动肌肉进行驱动，软体抓取机器人与一般的抓取机器人相比，抓取物体的部分采用的是柔软结构的材料，能够在稳定抓住物体的同时不破坏物体，对于果蔬类的采摘、精密元件的运送、易碎物体的抓取等有着重要的研究意义。

软体康复手机器人对于卒中所导致手部运动不便的患者来说有着重要作用。卒中被医学界公认为威胁人类健康的三大疾病之一，而卒中后导致偏瘫的概率达百分之五十以上，此类患者的康复需求引起了社会极大关注。随着机电一体化和机器人技术的发展，康复设备从早期的固定工作台式发展到可方便移动的便携式外骨骼机器人，由初期的传统机械结构发展到近期的柔软机构。软体康复手机器人能够像正常人肢体一样柔软，能与患者手部紧密贴合，可以有效地帮助患者进行康复训练。

软体灵巧手机器人的设计较为轻便、小巧，能够模仿人手完成一些灵巧的动作，如弹钢琴、打字等对手部要求较高的动作。手状式软体机器人有着较好的研究前景，是未来的主要发展方向之一。

还有一类是仿照水生生物设计的软体机器人。随着各国对海洋资源越来越重视，水下机器人的研究和开发也迅猛发展。与一般大型水下机器人不同，软体水下机器人的整体结构比较小型化，运动形式也与水中生物更加相似。如扑翼式软体机器人，其原理是仿照蝠鲼进行设计，蝠鲼又被称为魔鬼鱼与毯魟，它在运动时用胸鳍做柔性摆动，产生推进力。蝠鲼胸鳍的柔性摆动是由肌肉组织带动胸鳍中的软骨关节运动来实现的。摆尾式软体机器人主要是仿照鱼在水中的运动进行设计的，它通过模仿周期性摆动尾鳍或鱼体来获得水体驱动力，从而驱动摆尾式软体机器人前进。另外还有喷射式软体机器人，主要靠化学作用后喷出气体获得反向推力而往前运动。详细的介绍将在第 2 章展开。

1.4 软体机器人的发展历史

1.4.1 软体机器人国外发展历史

近年来，软体机器人已经成为机器人研究领域中发展最快的方向之一，它在学术界的兴起表明了软体机器人技术在社会生活和行业应用中的作用和潜力。可预料，软体机器人有美好的发展前景，但目前的软体机器人还很年轻。根据文献调查，"软体机器人"一词首先用于气动手爪，这是由于气体的可压缩性且具有一定程度的物体顺应性。随后，软体机器人逐渐出现在各种文章、专利、报告和其他科学文献中，但仍然以由刚性材料组成的机器人或类似机器人为主。

2008 年，"软体机器人"这一术语被用来描述具有柔性接头的刚性机器人，以及具有大规模灵活性、可变形性和适应性的基于软体材料的机器人。但早在专业术语出现之前已有对软体机器人的研究，在 20 世纪 50 年代，McKibben 开发了用于脊髓灰质炎患者矫形器的编织气动执行器。McKibben 发明的人工肌肉被广泛研究并用于不同类型的机器人设计中。1990 年，Shimachi 和 Matumoto 介绍了他们在柔软手指机器人方面的工作。一年后，Suzumori 等发表了他们的柔性微致动器，这种致动器由硅橡胶制成并应用于几种机器人上。在接下来的十几年中，开发出了许多类似的结构，如气动波纹管执行器、电致伸缩聚合物人工肌肉执行器、橡胶执行器、流体肌肉、气动旋转软执行器、柔性气动执行器、触手操纵器、象鼻机械手、毛毛虫式机器人、连续操纵器等。尽管它们的结构和运动性能各不相同，但这些软体执行器和装置显然是软体机器人学科发展的关键。

虽然软体机器人已有近半个世纪的发展历史，但在最近十年才成为科学界和公众的热门话题。随着软体机器人技术逐渐被机器人研究领域的专家们所认可，越来越多的科学家和工程师希望在软体机器人研究领域做出贡献。这体现在出现越来越多的与软体机器人相关的实验室、国际合作、新兴出版物、社团和组织、各种国际会议的特别会议、专业活动等。虽然软体机器人研究领域还处于起步阶段，但各国学者已发表了大量文章、专利，总结了最新的成果，分析了软体机器人技术，并讨论了软体机器人未来的挑战和前景。

通过检索从 1985 年到 2017 年有关软体机器人的文章，发现最早的文章发表于 1990 年。从那时起，70 多个国家为软体机器人研究领域做出了贡献，共有 1495 篇论文发表，其中 37 篇是基本科学指标（ESI）。"软体机器人"一词最初用于表示具有柔性关节和可变刚度的刚性机器人。也从那时起，软体机器人与传统刚性机器人区别开来，软体机器人成为一个新的多学科领域，涉及柔软的材料、具有顺应性和可变形性的结构等。从 2008 年开始，特别是在 2012 年之后，"软体机器人"被广泛用作科学论文中的关键词。尽管 1990 年才出现了与软体机器人相关的第一篇文章，但 1990—2007 年期间每年论文的总数相对稳定，从 7～27 不等，这表明该领域还没有真正吸引当时的科学家和工程师。但仅仅 1 年后（2008 年），从欧洲委员会根据第 7 框架计划资助项目开始，可以看到论文增加到 41 篇。这一增长趋势持续到 2012 年，当年的论文数量增长了 66%，达到 101 篇。从那时起，论文的年度增长率相对稳定，2013 年、2014 年、2015 年和 2016 年的比例分别高达 17%、30%、35% 和 27%。过去几年来科学家和工程师对软体机器人高涨的兴趣和广泛的研究使得这一领域有了巨大发展。

表 1.3 显示了与软体机器人领域相关的论文数量排名前 20 位的国家。

表 1.3 1990—2017 年软体机器人领域论文数量 20 强的国家

编号	国家	总文章数	总引用次数	每篇文章平均引用次数	文章份额	合作国家数量
1	美国	478	10811	22.62	28.66	34
2	中国	230	1771	7.7	30.87	18
3	意大利	149	2226	14.94	42.95	26
4	韩国	83	1123	13.53	28.92	12

编号	国家	总文章数	总引用次数	每篇文章平均引用次数	文章份额	合作国家数量
5	英国	81	1220	15.06	53.09	25
6	德国	80	1183	14.79	65	29
7	法国	70	994	14.2	40	17
8	日本	69	1219	17.67	43.48	17
9	加拿大	53	494	9.32	47.17	13
10	瑞士	45	918	20.4	53.33	18
11	澳大利亚	37	346	9.35	48.65	11
12	新加坡	37	451	12.19	54.05	14
13	新西兰	30	258	8.6	46.67	13
14	西班牙	25	157	6.28	44	9
15	以色列	23	213	9.26	30.43	5
16	印度	22	212	9.64	54.55	10
17	土耳其	20	179	8.95	35	4
18	伊朗	20	102	5.1	35	6
19	荷兰	19	450	23.68	78.95	15
20	希腊	18	202	11.22	44.44	5

其中，美国是发表论文最多的国家，自 1990 年以来共有 478 篇文章，其次是中国（230 篇文章）和意大利（149 篇文章）。虽然我们无法将这种生产力归因于特定原因，但这些国家是新资助计划的几个重点国家，例如 2008 年美国 DARPA ChemBots 计划、2016 年中国的国家研究资助计划 Tri-Co Robot，以及在意大利 Scuola Superiore Sant'Anna41 的 BioRobotics 研究所的 OCTOPUS IP。BioRobotics 研究所也是欧洲委员会根据未来和新兴技术——FET-Open Scheme 资助的软体机器人协作行动的主要主办方，该计划主办了一系列活动。在前 20 个国家的论文中，较大份额（>28%）是国际文章，特别是荷兰（78.95%）和德国（65%）。这意味着软体机器人吸引了世界各地的科学家和工程师交流思想并相互合作。美国是与 20 强国家合作最活跃的国家，特别是与中国、意大利、德国、韩国和日本的合作。德国名列第二，其次是意大利和英国。

下面介绍国内外不同大学对软体机器人研究获得的成果。

表 1.4 显示了在软体机器人研究中排名前 20 的大学及其论文发表、引文和 h 指数的总数。对于每篇论文平均引用次数，哈佛大学和麻省理工学院（MIT）分别以 43.12 和 40.76 领先。两所大学的最高指数分别为 27 和 20。很明显，这些机构在发展和推动该领域方面发挥了突出作用。此外，表中给出的另外四个来自美国的机构也具有相对较高的论文平均引用次数，即卡内基梅隆大学（14.57）、加州大学（21.67）、密歇根大学（25.25）和康奈尔大学（22.13）。

众所周知，软体机器人技术是一个新兴的多学科领域，对于前沿领域的贡献也越来越大，得到了科学研究网（WOS，Web of Science）的支持。表 1.5 显示了按软体机器人相关文章数排名的前 20 个科学研究领域。

表 1.4　1990—2017 年期间排名前 20 位的最具生产力的大学

编号	机构	总文章数	期刊文章的百分比/%	总引用次数	每篇文章平均引用次数	h 指数	国家
1	Harvard University	65	4.35	2803	43.12	27	美国
2	Scuola Superiore Sant′Anna	48	3.21	906	18.88	13	意大利
3	Chinese Academy of Sciences	43	2.88	300	6.98	9	中国
4	Massachusetts Institute of Technology	42	2.81	1712	40.76	20	美国
5	Istituto Italiano di Tecnologia	40	2.68	692	17.3	12	意大利
6	Carnegie Mellon University	37	2.47	539	14.57	14	美国
7	University of California System	33	2.21	715	21.67	14	美国
8	Centre National de la Recherche Scientifique	'32	2.14	425	13.28	10	法国
9	Sun Yat Sen University	29	1.94	281	9.69	11	中国
10	University of Auckland	25	1.67	192	7.68	8	新西兰
11	Seoul National University	24	1.61	319	13.29	9	韩国
12	National University of Singapore	20	1.34	107	5.35	6	新加坡
13	Beihang University	19	1.27	118	6.21	6	中国
14	Ecole Polytechnique Federale de Lausanne	19	1.27	353	18.58	8	瑞士
15	University of Wollongong	19	1.27	163	8.58	7	澳大利亚
16	Tsinghua University	17	1.14	143	8.41	5	中国
17	Swiss Federal Institute of Technology Zurich	17	1.14	188	11.06	8	瑞士
18	University of Michigan	16	1.07	404	25.25	9	美国
19	Cornell University	16	1.07	354	22.13	9	美国
20	Nanyang Technological University	16	1.07	368	23	8	新加坡

表 1.5　软体机器人对 20 个科学研究领域的贡献

编号	研究领域	总文章数	期刊文章的百分比/%	总引用次数	每篇文章平均引用次数
1	机器人技术	557	37.26	8777	15.76
2	自动化与控制系统	262	17.53	4662	17.79
3	工程、电气和电子	205	13.71	3951	29.27
4	工程、机械	183	12.24	1996	10.91
5	材料科学、多学科	167	11.17	3214	19.25
6	计算机科学、人工智能	163	10.90	2098	12.87
7	仪器和仪表	117	7.83	1309	11.19
8	工程、多学科	99	6.62	1137	11.48

编号	研究领域	总文章数	期刊文章的百分比/%	总引用次数	每篇文章平均引用次数
9	工程、制造	95	6.35	1418	14.93
10	纳米科学和纳米技术	95	6.35	1997	21.02
11	物理学、应用	94	6.29	1680	17.87
12	材料科学、生物材料	92	6.15	1207	13.12
13	化学、多学科	73	4.88	1880	25.75
14	化学、物理学	59	3.95	1459	24.73
15	力学	48	3.21	483	10.06
16	工程、生物医学	42	2.81	328	7.81
17	计算机科学、跨学科应用	41	2.74	278	6.78
18	物理学、凝聚态物质	40	2.68	1093	27.33
19	计算机科学、理论与方法	29	1.94	313	10.79
20	计算机科学、控制论	26	1.74	516	19.85

从表1.5可见,软体机器人对于"机器人"领域的影响最大,有557篇论文,其次是"自动化和控制系统""工程、电气与电子""工程、机械""材料科学、多学科"和"计算机科学、人工智能",这些是软体机器人影响的主要科学领域。其中,"物理学、凝聚态物质""化学、多学科"和"化学、物理学"是论文平均引用次数最多的,它们的论文平均引用次数分别为27.33、25.75和24.73。

目前软体机器人的研究还处在起步阶段,材料的非线性性质导致软体机器人建模困难、分析困难、控制困难,传统机器人学的分析手段无法直接应用于软体机器人。软体机器人的设计在很多时候还会受材料的制约,新材料的研发成为软体机器人研究中的一个方向。尽管如此,近几年还是出现了很多令人惊喜的成果。

2007年,美国国防部提出了研制化学机器人Chembots的建议,Chembots是一种柔韧的移动机器人,可以穿过比自己固有尺寸小的狭窄通道,可重构自身形状和尺寸,可携带有效载荷完成一些任务。Chembots是材料化学和机器人学的一次综合应用,是一种中尺寸软体机器人。

欧洲5个国家的7家研究机构成立了章鱼项目组,项目经费约1000万欧元,于2009年2月启动,致力于研究章鱼传感和驱动原理,建立全柔体的仿生章鱼机器人模型。

2016年12月,康奈尔大学研制出一种特殊皮肤和一种可以感觉形状纹理的软体机器手,如图1.28所示。这种软体机器手能够轻松握住物体,并且可以感知物体的形状和纹理。相比于刚体机器手,这种软体机器人的功能更加接近人手。

软体机器人中,爬行机器人有着自身的优点,国外研究软体爬行机器人比较有代表性的为美国Tufts大学研制的GoQBot软体机器人,能够像毛毛虫一样滚动弹射;哈佛大学Shepherd等设计的多步态软体机器人,采用气动-液压的驱动方式,将管道嵌入软体机器人内部,形成了驱动-结构一体化;早稻田大学利用基于B-Z

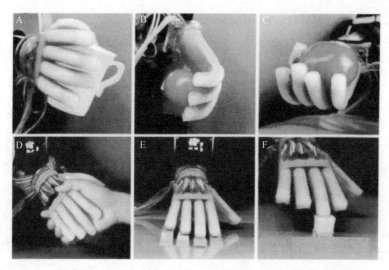

图 1.28 软体机器手

化学反应的凝胶驱动特性，使其凝胶体机器人能够自由行走；Tufts 大学通过研究毛毛虫的运动设计了一个基于 3D 打印外壳、内嵌 SMA 驱动的爬行机器人；首尔国立大学的 WANG 等在尺蠖运动模式的启发下设计了一个仿尺蠖软体爬行机器人，该机器人在前后左右都嵌入形状记忆合金，可以实现爬行和转弯等功能。哈佛大学于 2016 年 8 月提出了世界上第一个全软体机器人 Octobot，此机器人没有硬的电子元件，没有计算机芯片，不需要连接计算机就可以运动。它由气动管组成，过氧化氢液体储存在储存器中，通过过氧化氢的气体在气管内膨胀实现机器人的动作。

1.4.2　软体机器人国内发展状况

国内有关软体机器人方面的研究起步较晚，但发展迅速。从 2006 年浙江大学开始研究蠕动式软体机器人，到 2010 年中国科技大学研究的仿变形虫机器人，再到近几年来，越来越多的学校和研究机构加入软体机器人的研究领域。其中北京航空航天大学、上海交通大学、中国科学技术大学等几所高校发展尤为迅速。

2015 年上海交通大学的研究团队提出将尺蠖的运动方式与模块化机器人联系起来，研制出了仿尺蠖蠕动的模块化软体机器人，如图 1.29 所示。

这种机器人系统主要由四个可变形的球形橡胶单元、两个摩擦脚及电磁阀、气泵和控制系统等组成。根据球形单元的充气和放气，驱使球形单元膨胀和收缩，改变充、放气次序，可以改变每个球形单元的大小和软体机器人的形状。两个摩擦脚依次附着在地面上，驱使软体机器人实现蠕动运动。

2017 年，北京航空航天大学的研究团队研究出了一种仿䲟鱼软体吸盘的软体机器人，如图 1.30 所示。䲟鱼，又名吸盘鱼，喜欢吸附在鲨鱼、海龟等大型海洋

图 1.29　模块化软体机器人

球形模块

微机控制系统

气阀控制系统

乳胶管道
电源

气泵

电源变压器

气路系统

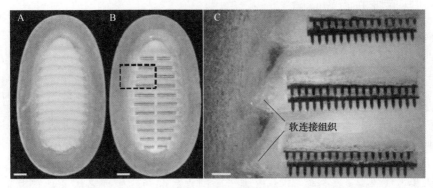

图 1.30　仿鲫鱼软体机器人

软连接组织

生物身上，在运动时鲫鱼的第一背鳍演变成一个吸盘，鲫鱼便利用这个吸盘吸附在某一物体上，挤出盘中的水，借助大气和水的压力，盘就可以牢固地吸附在该物体的表面上。利用这种设计理念，北京航空航天大学的研究团队制造出了这种仿生吸盘，吸盘的基本设计原理基于鲫鱼片的形态学数据、结构和运动分析。他们为这种仿生软体机器人的吸盘制造了 11 排人造薄片，并且左右对称地放入两对平行凹槽中。同时为这种仿生软体机器人制造了两排人造小刺：前排有较短的小刺，后排有较长的小刺。

同年上海交通大学的研究团队研制出一种多气囊软体爬行机器人，采用 3D 打印模型，硅胶浇注，气动驱动。这种机器人通过对气囊进行周期充、放气，借助于前、后摩擦片，实现软体机器人一曲一伸的周期性前进，如图 1.31 所示。

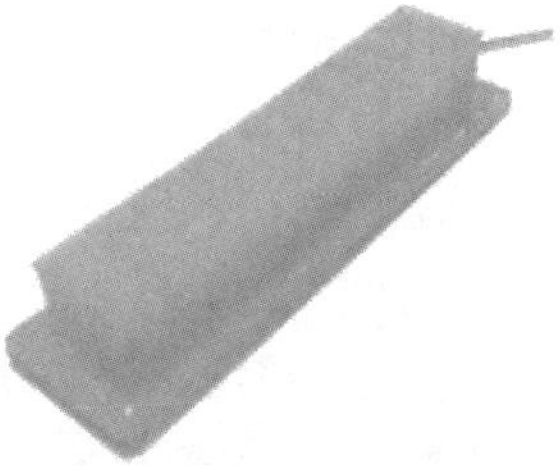

图 1.31　爬行机器人结构

国内对软体机器人的研究起步较晚，虽然中国有关软体机器人的论文和成果排名靠前，但是国际的影响力还比较小，这一点在表 1.3 和表 1.4 中也可以体现出来。随着时间的推移，国内有关软体机器人的研究在迅速发展，产生了许多优秀的软体机器人成果，未来中国的软体机器人会越做越好。

1.5 软体机器人的应用

软体机器人在机器人、自动化与控制系统和工程、电气与电子等诸多领域中都有着重要的应用。软体机器人作为一个新兴的研究方向，不仅用到物理、机械、电子等多方面的知识，还用到了化学、生物、材料、医学等其他方面的知识。因此软体机器人的应用领域也非常广，目前主要应用于医疗、工业以及特种机器人等领域。

1.5.1 在医疗方面的应用

医用机器人，主要是指用于医院、诊所的医疗或辅助医疗的机器人，是一种智能型服务机器人。医用机器人能依据实际情况确定动作程序，然后把动作变为操作机构的运动，从而辅助完成治疗或恢复行为。医用机器人种类很多，按照其用途不同，有临床医疗用机器人、护理机器人、医用教学机器人和为残疾人服务的机器人等。

临床医疗用机器人包括外科手术机器人和诊断与治疗机器人，可以进行精确的外科手术或诊断，如日本的 WAPRU-4 胸部肿瘤诊断机器人等。美国科学家研发的手术机器人"达·芬奇系统"，得到了美国食品和药物管理局认证，它拥有 4 只机械触手，在医生操纵下，"达·芬奇系统"可以精确完成心脏瓣膜修复手术和癌变组织切除手术。为残疾人服务的机器人又叫康复机器人，可以帮助残疾人恢复独立生活能力，如美国的 Prab Command 系统。医用教学机器人是理想的教具，美国医护人员目前使用的名为"诺埃尔"的教学机器人，可以模拟即将生产的孕妇，甚至还可以说话和尖叫，通过模拟真实接生，有助于提高妇产科医护人员手术配合和临场反应。

软体机器人的柔顺性、安全特性使其在康复机器人、临床医用机器人方面都有广泛的应用。

哈佛大学的 Panagiotis Polygerinos 等于 2014 年制造出一款针对卒中病人使用的软体康复手套，如图 1.32 所示。这种气动康复手套，将软体弹性执行器集成到橡胶手套中，可以模仿人体手指实现弯曲运动，以安全、低成本且符合常规的方式重建所需的手指运动。

对于这种类型的软体康复手套，首先设计的软体执行器应该使手套可以实现弯曲曲率的改变，使软体康复手套软体手指的运动与患者手指的运动保持一致；然后应将软体执行器集成在可穿戴设备（手套）中，使得手功能有限的患者能够轻松地穿戴或取下软体康复手套。设计适合特定用户的可定制手套或适合尺寸变化的可调节手套可适合不同患者手部尺寸的变化。由于采用柔软材料制作，该软体康复手套

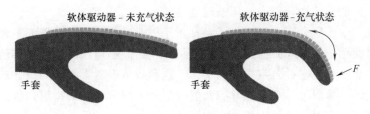

软体驱动器 - 未充气状态　　　　软体驱动器 - 充气状态

手套　　　　　　　　　　　　　手套

F

图 1.32　软体康复手套

重量较轻（手套和致动器<500g），对患者手部的运动限制较少。同时，软体康复手套的整体轮廓应保持尽可能薄，以便在无动作时不会对手指运动产生阻力。最后，为了有效地进行康复训练，手套可以达到每分钟至少进行 8 次手指的弯曲-伸展循环运动。临床试验证明，这种软体康复手套可以有效地帮助患者进行手部的康复训练，但运动时该类软体康复手套与患者手指的贴合度还需进一步提升。

在临床医用机器人方面，一些研究团队研究出了一种让机器人更加生物化的方式：将动物组织与机器人结合在一起。他们打造了由生物肌肉组织和细胞驱动的机器人。这些设备可以由电或者光驱动，让细胞与骨骼结合，从而能让机器人游泳或者爬行。这些能够自由移动的机器人像动物一样柔软，因此对使用者来说比较安全，且不会破坏环境。此外，它们比传统机器人更轻，不仅外表像动物，生理机能也更像动物，需要营养素，而不是电池来供应能量。来自加州理工学院的一支研究团队从水母中得到灵感，开发了一款生物混合机器人。研究团队将这款机器人称为"水母类机器人"，它有着能够绕成圆圈的手臂，每条手臂都用蛋白质材料刻印了微型模型，就像活体水母的肌肉一样。当细胞组织收缩的时候，这些手臂就会向内弯曲，推动生物混合机器人在富含营养物质的液体中向前移动。哈佛大学的一个研究团队利用基因改良的心脏细胞，让一种外形酷似蝠鲼的仿生机器人游泳。这些心脏细胞会根据光线的频率做出不同的回应，不同位置的细胞对应的频率也是不同的。当研究员们用不同的光线去照射这种机器人时，细胞就会收缩并向蝠鲼身体不同位置的细胞发出电子信号，这种收缩力会沿着机器人的躯体传递来推动机器人前进。研究员们已经可以利用不同频率的光线来控制机器人向左转或向右转。如果加大光线的强度，对应细胞产生的收缩力就会变强，这样研究员就能控制机器人四处移动了。利用这种机器人，可以使其包裹药物进入人体内，通过血管或肠胃到达指定的位置并释放出药物，以达到最好的治疗效果。

1.5.2　在工业方面的应用

在 1.3.1 小节中已经介绍过，工业机器人是面向工业领域的多关节机械手或多自由度的机器装置，它能自动执行工作，是靠自身动力和控制能力来实现各种功能的一种机器。而工业软体机器人拥有工业机器人可编程、拟人化和通用性的优点，如软体抓取手、灵巧手等，不仅能够像人手一样有效地完成抓取和运输工作，还有着和人手一样的柔软性，不会破坏被运输物体。

奥克兰大学的研究团队研究出了一种用于工业运输的软体机器人平台，不但可以在工业自动化工作中同时操作多个精巧物体，还能够应用于医疗床移动患者和作为一种智能运输平台在办公室中移动物体。这种软体机器人平台的设计理念来源于毛毛虫的运动，是通过一系列在其表面的变形来实现对物体的操纵，软体机器人平台的柔软表面可以以一种与毛毛虫前脚运动相类似的方式操纵其表面的物体。这种运动的驱动力来源于运动过程中柔软表面产生的表面变形和摩擦。该软体机器人的柔软表面分为多个模块，每个模块包含四个气室，通过气室周期性的充气和放气行为，改变软体机器人平台表面的变形，从而控制软体机器人平台上物体的运输。该软体机器人平台包括致动系统、气动系统、电气系统和用户界面四个部分，有关该软体机器人平台将会在第 8 章进行详细的介绍。

1.5.3 在特种情况下的应用

随着人们自我保护意识的提高，对于未知场合或存在潜在危险的场合，人们越来越多地使用机器人进行工作、勘测和检测。很多情况下刚性机器人无法很好地越障或穿过狭窄地形，因此科学家们开始研究使用软体机器人来代替人类或刚性机器人在特种环境下进行工作。

以哈佛大学研制出的一种能够穿越狭窄地形的软体机器人为例，他们采用了软光刻的技术制造这种机器人，这个机器人可以将其四条腿中的任何一条抬离地面并留下另外三条腿以提供稳定性，通过使用每个肢体的气动通道独立控制每条腿。此外，在机器人的脊柱中放置有五个独立的气室，以便在必要时将机器人的主体从地面抬起。五个气室中的每一个都可以从外部加压，该外部气源通过柔性管道连接到机器人主体。每个气室都连接到一个独立控制的电磁阀。机器人的脊柱提供较高的压力呈凸起状态，或较低的压力处于爬行状态。根据经验确定软体机器人的步态序列，手动将其写入电子表格并依次控制电磁阀以控制机器人的运动。

1.6 本书概要

本书主要阐述软体机器人的原理、运动、控制及制作方法，同时介绍一些软体机器人的应用实例，旨在使读者了解软体机器人的同时能够制作出一些简单的实物。

第 1 章是绪论，介绍软体机器人的基本知识。首先介绍了软体机器人的由来和概念，了解了软体机器人的由来和概念才能够明白软体机器人是什么，有什么作用，为什么要研究它。然后介绍软体机器人的分类，通过对软体机器人进行多方面、多角度的分类，让读者更详细地理解不同情况下软体机器人的作用，最后介绍软体机器人的研究进展和应用，让读者清楚地了解目前软体机器人领域的研究情况。

　　第 2、3 章是本书的核心，因为软体机器人的设计不是凭空想象出来的，软体机器人本体的结构设计和其驱动部分的设计是软体机器人的核心，有了好的设计原理，才能设计出性能较好的软体机器人。根据目前所研究出的软体机器人，按其仿生机理大致可以分为陆用软体机器人、水下软体机器人和空中软体机器人。陆地上使用的软体机器人又可以分为蠕虫式软体机器人、毛虫（尺蠖）式软体机器人、蝗虫式软体机器人、仿象鼻式软体机器人和仿人手式软体机器人；水下使用的软体机器人可以分为章鱼式软体机器人、鱼式软体机器人、海星式软体机器人和蝠鲼式软体机器人；而空中软体机器人研究较晚，目前最流行的是一种将气动和介电弹性体相结合进行驱动的气球状软体机器人。接下来介绍软体机器人的驱动原理，大体上分为四种，即流体驱动、形状记忆合金驱动、电活性聚合物驱动和化学驱动。流体驱动又分为气动式和液动式，电活性聚合物驱动分为离子型和电子型，化学驱动又分为水凝胶和内燃爆炸两种驱动形式。通过第 2、3 章，读者可以了解软体机器人的设计机理，对不同类别的软体机器人有一个系统的认识。

　　第 4 章介绍软体机器人的运动。由于软体机器人的运动速度通常不大，速度的变化也不是很急剧，所以对软体机器人，着重分析其运动机理。软体机器人的运动方式分为两大类，一是变形驱动运动，二是依靠气体膨胀进行运动。变形驱动运动中包含了 SMA 变形驱动运动和线驱动运动。对 SMA 的运动机理进行了深入的阐述，也介绍了线驱动运动中常用的分析模型和假设方法。对于气体膨胀运动，分析了多球形模块化软体机器人的前进非线性运动和转向非线性运动，另外介绍了 fpn 驱动器（快气囊驱动器）的运动机理，以及模块化软体差动机器人直线和转向运动，并对多模块化软体差动机器人的运动进行了探究。

　　第 5 章主要讲解软体机器人的控制原理及其控制系统设计方法，并引入了一些具体案例去印证这些方法。软体机器人的控制方法主要包括 PID 控制、神经网络控制、模糊控制等简单控制方法，及其相互配合而生的自适应模糊 PID 控制、神经网络 PID 控制、模糊神经网络控制等复杂控制方法，本章详细介绍这些控制方法的原理。同时，介绍了两种软体机器人控制系统的设计实例，分别是差动式软体机器人（包含爬行软体机器人和多模块软体机器人）和 SMA 弹簧环形机器人。详细介绍了它们的控制系统的软件设计及硬件电路设计，并且设计了相应的实验去检验控制效果。

　　第 6 章介绍了与软体机器人相关的传感器。主要的传感器类型包括电阻型传感器、光纤传感器、电容型传感器和磁传感器。通过介绍这些不同类型传感器的工作原理、对不同物理量的测量方式、不同的特性以及在不同场合下的应用，读者可以对包括触觉传感器在内的软体机器人传感器产生清晰的认识。

　　第 7 章是软体机器人的设计与制造。通过前几章的介绍，我们对软体机器人的原理有了一定的了解，而这对我们进行软体机器人的概念设计和样机设计是有所帮助的。对于进一步的详细设计，在这一章中介绍了软体机器人的制造材料和工艺过程。一般情况下，制造软体机器人常用的材料有硅胶、形状记忆合金（SMA）、介电弹性体和电活性聚合物（EAP），而其中尤以硅胶和 SMA 使用最广。在制作工艺中，常见的有形状沉积制造技术（SDM）、转印技术、3D 打印技术、智能复合微结构法（SCM）和失蜡铸造等。根据软体机器人的设计原则和不同的应用环境，选择合适的材料与工艺，可以制造出合适的软体机器人。最后，介绍了差动式软体机器人和一体式双向弯曲软体驱动器的制造实例，通过具体的例子使读者更好地理解软体机器人的制造过程。

第 8 章讲的是软体机器人的应用，通过对不同类型软体机器人的介绍，如医疗软体机器人、工业软体机器人等，使读者对软体机器人有进一步的了解。同时利用这些新型的、发展潜力巨大的软体机器人应用，启发读者设计出应用性更强的软体机器人。

1.7 小结

随着科技的发展和进步，只靠单一学科的知识进行科学研究变得越来越难，软体机器人作为多学科综合的产物，不仅需要有机械、电子、计算机方面的知识，对生物、材料、化学、医学等方面也要有所了解。软体机器人作为机器人领域发展的产物，也逐渐在各行各业中有了自己的应用。学习和了解有关软体机器人的知识，可以帮助我们更好地了解机器人的发展，制造出更新、价值更大的软体机器人。

第 **2** 章
软体机器人的仿生机理与结构

当今世界上得到大规模应用的多为传统的刚体机器人。这些刚体机器人采用刚体驱动器（如电机、液压缸等）和刚体结构件（如金属或塑料齿轮、连杆等）组成，具有驱动力大、速度快、精度高、加工工艺和控制技术成熟等优点。然而，由于刚体驱动器和刚体结构件相互分离以及刚体驱动器自身的复杂性，刚体机器人的结构通常比较复杂而笨重、噪声大、安全系数低；又由于刚体驱动器和结构件的高刚性，刚体机器人很难适应非结构化环境下的动态操作和运动，难以实现机器人与人及环境之间的安全交互。因此，科研人员开始反思自然界一些生物是如何构成轻便的身体并具有很高的环境适应性的。他们发现大部分生物都是由可被动、主动变形的软体材料（如章鱼和尺蠖的肌纤维）或刚-软混合材料（如人体和狮子的骨骼-肌肉系统）直接构成并驱动，实现了驱动与结构的一体化。软体结构的高柔性和无限自由度连续变形特性是软体生物能够适应复杂环境并减小机械伤害的重要原因，这引发了科研人员对软体机器人技术的研究。软体机器人大都以自然界软体生物为参照，模仿其独特的运动方式而设计出的机器人。软体机器人通常用可连续变形的弹性材料代替刚性结构件构成躯体，通过流体、形状记忆合金等新型驱动方式进行驱动，因而拥有极高的自由度，并可实现蠕动、爬行、跳跃、游动、抓取等传统刚性机器人难以完成的运动和操作。相较于刚性机器人，软体机器人更加灵活，其质量与运行噪声大大减小，同时与环境的适应性也更强，因此软体机器人的应用前景十分广阔，也成为当前的研究热点之一。

与传统意义上的机器人不同，软体机器人的设计灵感主要来源于自然界。自然界中的生物往往都能够很好地适应环境，这些生物大多都有软体或类似软体的结构，发现和学习这些生物的运动原理和生物结构，有利于我们进行软体机器人的设计。如在鱼类、水母、海星等水生生物的启发下，科学家们研究出了水下软体机器人；根据尺蠖、蠕虫的爬行原理，科学家们制造出了陆地上的爬行软体机器人；模仿鸟类、蜻蜓等生物的飞行机制，科学家们创造出了空中飞行的软体机器人等。

而不同的软体机器人由于其所参照的软体动物不同，模仿的结构机理与运动方式也各不相同，最终设计出的软体机器人也不相同。在此，根据软体机器人的模仿原型对其进行分类，现有的软体机器人主要包括陆地上使用的、水下使用的和空中使用的软体机器人。下面的章节将就这几种软体机器人的仿生机理逐一进行介绍。

2.1　陆用软体机器人

顾名思义，陆用软体机器人即在陆地上使用、工作的软体机器人，与水中、空中环境不同，陆用软体机器人使用过程中对环境的要求并没有那么严苛，更多的是如何在地面上移动或抓取物体，下面总结国内外几种常见的陆用软体机器人的结构和仿生原理。

2.1.1　蠕虫式软体机器人

蠕虫为多细胞无脊椎动物，蠕虫借由身体的肌肉收缩而做蠕形运动。全球现有蠕虫超过一百万种，它们存在于自然界的各个角落，主要属于扁形动物、环节动物、纽形动物、棘头动物和袋形动物等，如图 2.1 所示。

图 2.1　蠕虫

蠕虫式软体机器人模仿蠕虫的运动模式——蠕动运动。自然界中大量软体动物和无脊椎动物都采用蠕动运动，具有代表性的蠕虫有蚯蚓、海参、松毛虫等。

蠕虫的肌肉收缩和肌肉放松的交替运动波形沿身体方向传递。通过刚毛和黏液等非自主结构，与接触面进行锚定，蠕虫身体的径向和轴向尺寸会规律性地变化，其形成的波形沿蠕虫身体轴向进行传递，通过这种形式，蠕虫就可以实现向前爬行或挖掘等运动。一般情况下，径向尺寸增大的体节会将蠕虫锚定到爬行表面，而径向收缩体节可以驱动蠕虫向前进行伸展运动。蠕虫运动中，其肌肉的运动传递波形分为两种：直行波和倒行波。直行波运动的蠕虫，其肌肉运动传递波形自尾部开始，于头部结束，蠕动波相互叠加，多见于无横隔膜的分节动物，波形传递方向与蠕虫运动方向相同；倒行波运动的蠕虫，其肌肉运动传递波形自头部开始，于尾部结束，蠕动波单向不叠加，波形传递方向与蠕虫运动方向相反。

采用蠕动运动的生物多由环节构成，各环节的肌肉收缩与舒张交替进行，形成可传递的波形，环节上同时布有刚毛或黏液等结构使生物本体通过摩擦力与地面进行锚定，并使得肌肉变化的波形可以沿身体轴向方向传递，从而实现生物相对于地面的移动，如图 2.2 所示。通过以上对蠕虫运动模式的分析可知：蠕动运动适合在平面及角度不大的斜坡、崎岖地形等环境下运行，其运动十分平稳，能够越过小的缝隙路面，运动所需空间小，通过率高，对复杂地形具有较强的适应性，运动的波形传递易于设计结构简单的模块化柔性执行器。

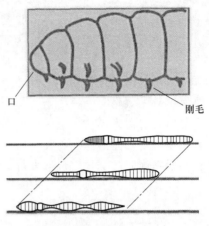

图 2.2　蠕动运动示意图

蠕虫式运动的研究大都是由生物医学领域研究微生物装置的研究者们推动的。在过去的二十年中，世界各地的研究小组在开发胃肠道以及呼吸系统管道的医学检测机器人方面做出了相当大的努力，制造出了许多种机器人。然而，在分析机器人和生物组织之间的相互作用方面做得很少。Kim 等研究了驱动机器人运动的形状记忆合金，2005 年开发并测试了具有夹紧和释放机构的胶囊状装置。Chi 和 Yan 在开发内窥镜应用的机器人方面取得了重大进展，他们采用类似蚯蚓的运动来制作软体机器人原型，构建了一个完全无线的类蚯蚓原型。

下面以仿蚯蚓机器人为例，详细介绍蠕动式软体机器人的运动模式。蚯蚓的运动是典型的倒行波蠕动运动，蚯蚓体节间的隔膜阻止了体液的交换，每个体节为封闭状态，体节体积在运动过程中几乎无变化。体节纵肌收缩，环肌舒张，其轴向尺寸变小，径向尺寸变大，体节呈短粗状态，位于体壁的刚毛伸出，将体节锚定在地面；而当体节纵肌舒张，环肌收缩，其轴向尺寸变大，径向尺寸变小，体节呈细长状态，刚毛缩回，解除对地面的锚定。体节伸长与收缩的变形波自首向尾传播，在后段体节收缩膨胀状态下，刚毛产生锚定作用，前段体节伸长，产生向后推力，由锚定处产生向前的反作用力推动伸长节向前运动。当伸长节位于第一节位置时，其内部体液压力最大，能够产生足够的力推动前段身体。由于体节运动波形具有重复性，现将蚯蚓体节模型简化，取其中四个体节研究其运动周期，如图 2.3 所示。

第一步：蚯蚓初始状态假设如图 2.3 所示，图中涂实部分表示蚯蚓隔膜部分，数字代表体节数。第一、三体节处于收缩状态，刚毛伸出，具有锚定作用，第二、四体节处于伸长状态，刚毛收回。

第二步：第一、三体节环肌收缩，纵肌舒张，体节伸长，与此同时，第二、四体节纵肌收缩，环肌舒张，体节收缩，刚毛伸出，起锚定作用。

第三步：第二、四体节环肌收缩，纵肌舒张，体节伸长，与此同时，第一、三体节纵肌收缩，环肌舒张，体节收缩，刚毛伸出，起锚定作用。

假设体节伸长状态轴向尺寸为 a（以相邻两隔膜间距离为准），体节收缩状态轴向尺寸为 b，步距长度为 $a-b$。从头部开始，相邻两体节完成一个周期运动后，运动波形继续沿身体传播，头部继续开始下一个周期运动，运动波形的连续传递，提高了蠕动的效率。

仿蚯蚓机器人模仿了这一结构，它由多个模块化的柔性执行器单元组成，各个单元可以实现轴向的伸缩与径向的胀缩。如图 2.4 所示，借由柔性执行器单元轴向伸长与径向膨胀的交替实现了直行运动。

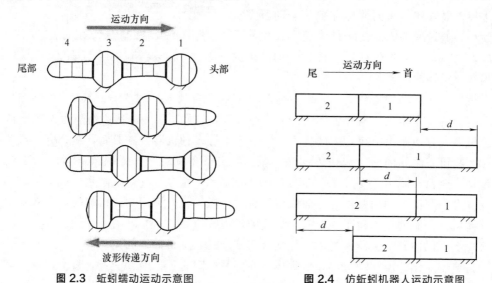

图 2.3　蚯蚓蠕动运动示意图　　　　图 2.4　仿蚯蚓机器人运动示意图

对于这种蠕虫式软体机器人，其制造要求如下：

① 蠕虫式软体机器人主要由简单的、具有相同结构的模块组成，且各模块均采用柔性材料制造而成。

② 单个的运动模块具有独立的膨胀-收缩能力，主要表现为沿中心轴线方向的伸长。

③ 运动模块的"膨胀-收缩"运动驱使软体机器人沿轴向蠕动运动。

④ 蠕虫式软体机器人在运动模式上，不仅可以实现向前直线蠕动运动，还可以实现向后直线蠕动运动。

⑤ 多个软体模块的组合还可实现其他功能。

考虑到蠕虫机器人步态周期的完整性及运动的稳定性，本课题组设计了由多个球型模块组成的软体机器人。经分析其最简结构由三个软体球型模块（模块 1—头部，模块 2—躯干，模块 3—尾部）和两个前后软体摩擦腹足（前腹足、后腹足）组成，模块 1 的底部粘接前腹足，模块 3 的底部粘接后腹足，如图 2.5 所示。

（1）单个球型模块的设计

该球型模块的主体（main body）是由软体材料硅胶（silicon rubber）构成，外径 ϕ20mm，内径 ϕ16mm；主体左右两侧各安装有圆柱形永磁铁（button magnets），磁铁的直径 ϕ7.6mm，厚度 2.6mm，如图 2.6 所示，左侧磁性 N 极朝外，右侧磁性 S 极朝

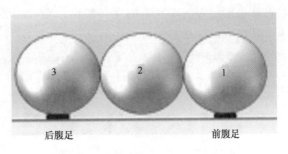

后腹足　　　　　　　前腹足

图 2.5　三球型模块组成的软体机器人

外，左右朝外的极性相反，用于相邻模块之间的连接；每个球型模块的主体上有两个封闭气室（chambers），中间的是主气室（main chamber），右侧的是侧气室（side chamber），两气室各有气管连接。主气室的作用是通过充、放气使整个球型模块膨胀和缩小，侧气室的作用是通过充、放气改变相邻模块间的距离，促使相邻软体模块间的磁铁分离和吸合。

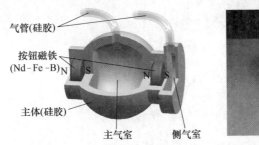
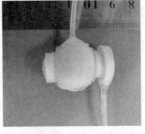

气管(硅胶)

按钮磁铁
(Nd-Fe-B)N　S　　N S

主体(硅胶)

主气室　　　侧气室

图 2.6　单个球型模块的结构及实体图

（2）对接装置设计及对接过程分析

各球型模块左右两端装有圆柱形永磁铁（N-S），左端磁铁放置于不充气变形的硅胶内，右端磁铁放置于可充气膨胀变形的硅胶内。球型模块 1 和球型模块 2 相向运动到一定位置，由于相邻模块磁铁的吸引，两球型模块对接；球型模块 1 的侧气室充气膨胀，膨胀力大于磁铁吸力，两模块脱离。

对接过程如图 2.7 所示，其中图 2.7（a-b-c）为两个球型模块的对接，图 2.7（c-d-e-a）为两个球型模块的分离。起始，两模块处于分离状态，如图 2.7（a）所示；两模块运动至距离小于一定值（称之为可吸引距离 D_a，以两模块相邻磁铁的侧面为基准），如图 2.7（b）所示；磁铁的吸引力足以克服外界阻力使两模块对接，如图 2.7（c）所示。通过球型模块 1 右侧气管向球型模块 1 的侧气室持续充气使其膨胀，以辅助球型模块 2 相对球型模块 1 的远离运动，如图 2.7（d）所示；当球型模块 2 运动至距离大于一定值（称之为可分离距离 D_s，以两模块相邻磁铁的侧面为基准），两模块分离，球型模块 2 足以克服磁铁吸引力继续运动，此时开

始将球型模块 1 侧气室中的空气放出，完成相邻球型模块间的自动对接、分离过程，其中吸合距离 $D_a = 4.6\text{mm}$，分离距离 $D_s = 10.6\text{mm}$。

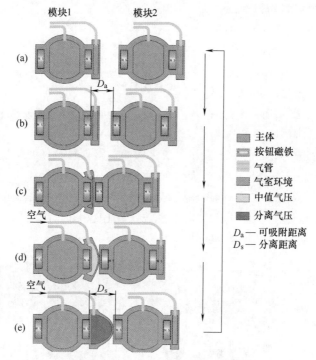

图 2.7 两相邻球型模块对接示意图

基于仿蠕虫的一伸一缩运动，球型模块软体机器人依据基本模块的膨胀、收缩，完成机器人的外变形，实现机器人的前进运动。

三球型模块组成的软体机器人前进需要靠不同的模块膨胀、收缩来实现。不同的充放气顺序得到不同的运动结果。图 2.8 为三球型模块软体机器人在一个周期内的前进运动示意图。图 2.8（a）中机器人处于自然伸缩状态，前腹足和后腹足处于吸附状态；图 2.8（b）中后腹足处于吸附状态，前腹足处于脱离状态，模块 3

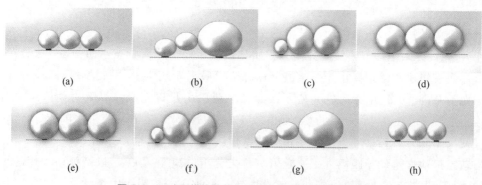

图 2.8 三球型模块软体机器人一个周期运动示意图

充气膨胀，机器人向前移动了一定的位移；图 2.8（c）中后腹足处于吸附状态，前腹足处于脱离状态，模块 2 充气膨胀，机器人向前移动了一定的位移；图 2.8（d）中后腹足处于吸附状态，前腹足处于脱离状态，模块 1 充气膨胀，机器人向前移动了一定的位移；在图 2.8（e）中前腹足处于吸附状态，后腹足处于脱离状态，模块 1 放气收缩，由于前腹足的吸附作用，机器人向前移动一定的位移；图 2.8（f）、（g）重复图 2.8（e）的动作，机器人向前运动。

（3）三球型模块软体机器人组成

三球型模块软体机器人是最基本的运动单元，由三个相同的球型模块、气泵、电磁阀、控制系统等组成，如图 2.9 所示。协调控制各球型模块的膨胀、收缩次序及充气压强，可改变机器人的外部形状和尺寸大小，实现三球型模块软体机器人的前进运动。这种蠕虫式软体机器人使用软体机械部件，刚性部件本质上是电气控制系统：电池、气泵和电路板。它具有柔性机械体且没有刚性传动元件，这减少了对机器人尺寸的限制，使这种蠕虫式软体机器人的设计更加紧凑。此外，由于刚性机械部件在撞击时更容易发生故障，因此这种蠕虫式软体机器人更加安全。

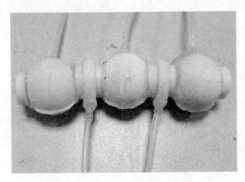

图 2.9 三球型模块软体机器人

（4）2 个三球型模块软体机器人自动对接、分离及实验

三球型模块软体机器人 1 和三球型模块软体机器人 2 中各球型模块依次充、放气实现仿蠕虫相向运动，依靠相邻模块的磁力相互吸引，实现自对接过程，如图 2.10（a）所示，构成一个六球型模块软体机器人。依靠各软体球型模块的依次充、放气，实现六球型模块软体机器人的前进、后退运动。三球型模块软体机器人 1 的右侧气室充气膨胀，推动三球型模块软体机器人 2 向右运动，驱使三球型模块软体机器人 1 和三球型模块软体机器人 2 的距离变大，当推力大于磁铁吸力时，三球型模块软体机器人 1 和三球型模块软体机器人 2 自动脱落。两个三球型模块软体机器人改变充气顺序可实现相反方向运动，两软体机器人分离，如图 2.10（b）所示，自动对接、分离实验如图 2.11 所示。

三球型模块软体机器人1　　　　　三球型模块软体机器人2

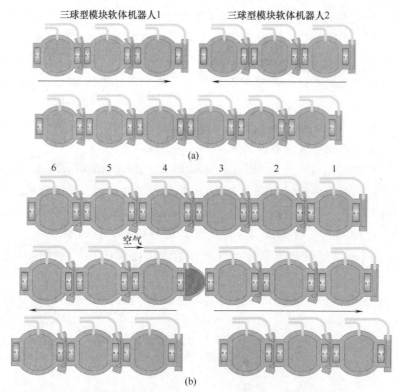

(a)

6　　　　5　　　　4　　　　3　　　　2　　　　1

空气

(b)

图 2.10　三球型模块机器人 1 和三球型模块机器人 2 自动对接与分离

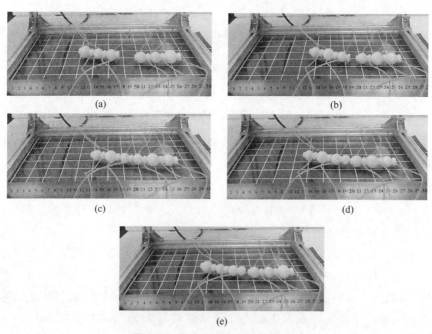

(a)　　　　　　　　　　　　　　　(b)

(c)　　　　　　　　　　　　　　　(d)

(e)

图 2.11　自动对接和分离实验过程

2.1.2 毛虫（尺蠖）式软体机器人

(1) 仿生原理

毛虫式软体机器人，也称尺蠖式软体机器人，模仿尺蠖的运动机理。尺蠖，属于节肢动物，昆虫纲，鳞翅目，尺蛾科昆虫幼虫统称。尺蠖身体细长，行动时一屈一伸像个拱桥，如图 2.12 所示。

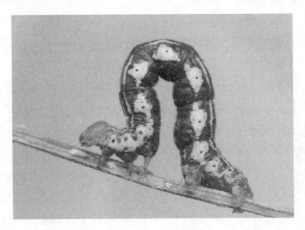

图 2.12 尺蠖

尺蠖式软体机器人与蠕虫式软体机器人不同的是，它模仿了毛虫的爬行运动。相对于蠕动运动而言，爬行运动较为简单。以尺蠖为例，在爬行时，它先将尾部抬起，以头部为支点，收缩并使得躯干高高隆起，当尾部前进了一定的距离后放下尾部，这时再抬起头部，以尾部为支点，伸展隆起的躯干，使头部前进，如图 2.13 所示。相对于蠕动运动适合于平面或者坡度不大的斜面，尺蠖爬行运动不仅可以实现平面上的前进运动，还可以实现翻滚与越障等复杂运动形式。

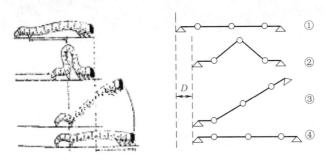

图 2.13 尺蠖爬行运动示意图

尺蠖的运动是一种周期性的动作，尺蠖体的姿态呈现某种规律性的变化。尺蠖的结构可以抽象为前部、躯干部、后部，前部夹紧机构和后部夹紧机构分别起着保持器的作用，使尺蠖在不同的阶段与附着物保持不同的关系，而躯干部则起着推进器的作用。如果把一个动作周期中尺蠖的运动变化分开来看，可以将之分解为 6 个部分：

① 前部放松，躯干静止，后部夹紧；
② 前部前进，躯干伸长，后部夹紧；
③ 前部夹紧，躯干静止，后部夹紧；
④ 前部夹紧，躯干静止，后部放松；
⑤ 前部夹紧，躯干收缩，后部跟随；
⑥ 前部夹紧，躯干静止，后部夹紧。

经过上述 6 个步骤，在一个动作周期内尺蠖的头部和尾部均向前移动了一段距离，重复这个一屈一伸过程，就可以实现尺蠖的向前运动。根据尺蠖的运动，可归纳为：①尺蠖的运动体可以简化为三大部分（前部、躯干部、后部）；②尺蠖运动时所需的执行器数目少；③尺蠖主要靠摩擦力传递运动；④尺蠖运动是一种周期性动作。根据尺蠖的运动原理和运动特点，便可以进行尺蠖式软体机器人的设计。

如图 2.14（a）所示，在尺蠖爬行运动的启发下，本课题组设计了仿尺蠖运动的多气囊结构的软体驱动器（软体躯干），在软体躯干上设计了前后脚，使仿尺蠖多气囊软体机器人可以完成直线爬行运动，如图 2.14（b）所示。当软体驱动器充气弯曲时，软体机器人躯干弯曲；当软体驱动器放气伸展时，软体机器人躯干伸展。由于前后脚作为摩擦片与驱动器底板间的角度不同，在机器人弯曲的过程中前脚摩擦片与地面完全接触，锚住地面；后脚与地面只有线性接触，前脚摩擦力大于后脚摩擦力，重心前移。同样，在放气伸展的过程中，随着驱动器底板的变形，前后脚与地面的相对位置也随之改变。在伸展过程中，后脚与地面完全接触，锚住地面；前脚变成和地面线性接触，摩擦力小于后脚摩擦力，外力差使重心进一步前

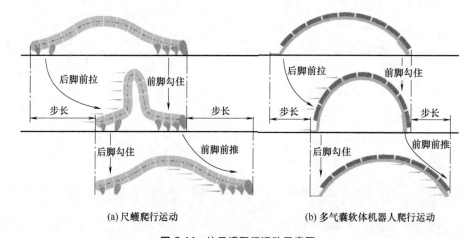

(a) 尺蠖爬行运动　　　　　　　(b) 多气囊软体机器人爬行运动

图 2.14　仿尺蠖爬行运动示意图

移，完成了一个直线运动的周期。从图 2.14 可以看出，爬行一个周期完成了一个步长的运动。

(2) 多气囊软体机器人结构

多气囊软体机器人由硅橡胶材料制成，其结构如图 2.15 所示。整个机器人分为两部分，即位于上方的 11 个相互连通的气囊和位于下方的双层底座。为了使得软体机器人结构因内部压力增大而产生的形变最大，设计单个气囊的尺寸如图 2.16 所示。具体参数及其取值分别为：气囊高度 $h = 11\text{mm}$；单层底座厚度 $t = 1.5\text{mm}$；气囊外部宽度 $w = 8\text{mm}$；两气囊间距 $d = 1\text{mm}$。

(a) 设计模型

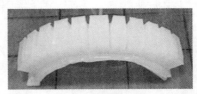

(b) 实物图

图 2.15　多气囊软体机器人的结构

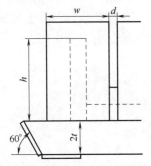

图 2.16　单个气囊的大小参数图

(a) 软体机器人前端示意图

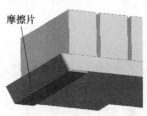

(b) 软体机器人后端示意图

图 2.17　仿生多气囊软体机器人两端示意图

另外，在软体机器人底座的前端设计了一个圆弧，并在靠近圆弧的底边上粘贴摩擦片，如图 2.17（a）所示；在软体机器人底座的后端设计有一个与地面呈 60° 的斜面，并在斜面上粘贴摩擦片，如图 2.17（b）所示。

(3) 运动过程分析

仿尺蠖多气囊软体机器人的前行过程分为 2 个阶段：

① 采用气泵向气囊内充气。由于单个气囊的膨胀使得软体机器人整体受力不均而产生弯曲变形（向内弯曲）。在初始状态下，仿生腹足平放在地面上，因其前侧贴有摩擦片，故其前侧由于底座弯曲所受的摩擦力大于其后侧的摩擦力，从而使其后部向前弯曲。

② 气囊放气。在放气过程中，由于充气后软体机器人产生了变形弯曲，使得后端贴有摩擦片的斜面与地面接触，前端贴有摩擦片的底面与地面分离，造成了后端摩擦力相对较高，从而使得软体机器人在放平的过程中向前伸张。一个充气、放

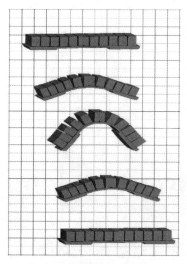

图 2.18　机器人的前行过程

气过程对应于机器人向前运动的一个周期，其运动过程如图 2.18 所示。软体机器人交替充、放气，循环往复，从而实现了软体机器人的前进。

利用有限元法（FEM）可以分析不同条件和参数下软体机器人的运动特性，通过测试并调整而得到机器人的最佳几何参数。使用 ANSYS 软件进行基于 FEM 的软体机器人运动特性仿真。

气囊在不同的内部充气压力下，仿生机器人腹足所受内应力和内应变的分布情况类似，所以本书选择机器人气囊内部压力为 90kPa，在机器人处于弯曲状态的情况下分析其内应力和内应变的分布，所得结果如图 2.19 所示。

由图 2.19 可以看出，在向各气囊内充气时，所产生的内应力和内应变并不均匀，其变形和受力情况随着气囊在结构中位置的不同而有所差异，且基本上遵循中间气囊的应力、应变较大，两侧气囊的应力、应变相对较小的规律。因此，在设计软体机器人气囊结构时应加大中间气囊的宽度及气囊壁的厚度，以使其能够承受更大的应力。

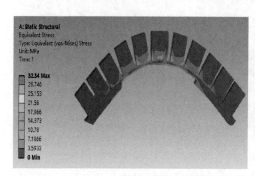
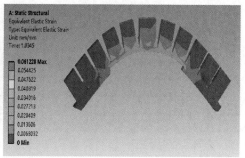

(a) 内应力(MPa)　　　　　　　　　　　　　(b) 内应变

图 2.19　软体机器人内应力和内应变的分布情况

（4）实验验证

通过以上仿真可知，仿生多气囊软体机器人气囊内部的压力越大，其弯曲程度和前行步幅也越大。因此，针对该类型软体机器人，首先进行机器人的充气形态确定实验。选用流量为 30L/min 的气泵、设定不同的充气时间进行充气实验，分别测量对应的气囊内部的压力和弯曲弓长 G，所得实验结果如图 2.20 所示。由图 2.20 可见，在一定的时间范围内，充气时间越长，气囊内部的压力越大，弯曲程度越大，弯曲弓长越小，仿生多气囊软体机器人的前行步幅越大。但是，对于机器人实际的爬行运动而言，弯曲程度过大将导致后端摩擦片与地面的接触面积变小，后侧摩擦力降低，从而导致在放气阶段机器人后端滑动，前行的步幅减小，甚至不能前行。因此，根据多气囊软体机器人实际的前行效果，可选择充气时间为0.3s，以使多气囊软体机器人在最大弯曲变形时尾部倾斜的摩擦片与地面呈水平接触，从而获得尾部与地面的最大摩擦力并驱动多气囊软体机器人前行。此时，气囊内部的最大充气气压为90kPa。

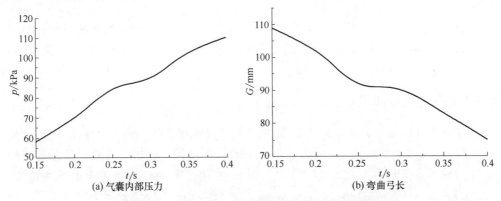

(a) 气囊内部压力　　　　　　　　(b) 弯曲弓长

图2.20 气囊内部压力和弯曲弓长与充气时间的关系

　　然后，进行多气囊软体机器人的正式爬行实验。实验中，设置充气时间为0.3s，2次充气的时间间隔为0.8s，以保证在充气时间间隔内的气囊均能完全放气而使机器人回到最初的平直形态，其运动过程如图2.21所示（相机分辨率305像素×758像素）。图2.21中，1格长度约为45mm。由图2.21可见，所设计的仿尺蠖多气囊软体机器人能够依靠前、后表面不同的摩擦力驱动，实现一屈一伸前行运动。在给定的实验条件下，所设计的仿尺蠖多气囊软体机器人前行时的平均步幅达到$\xi_{\exp}=19.25\text{mm}$。

　　在实验条件下，当气囊内部的最大压强为90kPa时，在理想条件下，计算理论模型所得，步幅$\xi_{\text{pre}}=22.85\text{mm}$，由此所得相对误差为

$$e_{\xi}=\left|\frac{\xi_{\exp}-\xi_{\text{pre}}}{\xi_{\exp}}\right|\times100\%=18.70\%$$

　　由此可以看出，与理论预测的结果相比，实验所得步幅相对较小。通过观察实验过程发现，多气囊软体机器人的拱起和平放并不是完全按照理想情况进行的。由于机器人形态的变化，充气拱起过程接近于结束时，机器人的前端将向后滑动，而在放气还原过程

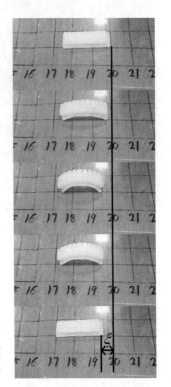

图2.21 仿尺蠖多气囊软体机器人的爬行实验过程

接近于结束时机器人的后端将向后滑动，从而对多气囊软体机器人的实际前行效果产生不利影响，而这种滑动产生的不利影响程度取决于实际情况下的地面材质，并导致实验的前行步幅比理论预测的前行步幅小。

总之，基于尺蠖的一屈一伸运动原理，设计的仿尺蠖多气囊软体机器人能够实现前进运动，前行运动的相对误差在可接受的范围内，机器人的前行趋势并不会改变。

通过介绍这种多气囊软体机器人的设计原理，可以清晰地了解尺蠖式软体机器人是如何设计和工作的。当然这只是其中的一种最基本的设计，还有许多其他类型的设计和应用，读者可以自行查阅。

2.1.3　蝗虫式软体机器人

蝗虫式机器人，又称跳跃式机器人，主要模仿蝗虫蓄力爆发跳跃的运动。蝗虫，俗称"蚂蚱"，属于节肢动物门，昆虫纲，直翅目，包括蚱总科、蜢总科、蝗总科的种类，全世界有超过 10000 种，我国有 1000 余种，分布于全世界的热带、

图 2.22　蝗虫

温带的草地和沙漠地区，如图 2.22 所示。蝗虫一般都有两对大而长的翅膀，其身体部分由一个一个体节构成，大体上分成头部、胸部和腹部三个部分。胸部由三节组成，每个胸节各有一对足，前、中足适于步行，后足特别发达，适合跳跃。

从生物学角度可知，蝗虫的躯体由一层外壳包裹，在蝗虫体壳的内部主要有两块肌肉，一块是胫骨伸肌肉，它的作用是驱动蝗虫的腿伸开；另一块肌肉是曲肌，它的作用是驱使蝗虫的腿收起。图 2.23 所示为蝗虫腿部构造图，从图 2.23 中可以看到蝗虫的腿节与胫节是连接在一起的，可以向一定方向转动，从而使蝗虫的胫节与腿节伸直或弯折，在蝗虫的腿节上生有很多斜排的肌肉，用来控制胫节的运动。肌肉的一端附在腿节的外骨皮上，另一端附着在腿节中一种腱筋的结构上，腱筋通过连接腿节与胫节的关节到达胫节和跗节。在这些肌肉收缩时便拉动这条腱筋，使胫节与腿节相对拉直，此种情况下可以产生相当大的力。由此可见，蝗虫进行跳跃的关键在于这些斜排的肌肉。这些肌肉推动附在关节上的腱，可以通过去除腿部关节一侧的表皮看见这些腱。

一般来说，一个蝗虫重 2～3g，对地面的作用力最大可达 0.03kgf，跳跃速度为 3m/s，故蝗虫的足部与地面的稳定附着对蝗虫的平稳运动有重要的作用。蝗虫足掌的结构具有很好的力学性能，它的足掌具有内含血浆的组织，可以使足掌获得

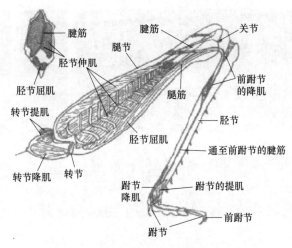

图 2.23　蝗虫腿部结构图

很低的接触刚度，在接触过程的低载荷下，获得大的接触面积。蝗虫足掌外表皮内层的树丛结构平行于外表皮的方向，树丛结构没有约束外表皮内层在该方向上的变形，有利于外表皮在接触过程中获得比较大的接触面积，也有利于外表皮与不同接触表面的适应。蝗虫足掌的这种精巧结构使蝗虫得以用两种方式获得最大的摩擦力：①在接触过程中，由于足掌的变形，已经产生了较大的摩擦力，这样在蝗虫腿主动运动时，摩擦力从一个较大的值开始增加，这有利于蝗虫获得稳定的附着；②足掌的结构使得蝗虫获得尽可能大的接触面积，在有毛细作用的情况下，这有利于获得较大的黏着力。

　　传统仿蝗虫刚性机器人多使用刚性结构件模拟蝗虫腿部构造，通过电机驱动、配合弹簧等储能元件实现跳跃。而近年来蝗虫式软体机器人的研究者则将目光转向了以化学反应放能来实现机器人的跳跃。

　　Bartlett 等开发了一款三角状的内燃驱动机器人，如图 2.24 所示。该机器人结构主要由 3D 打印制作而成，内部的燃烧反应腔内充有丁烷和氧气，反应放出的能量使得该机器人实现跳跃运动。该机器人还可以通过对底部的三个脚分别充气来实现定向跳跃动作。

图 2.24　内燃驱动机器人

　　Shepherd 等研发了一种三足式弹跳机器人，如图 2.25（a）所示。该弹跳机器人体型微小，高仅有 10mm，内部留有反应用的空腔，通入纯氧和甲烷使之混合反应，燃烧产生的气体促使机器人体积膨胀，从而驱动机器人进行跳跃，该机器人最高可以跳离地面 300mm，如图 2.25（b）所示。

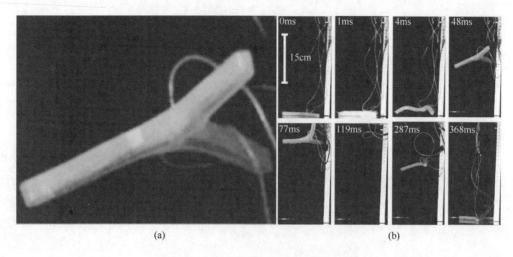

(a)   (b)

图 2.25　三足式弹跳机器人及其跳跃实验

　　接下来对哈佛大学 Shepherd 等研发的这种三足式弹跳机器人进行详细的介绍，从而了解跳跃式软体机器人的原理。这种跳跃式软体机器人采用有机弹性体（如有机硅橡胶）材料，由三个类似三角形结构的气动执行器组成。在气动执行器的微通道内放置甲烷和氧气的化学混合物，点燃化学混合物并使其爆炸产生热气体，该反应可以迅速地使气动执行器的气囊膨胀，并使机器人从平坦表面垂直地发射（跳跃）。在软体机器人内部气动网中安装了软襟翼❶装置，该装置可用来充当被动排气系统的阀门，这种设计效果可以使气体的化学反应多次重复进行。

　　目前多数软体机器人仍使用低压空气充入有机弹性体中制造的微通道（气囊网）实现气动膨胀，尽管它具有制造简单、控制容易、成本低、重量轻等优点，但是气动式驱动的反应比较慢，因此哈佛大学的研究人员在这款跳跃式软体机器人中使用化学反应（甲烷燃烧）产生爆炸性压力来快速充气变形，从而快速驱动机器人的运动。他们通过使用由电火花触发的碳氢化合物的爆炸性燃烧，使软体机器人实现了"跳跃"功能。

　　接下来先阐述这种跳跃式机器人的结构设计。哈佛大学的研究人员使用软光刻技术制造出了这种三足机器人，如图 2.26 所示。该机器人采用了被动阀门系统，该被动阀门系统能够使软体机器人工作时轻松地对软气囊加压、自动排出气囊中的反应气体，以及实现对气动装置的多次反复使用。通过同时启动三条腿的软体执行器，可以使软体机器人在不到 0.2s 的时间内跳跃超过其高度的 30 倍，最大垂直速度可达约 3.6m/s。

---

　　❶ 襟翼，特指现代机翼边缘部分的一种翼面形可动装置，襟翼可装在机翼后缘或前缘，可向下偏转或（和）向后（前）滑动，其基本效用是在飞行中增加升力。

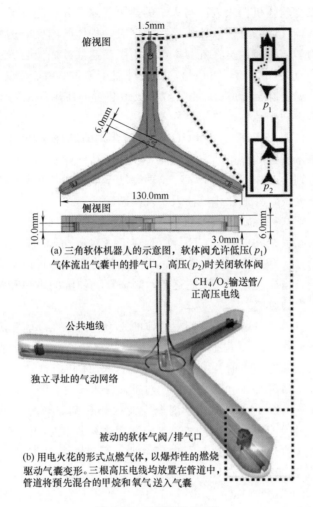

俯视图

1.5mm

6.0mm

130.0mm

侧视图

10.0mm

3.0mm

6.0mm

p_1

p_2

(a) 三角软体机器人的示意图，软体阀允许低压(p_1)
气体流出气囊中的排气口，高压(p_2)时关闭软体阀

CH$_4$/O$_2$输送管/
正高压电线

公共地线

独立寻址的气动网络

被动的软体气阀/排气口

(b) 用电火花的形式点燃气体，以爆炸性的燃烧
驱动气囊变形。三根高压电线均放置在管道中，
管道将预先混合的甲烷和氧气送入气囊

图 2.26 三足机器人原理

该软体机器人使用了甲烷和氧气的化学混合物（1mol CH$_4$∶2mol O$_2$）来为软体机器人的跳跃提供动力。这种化学混合物的反应形成的烟雾量较少，并且能防止通道污染和碳沉积物堵塞阀门。研究人员使用电火花来点燃腔室内的混合物，主要原因是电火花容易进入软体机器人中，可以以毫秒的精度进行控制并定时，并且电火花比其他点火装置反应更快。

这种三足机器人的每条腿中都含有一个空腔，CH$_4$ 和 O$_2$ 的化学混合物从空腔的一侧进入，反应气体通过空腔另一侧的阀门开口排出。在每个气路的输入侧，放置有触发电火花的计算机控制电极。爆炸性反应产生的高温（空气中 $T>2500$K）与硅橡胶弹性体的使用温度不相容（大多数在 $T<600$K 时降解）。在空腔中有一层薄薄的硅树脂，这层硅树脂会在高温时分解，并形成二氧化硅表面层，这层二氧

化硅表面就可以将软体机器人表面与火焰的热辐射隔离开。化学混合气体的爆炸持续时间非常短，当气体膨胀使软体机器人膨胀时，气体的温度会迅速降低。为了应用快速燃烧动力学，研究人员在气囊内部使用了高速红外成像装置和双金属温度探头。根据经验，点火 3ms 后，可以检测到红外温度超过 500℃。点火 10ms 后，红外热像仪测得的温度降至 300℃以下。红外成像装置的使用还证明了可以通过调节火花之间的延迟来独立地驱动单个执行器。

研究人员分别使用压缩空气和 CH_4/O_2 混合物的燃烧来测量运动期间执行器的放热。通过测量所得的热量和驱动时间，发现压缩气体和爆炸驱动这两种驱动方法产生的功率分别为 3.3mW 和 35W。这两种功率增加约 11000 倍而产生的脉冲使得空腔可以快速充气，并使软体机器人实现跳跃功能。

最后介绍一下这种跳跃式软体机器人中用于释放气体的阀门。CH_4 在空腔中燃烧之后，必须除去杂物以确保 CH_4 和 O_2 在下一次运动开始时保持适当的比例。为了清除废弃的 CO_2 气体和 H_2O 蒸气，研究人员将废气的排出通道放置在三足机器人腿部的末端。当要使其中一条腿运动时，需要将新鲜的甲烷和氧气输入空腔并排出上次运动产生的废气。

来自燃烧反应的热量增加了空腔中气体的压力。为了在爆炸完成之前限制膨胀气体的泄漏，需要在废气排出通道之前加上一个被动的阀门，如图 2.26（a）所示。在低压时，也就是爆炸前及爆炸 10ms 以后，软体阀门打开，并使燃料进入空腔或排出废气。在高压时，也就是在爆炸期间，软体阀门关闭，压力增加并启动执行装置。在电火花点燃 CH_4/O_2 化学混合物大约 7ms 后，爆炸气体产生的压力会导致腿部膨胀，然后，在点火后约 50ms 的过程中软体机器人会延伸 5mm 左右，而软体机器人的这种延伸驱使执行器向下弯曲。尽管在爆炸期间产生了较大的压力，但是空腔是由坚硬的硅橡胶制成（杨氏模量为 3.6kPa），能够经受多次（＞30）爆炸驱动而不受损坏。

当同时驱动三个支腿时，这些硅橡胶弹性体的韧性和弹性效果将更加明显。这种三足机器人利用混合气体爆炸产生的能量使其能够在 0.2s 内跳过 30cm。

当然这种软体机器人还可以进一步优化。通过设计火花的时间，可以增加跳跃高度，提高能量效率，并控制机器人向不同方位跳跃。

这种跳跃式软体机器人通过模仿蝗虫跳跃运动，提出了一种新型的运动形式，与蠕动式的软体机器人相比有着运动快、体积小的优点，有很大的应用前景和开发空间。

2.1.4　仿象鼻式软体机器人

在这一小节将介绍一种抓取式软体机器人——仿象鼻式软体机器人。象鼻是大象的重要器官之一，如图 2.27 所示，是大象进行探测、自卫和进食的重要工具。

象鼻子由 4 万条肌肉组成，能起"手"的作用。大象利用自己的长鼻子，来弥

图 2.27　象鼻

补身体笨重的缺点。大象可以把鼻子伸到树上摘树叶、果实，从地上卷起青草、芦苇，送进嘴巴里。大象的鼻子粗壮发达，力大无穷，轻轻一卷，就能把一棵大树连根拔起。象鼻可以说是"刚柔相济"，它尖端的指状突起非常灵敏，可以从地上拾起一分钱的硬币，或者一根绣花针。

从生物学的角度对象鼻进行分析，可以将象鼻的肌肉简化为横肌、纵肌和环状肌三种。

把象鼻简化成一个圆柱结构，纵向收缩力引起象鼻的缩短作用在象鼻肌肉上，当受力均匀时，纵肌压缩，横肌扩张，象鼻整体缩短而直径变粗；当受力不均匀时（即单侧受力），受力侧收缩，横肌和环状肌处于蓄势阶段，未受力侧在自身弹力作用下保持原状，此时象鼻弯向受力侧，当受力侧解除受力，横肌和环状肌储存的能量释放，象鼻恢复原本伸直状态。在象鼻肌肉结构中，单侧长度的减少可以由结构一侧的肌肉的收缩产生，而直径不变性可由横肌、纵肌和环状肌结构的收缩活动来维持。

象鼻的弯曲行为还可以发生在保持象鼻单侧长度不变，同时伴随象鼻直径减小的情况下。在象鼻肌肉结构中，直径的减小可以由横肌、纵肌或环状肌的收缩引起。单侧长度的不变性可由圆柱体一侧的纵向肌肉的收缩活动维持。没有纵向肌肉，同时横肌、径肌或环状肌的收缩将引起象鼻的拉长而不是弯曲。因此象鼻的弯曲动作要求象鼻的纵向肌肉和对抗肌（横肌、纵肌或环状肌）同时活动才能产生。象鼻有了横肌、纵肌或环状肌的协调动作，可以同时改变弯曲角度，产生弯曲运动。

通过模仿象鼻的这种结构，可以使仿象鼻软体机器人不但具有连续变形的功能、稳定的运动特性，还可以在机器人末端安装抓取装置和传感器，进行感知操作物体，在工业生产及野外探测中有广泛的应用。

如图 2.28 所示是北京航空航天大学提出的一种由形状记忆合金驱动的仿象鼻软体机器人。这种仿象鼻软体机器人的软体单元长度为 104mm，直径为 32mm，在机器人上可以串联多个软体单元作为机器人的机械臂，以拓展机器人的运动空间。这种仿象鼻软体机器人的软体单元采用嵌入式形状记忆合金（SMA）驱动的

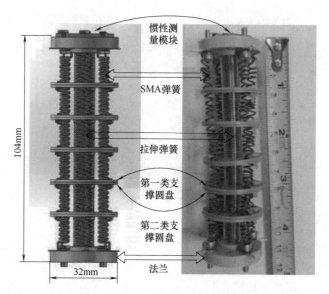

惯性测量模块

SMA弹簧

拉伸弹簧

第一类支撑圆盘

第二类支撑圆盘

法兰

104mm

32mm

图 2.28　仿象鼻软体机器人示意图

图 2.29　二模块的 Air-Octor 机械手

方式，形状记忆合金可直接放置在软体单元内部，具有结构相对简单、体积小、重量轻、能量密度高、应变大、柔性高、自传感等优点。

图 2.29 所示的是由 William McMahan 等研制的一款名为 Air-Octor 的连续仿象鼻软体机械手。Air-Octor 机械手的一个突出特点是由柔软材料组成。与其他大多数连续体机器人不同，Air-Octor 机械手没有坚固的连续骨架。相反，它通过对中央气室进行充气加压的方式来为 Air-Octor 软体机械手提供恒定曲率的弯曲。中央气室是一根一定长度的软管，软管的内部拥有螺旋形的金属弹簧，能为中央气室提供横向支撑并且能够纵向折叠。气室的这种特性能够控制机械手伸长和收缩，因此它具有刚性骨架支撑的连续机器人所不具有的自由度。但是，这种结构的中央气室较为柔软，易碎，容易发生气体的泄漏，所以需要在结构外部进行额外的保护。

在动力方面，Air-Octor 机械手使用直流电动机和气动压力调节器进行驱动。直流电动机、线轴和绳索组合形成肌腱绳索的伺服系统，可以用于控制 Air-Octor 机械手的弯曲。气动压力调节器用于控制和保持中央气室中的压力。除了机械臂可以伸缩的特性之外，通过中央气室的压力控制，Air-Octor 机械手还提供可控的顺应性调节。这样整个机械手就具有三个自由度，即两个弯曲和一个伸缩自由度，以及可控的顺应性调节。

在单个 Air-Octor 机械手模块的基础上串联另一个相同的 Air-Octor 机械手模

块就能构造出一个二模块软体机械手，这样就能增加机械手的自由度和运动能力。第二 Air-Octor 机械手模块的马达和肌腱与第一 Air-Octor 机械手模块的马达和肌腱相比旋转了 60°（图 2.30）。Air-Octor 机械手模块的直径为 9cm，它各个部分的长度范围为 13~45cm。考虑到两个机械手模块之间的 5cm 安装间隙，对于双模块的 Air-Octor 机械手，其长度范围从 31cm（完全缩回时）到 95cm（完全伸展时）。该长度变化范围足以能够抓取不同尺寸和形状的物体。

只要空间足够，Air-Octor 机械手的模块化设计的特性允许多个软体模块串联连接，构成不同规格的软体机械手，其潜在的应用包括救灾、反恐、医疗设备和远程探索，这种软体机械手可用作局部探测器和医生的手术装置，具有很大的潜力。

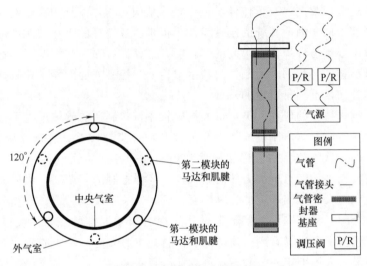

图 2.30 横截面图与气动管路图

2.1.5 仿人手式软体机器人

除了模仿昆虫和哺乳动物的结构进行软体机器人的设计，很多科学家开始考虑模仿人体的结构进行软体机器人的设计，目前应用较好的主要是模仿人类的手部结构进行设计的软体机器人，如操作手、灵巧手、软体康复手套等。

传统的刚性操作手和刚性灵巧手等仿人手功能和形态的机械装置已经被广泛应用于人类的社会生活和生产中，解放了人的繁重劳动，为实现工业生产的机械化和自动化发挥了重要作用。这些机械手和灵巧手主要是由金属材料制成的，依靠精确的控制实现对物体的抓取和移动。在工厂环境下，机械手往往负责现场中结构性的、重复的、笨重的、较危险的工作，并向着高定位精度、高灵活性以及高速度等方向发展。而对于灵巧手来说，其具有较多的自由度，能够精确地控制施加在物体上的力，这样能够保证被抓的物体是安全和完整的，但是对于自由度多的刚性灵巧手来说控制较为复杂。

随着社会发展，人们在诸多领域对仿人手机械装置提出了新的要求，包括人-机、机-环境交互的安全性、友好性以及灵活性等。比如在易碎、易破坏物品的分拣和抓取当中，对仿人手机械装置力的大小和安全性、稳定性有着很高的要求。再比如对卒中患者的医疗康复和辅助助力器械的设计，传统的刚性机构在辅助患者手部运动的过程中，存在着对患者手部造成二次伤害的可能性。在康复初期，偏瘫患者的手部处于低肌力甚至零肌力状态，在使用辅助设备做机械运动的过程中，手部可能会脱离原佩戴位置，而机械装置的运动轨迹是固定的，不会随肢体的偏移自行调整位置，这时就可能会造成患者手部的再次损伤。因此对机械装置的柔顺性、安全性、轻便性有很高的要求。

针对上述应用情况，其工作环境往往是非结构化的，而且相对于刚性操作设备而言环境刚度很低，因此传统的刚性操作手很难胜任这样的工作，刚性的机械装置在使用过程中很难与环境做到很高的契合度，这就导致在一些情况下不适合用刚性设计的机械结构，与此同时，刚性灵巧手对传感和控制方面的要求比较高，这使得装置的成本升高，不利于以后的发展。

因此，越来越多的研究人员把目光投向软体材料制造的软体仿生手的研究，软体仿生手能从本质上解决刚性操作手和人以及环境交互性差、复杂环境适应性差、不灵活的问题，软体仿生手可以很好地利用和发挥各种柔性材料包括橡胶、聚合物、智能材料、多功能材料等天然的柔顺性，降低控制的复杂度，实现软体仿生手的高灵活性和与人及工作环境的良好交互。

接下来介绍一种由本课题组研制的用于患者康复训练的多自由度软体康复手套，该软体康复手套也具有助力功能。软体材料本身安全、轻质的特性使得软体康复手套很容易与人手绑定在一起，这种软体康复手套由橡胶、聚合物、智能材料或多功能材料构成，是一种新型的由柔性材料制成的软体机械装置，有着高冗余度、高适应性和安全人机交互等优点。在卒中等造成患者手部运动不便的疾病治疗中，软体康复手套比传统刚性手部治疗设备具有更高的柔顺性和安全性。

目前美国大约有400万名患有偏瘫或其他类似疾病的慢性脑卒中患者，全球其他发达国家有600万，数据显示，未来十几年，偏瘫患者人数将以每年100万人次的数目增加。对于大多数卒中的患者，他们的手部运动能力丧失，无论是部分丧失还是完全不能运动，都极大地限制了患者的日常活动（ADL）并大大降低患者的生活质量。一般卒中患者进行手部功能的康复需要进行重复性任务的训练，以改善手部力量、手部动作的准确性和运动范围，通常这种康复训练是在职业治疗师帮助下进行的，其成本高且速度较慢，同时患者是被动地依从，康复训练效果不好。因此研究出一种可以使患者在家中自行使用的、低成本的、康复训练效果较好的治疗装置是非常有必要的。

临床研究表明，使用机器人装置进行手部辅助训练的卒中患者，其手部功能的恢复效果十分显著。目前研究人员已经开发了许多用于手部恢复的机器人康复系统，其中主要是多自由度外骨骼的康复训练装置。这些装置大多数要求外骨骼的生物关节与人手部的关节对齐，而其中只有少数康复训练装置具有被动自由度或自对准的能力。这些装置通常非常昂贵，体积较大，不方便携带，只能临床使用。与此同时，这些机器人装置使用的执行器本身的柔顺性不足，大多数需要经验丰富的工作人员监督以确保患者使用安全。然而，它们的优点是刚性机械结构提供了坚固且可靠的装置，能够施加较大的力，从而允许执行更具挑战性的康复方案。

为了使患者手部康复变得更便捷、迅速，研究人员开始思考在康复装置中加入软体材料，来替代传统刚性外骨骼康复装置。在这些设计中研究人员将软体手套与连接手指部分的电缆相结合，并用远离手部的多个驱动源对执行器进行驱动，制成支持手指弯曲和伸展运动的软体弹性执行器。这种设计是软体机器人一个新的范例，它将机器人设计和控制的经典原理与可变形软体材料相结合，实现了新的应用。

哈佛大学的 Panagiotis Polygerinos 在 2015 年提出了一种纤维增强型气动驱动器，并基于这种气动驱动器设计了一种康复手套。如图 2.31 所示，纤维增强型气动驱动器主要由弹性体、纤维层组成，纤维层分为单层纤维增强层和双层纤维增强层，纤维层所用的材料是高强度纤维线。通过弹性体缠绕不同结构的纤维增强层，驱动器可以实现弯曲、扭转、分段弯曲、弯曲扭转等运动，其中弯曲扭转运动和人手大拇指的运动相似，分段弯曲运动与四手指的运动相似。基于纤维增强型软体驱动器的康复手套如图 2.32 所示，手套能够驱动人手实现多种灵活的手指弯曲运动和抓取运动，实验证明佩戴手套后的病人抓取塑料块的成功率提高了 40%。

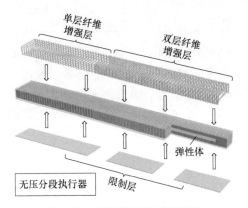

图 2.31　纤维增强型软体驱动器　　图 2.32　基于纤维增强型软体驱动器的康复手套

已有的气压驱动软体康复手套主要有基于弹性体驱动器的软体康复手套、基于织物材料驱动器的软体康复手套，相对于基于弹性体驱动器的软体康复手套，基于织物材料驱动器的软体康复手套具有穿戴舒适、制造容易、体积小、重量轻等优点，更容易实现手指和手腕的同时运动，下面介绍本课题组研制的基于织物材料的气压驱动软体康复手套，可实现手指和手腕的协同康复训练。软体康复手套上气动驱动器的尺寸及运动范围须与人手的实际情况相一致。

人手可以分为三大部分：指骨、掌骨和腕骨。四指的指骨又可分为中节指骨、近节指骨和远节指骨，远节指骨与中节指骨之间的关节为远端指间关节（distal interphalangeal joint，DIP），中节指骨与近节指骨之间的关节为近端指间关节（proximal interphalangeal joint，PIP），近节指骨与掌骨之间的关节为掌指关节（metacarpophalangeal joints，MCP）。大拇指没有中节指骨，只有远节指骨与近节指骨，远节指骨与近节指骨间的关节称为指尖关节（interphalangeal joint，IP），近节指骨和掌骨间的关节是掌指关节。国际生物力学学会（International Society of Biomechanics，ISB）在 2002 年提出了对手指、手腕各关节运动形式的定义：以中指为中轴线，手指 MCP 关节靠近中轴线的运动称为内收，远离中轴线的运动称为外展；在绕轴线转动的关节两侧的指骨或腕骨角度增大的运动称为伸展，关节两侧骨头夹角减小的运动称为屈曲。手指的 MCP 关节具有两个自由度，可以进行屈曲/伸展运动和内收/外展运动，其他关节均只有一个自由度。手部各关节的运动范围如表 2.1 所示，大拇指的弯曲范围为 $0° \sim 210°$（MCP 和 IP 的弯曲角度之和），四指的弯曲范围为 $0° \sim 300°$，手腕的弯曲角度范围为 $-70° \sim 90°$。此康复手套中软体气动驱动器须能驱动人手的 DIP、PIP、IP、MCP 和腕关节做屈曲与伸展运动，暂不考虑 MCP 关节的内收和外展方向自由度。

表 2.1 手指各关节运动范围

手指关节	运动方式	运动范围/(°)	手指关节	运动方式	运动范围/(°)
DIP	屈曲/伸展	$-10 \sim 90$	MCP	内收/外展	$-30 \sim 15$
PIP	屈曲/伸展	$0 \sim 100$	MCP	屈曲/伸展	$-10 \sim 100$
IP	屈曲/伸展	$-20 \sim 60$	腕关节	屈曲/伸展	$-70 \sim 90$

现有的手部康复设备一般是针对手指或者手腕分别进行康复训练，当患者需要进行手指和手腕的协同训练时，需要穿戴手指康复设备和手腕康复设备，极为不便。为了解决这个问题，我们开发出两种软体气动驱动器：单自由度软体气动驱动器和双自由度软体气动驱动器。单自由度软体气动驱动器可以只针对手指或者手腕进行康复训练，双自由度软体气动驱动器可同时针对手指和手腕进行康复训练，也可以分别对手指或手腕单独进行康复训练。将手指和手腕的康复运动结合，可以减小软体康复手套的整体体积与重量。

(1) 单自由度软体气动驱动器结构

单自由度软体气动驱动器主要由上、中、下三层组成。上层为弹性层，仅可以沿着长度方向（x 方向）拉伸变长。下层为限制层，由两层布料缝合而成，具有很高的强度，且不具备任何弹性，不可在任何方向拉伸。弹性层和限制层围成中间层，由橡胶气囊、宝塔接头和气管密封器三部分组成。宝塔接头的一端连接橡胶气囊，另一端连接外部气源。

当外部气体通过气管接头进入气动驱动器的橡胶气囊时，驱动器中间层的橡胶气囊充气膨胀，充满由弹性层和限制层缝合而成的气室。加大气压，中间层气囊继续膨胀，受限于气室的体积，上层弹性层布料将会被拉伸并沿着 x 轴方向变长，限制层布料不会有任何形变，上下两层布料此时会出现一个长度差，单自由度气动驱动器整体弯曲。单自由度气动驱动器可以用于单根手指的康复训练，也可以多根驱动器组合驱动手腕进行向上伸展运动。

(2) 双自由度软体气动驱动器结构

双自由度软体气动驱动器的结构如图 2.33 所示，它由上、中、下三层组成，上层为弹性层，由可以沿着长度方向（x 方向）伸长的弹性布料制成，最下层是限制层，使用两层不可拉长的布料缝合而成，弹性层与限制层缝合成一个轴向为 x 方向的半圆柱形气室。与单自由度软体驱动器不同的是，在弹性层和限制层中间加了一层中间限制层，使用与限制层同样的沿任何方向均不可拉伸的布料制成。中间限制层把气室分为了上下两个气室，上气室由弹性层和中间限制层组成，下气室由中间限制层、弹性层和限制层组成。上下两个气室内均插入橡胶气囊，两个橡胶气囊通过密封器与宝塔头连接，并与两个气源相连。

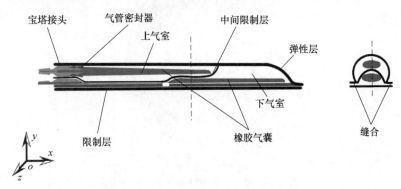

图 2.33　双自由度软体气动驱动器的结构

双自由度气动软体驱动器的弯曲分为三种情况，如图 2.34（a）所示，当软体驱动器只有上气室充气时，上气室内的橡胶气囊随着气压增大开始膨胀，上气室的弹性层随着气囊膨胀被拉长，中间限制层不发生形变，软体驱动器左端发生弯曲，右端呈放松静止状态。双自由度气动驱动器的这个弯曲状态可以用来驱动手腕弯曲做康复运动，手指静止放松。

双自由度气动软体驱动器的下气室可以分为左右两部分，左边气室部分的上下两层都是不可拉伸的限制层，右边部分的上层是弹性层，下层是限制层。如图 2.34（b）所示，当只有下气室充气时，下气室内的橡胶气囊随着气压增大开始膨胀，下气室的左右两部分被橡胶气囊充满。左边部分的上下两层均为限制层，气囊膨胀充满气室不会使左边部分弯曲，只会使左边部分伸直。右边部分与单自由度气动软体驱动器类似，上层限制层被拉长，下层不变，右边部分弯曲。双自由度气动软体驱动器的这个特性可以用来驱动手指弯曲，手腕不动，仅针对手指进行康复训练。

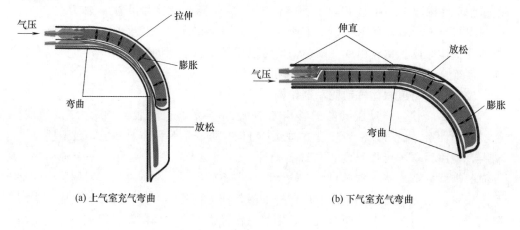

(a) 上气室充气弯曲　　　　　　　　　(b) 下气室充气弯曲

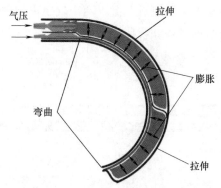

(c) 上下气室同时充气弯曲

图 2.34　双自由度气动软体驱动器的弯曲

当双自由度气动软体驱动器的上下气室同时充气时，如图 2.34（c）所示，上气室内橡胶气囊充气膨胀，使驱动器的左边部分弯曲，下气室内的橡胶气囊充气膨胀，使驱动器的右边部分弯曲，驱动器总体弯曲变形。双自由度气动软体驱动器的整体弯曲特性，可以用于实现对人手的手指和手腕的协同康复运动。

(3) 软体气动驱动器的材料

两种软体气动驱动器主要由弹性层、限制层、中间层组成，中间层主要由橡胶气囊、气管宝塔接头和气管密封器组成。弹性层、限制层及中间限制层由缝纫机缝合布料而成。在气室的出口处用喉箍固定，防止充气时气囊向外移动影响弯曲效果。限制层所用材料是在任何方向均无法拉伸的布料，弹性层所用材料为可以单向伸长的弹性布料。使用 ZwickRoell 材料试验系统及 GB/T 228—2010 标准，对限制层和弹性层所用两种材料进行拉伸试验，得到两个方向布料伸长量与拉力的关系曲线。限制层布料在两个方向的拉伸曲线如图 2.35 所示,当拉伸力在限制层材料的两个方向分别超过 400N 和 600N 时出现断裂,最大伸长量为 40mm 和 60mm。弹性层布料在不可拉伸方向的实验结果如图 2.36 所示,在力达到 4000N 附近时出现断裂,最大伸长量为 37mm 左右;弹性层在可拉伸方向的实验结果如图 2.37 所示,弹性层布料的可拉伸方向性质较为稳定,当伸长量为 0~140mm 时,拉力随着伸长量的增加呈线性增大,弹性系数约为 0.25N/mm,当伸长量为 140~240mm 时,拉力也是随着伸长量的增加线性增大,弹性系数约为 1.95N/mm,当伸长量为 240mm 左右时,材料出现断裂,此时的拉力为 240N。从实验结果可以直观地看出,限制层布料两个方向的弹性系数很大,需要很大的力才能使其发生拉伸变

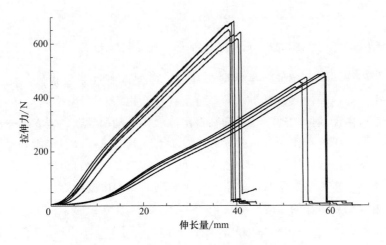

图 2.35 限制层布料两个方向拉伸试验结果

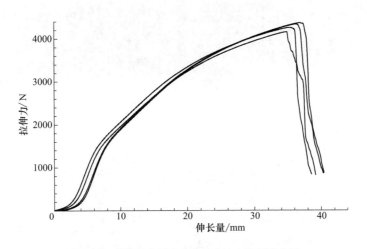

图 2.36 弹性层布料在不可拉伸方向的试验结果

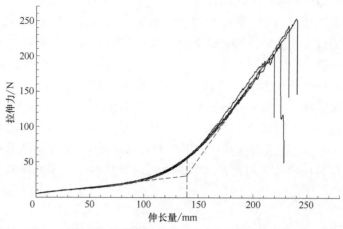

图 2.37 弹性层布料另一个方向拉伸试验结果

形，可以近似看作不可拉伸。弹性层布料一个方向的弹性系数很大，几乎不可拉伸，另一个方向的弹性系数较小，且呈分段线性变化。

基于单自由度软体气动驱动器和双自由度软体气动驱动器，开发出一种可实现手指、手腕协同康复动作的新颖的软体康复手套，具有重量轻、穿戴舒适、拆卸方便等优点。单自由度软体气动驱动器可以驱动手指弯曲，双自由度软体气动驱动器可以同时驱动手指和手腕弯曲，使手指和手腕同时获得康复治疗。

（4）软体康复手套的结构

如图 2.38 所示，本课题组的软体康复手套主要由加长型的普通手套、单自由

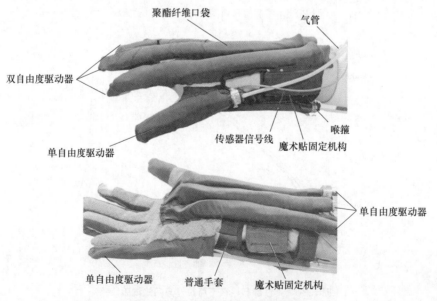

图 2.38 软体气动康复手套的结构

度软体气动驱动器、双自由度软体驱动器、聚酯纤维口袋、弯曲传感器和魔术贴固定机构等组成。共有 8 个软体气动驱动器，其中，5 个单自由度软体气动驱动器主要位于康复手套的大拇指处、小拇指处和手腕下侧，用于驱动大拇指屈伸、小拇指屈伸和手腕伸展运动；3 个双自由度软体气动驱动器分布在康复手套的食指、中指和无名指处，双自由度软体气动驱动器的上气室用于驱动手腕屈曲运动，下气室用于驱动三根手指（食指、中指和无名指）的屈伸。为了将软体驱动器固定在康复手套上并便于装卸，在加长型普通手套上缝合了 8 个聚酯纤维口袋，将 8 个软体驱动器插入对应的聚酯纤维口袋中。魔术贴固定机构使用工业魔术贴与弹性布料缝合而成，目的是使手腕上下的驱动器紧贴手腕关节，同时兼顾康复手套穿戴方便。

(5) 魔术贴固定机构

手部运动障碍病人的手部关节处于肌肉无力状态，普通的手套难以穿戴，通常需要外人辅助。可穿戴软体康复设备在设计时须考虑其可穿戴性和力的传递性，二者通常会相互矛盾。

为了平衡手套的可穿戴性和力的传递性，我们将工业魔术贴（3M）与弹性布缝合在手腕上下的腕带上。如图 2.39 所示，患者穿戴时将上下魔术贴分离，手套开口变大，手指可以轻松穿入，手套具

图 2.39　手套穿戴过程

有较好的穿戴性。穿戴成功后将穿戴者手腕处的魔术贴粘紧，使手腕上下的驱动器紧贴手腕皮肤表面，驱动器的力能够有效传递到手腕关节，驱动手腕弯曲运动。

(6) 软体康复手套参数

软体康复手套上使用聚酯纤维布料缝合口袋，软体气动驱动器插入到对应的聚酯纤维口袋中。康复手套所选用的两种软体气动驱动器充气弯曲时在径向会有轻微膨胀，为了使口袋面料不影响驱动器的弯曲运动，口袋使用拉伸型聚酯纤维面料（Lavsan）进行缝合。聚酯纤维面料强度高，具有很好的可拉伸性，能够承受驱动器的弯曲膨胀拉伸。此外，聚酯纤维质地柔软，穿戴舒适，重量轻，很适合作为可穿戴康复设备的主体材料。

不同人的手的形状和大小有较大差异，考虑到软体康复设备与手部贴合性越好越能更好地驱动手部康复运动，对于不同的人手的尺寸去定制手套将会获得更好的康复效果。可穿戴手部康复设备发展至今，已经有了一些相关的标准和建议，Aubin 等提出可穿戴手部设备的最大重量不应该超过 450g，大约是 7 岁孩童的手臂总重量的 40%；Dandekar 等提出人手手指的直径为 16~20mm，康复手套的手指指套位置须满足要求，指套直径过大影响手套驱动力的传递，过小则影响穿戴舒适性。本题课组软体康复手套的重量为 256g，符合最大重量 450g 的要求，其中手

套的指套直径为 24mm，略大于人手指的最大直径 20mm，可以兼顾穿戴舒适性和力的传递性。软体手套的各项参数如表 2.2 所示。

表 2.2 软体手套的参数

参数	数值
质量	256g
尺寸(长×宽×厚)	270mm×150mm×70mm
口袋面料	Lavsan
指套直径	24mm
手腕直径	60~100mm
大拇指单自由度驱动器长度	100mm
大拇指单自由度驱动器宽度	20mm
双自由度驱动器长度	250mm
双自由度驱动器宽度	20mm
手腕处单自由度驱动器长度	130mm
手腕处单自由度驱动器宽度	20mm

康复手套选用双自由度气动驱动器驱动中指、食指和无名指做屈伸运动，驱动手腕做屈曲运动，使用单自由度气动驱动器驱动大拇指和小拇指做屈伸运动，驱动手腕做伸展运动。各个位置的驱动器因功能的不同其尺寸有差别，在设计驱动器时须考虑人手的实际尺寸。

(7) 软体康复手套控制系统

软体康复手套的硬件控制系统主要包括 PC 上位机、微控制器、MOS 管、电磁阀、气泵、气路、数据采集电路，控制过程如图 2.40 所示。

① 控制算法集成在 PC 上位机上，由上位机进行控制量的运算，通过串口通信发送给控制系统的微控制器。

② 微控制器可以输出 PWM 信号和 I/O 通断信号给 MOS 管，MOS 管连接两种电磁阀：高频电磁阀和普通电磁阀。

③ I/O 通断信号输入到 MOS 管，经过 MOS 管放大后输入到普通电磁阀上，此时 MOS 管相当于一个继电器，根据输入的高低电平控制电磁阀的通和断。当电磁阀输入高电平时手腕上的驱动器充气，电磁阀输入低电平时手腕上的驱动器放气，实现手腕的开环控制。

④ PWM 信号输入到 MOS 管的输入端，经过 MOS 管放大后输入到高频电磁阀的控制端，高频电磁阀输出气压到手指的驱动器上，电磁阀输出的气压与输入 PWM 信号的占空比成正比。气压输入到手指位置的驱动器气室，不同的气压对应不同的驱动器弯曲角度。

⑤ 手套上有数据采集装置，实时测量手指弯曲角度，并将弯曲角度通过串口

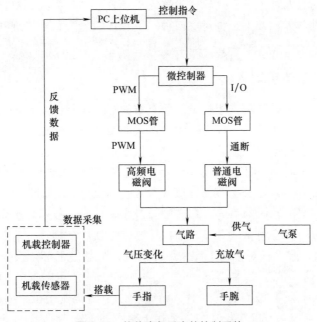

图 2.40 软体康复手套的控制系统

发送给 PC 上位机，PC 上位机接收到实际的弯曲角度，进行模糊 PID 运算，并将运算后的 PWM 占空比数据发送给控制器，实现手指弯曲角度的闭环控制。

与现有的康复设备相比，这种柔软的可穿戴软体康复手套可通过以下方式提供更好的家庭辅助活动和患者手部的康复：在单输入情况下拥有更多的自由度和更大的运动范围；由于装置制造使用的是柔软的材料，因此有着非常安全的人机交互；由于使用纤维织物和硅橡胶等廉价材料和使用单一执行器控制所有手指的运动，故此软体康复手套成本较低；便携性好；基于患者手部的结构可以定制专门的装置，更好地恢复患者手部的运动能力。

这种仿人手软体康复手套能够有效地帮助卒中患者进行手部的康复。与刚性康复装置不同，软体康复手套与刚性康复装置最大的区别就是其本体材料是柔性的，由于软体材料比刚性材料具有更加复杂丰富的响应特性，不仅带来功能上的灵活性和顺应性，还使得在设计和控制方法上也具有了更多可能。作为软体机器人领域的一个分支，软体康复机器人正在迅速发展，凭借良好的适应性、安全性以及复杂环境适应性等性能优势，必将在生产生活的诸多领域发挥重要作用。

2.2 水下软体机器人

在第 1 章中已经介绍到，水下机器人目前应用于生活的方方面面。与陆用的软体机器人设计类似，水下的软体机器人多根据水生生物的运动结构进行设计制造，目前研究较多的有四种：章鱼式软体机器人、鱼式软体机器人、海星式软体机器人和蝠鲼式软体机器人。接下来将对这四种水下软体机器人仿生原理和结构进行逐一介绍。

2.2.1 章鱼式软体机器人

头足类生物，例如章鱼，相较于前面介绍的蠕虫等软体生物来说，外形更为复杂多变，触须更加灵活，因而成为软体机器人的重点模仿对象。而开发出的章鱼式软体机器人能够实现更加复杂的运动，轻松抓取形状不规则的物体。

章鱼（octopus），如图 2.41 所示，为章鱼科 26 属 252 种海洋软体动物的通称，是头足纲最大科，可分为深海多足蛸亚科、爱尔斗蛸亚科、谷蛸亚科和蛸亚科。体卵形或卵圆形，肌肉强健，外套腔开口窄，体表一般不具水孔。腕吸盘 1 列或 2 列。胃和盲肠位于消化腺后部。章鱼是温带性软体动物，生活在水下，适应水温不能低于 7℃，海水相对密度 1.021 最为适宜，低盐度的环境会死亡。其广泛分布于世界各大洋的热带及温带海域。

章鱼有八条触须，每条触须由中央的横肌以及螺旋其上的三条纵肌纤维束构成，如图 2.42 所示，可以实现伸长、缩短、弯曲、扭转等运动，也可以通过调整触须的刚度来改变输出力的大小。由于章鱼在运动过程中，肌肉的体积不会发生变化，因此可以采用静压原理进行与蠕虫式机器人类似的结构设计。

图 2.41 章鱼

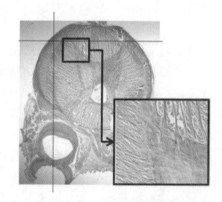

图 2.42 章鱼触须剖面图

欧洲章鱼项目组研制了一款仿生章鱼机器人。它采用形状记忆合金弹簧制成的人工肌肉作为驱动，并在外层包裹了一层纤维网状结构作为外骨骼，形状记忆合金用来促使触手改变外形，而外骨骼结构则允许触手外形不变时进行局部的变形。该机器人具有很好的变形能力。

章鱼具有独特的生物力学能力，能够在施加较大力的同时保持显著的柔软性，虽然它没有刚性结构，但是却可以改变并控制自身的刚度。章鱼臂所具有的运动能力是其特有的肌肉排列和特有的组织特性的结果。对于大多数柔性动物（例如毛虫、鱿鱼或章鱼）来说，它们具有柔软的身体而没有刚性骨架的结构，它们一般由高度柔顺的材料构成且表现出可变的刚度，这使得它们可以在复杂环境中移动并且很好地适应外界环境。章鱼不仅如此，还具有出色的操控能力，章鱼的手臂非常柔韧，表现出无限的自由度。尽管章鱼臂缺乏刚性支撑，但是章鱼能够控制它们的刚度以对环境施加较大的力，同时使用章鱼臂能主动地操纵物体或者在不同类型的地形上移动。章鱼臂的结构类似于哺乳动物的舌头、大象的躯干和鱿鱼的触须，具有恒定的体积，其肌肉既可用作刚性骨架，又可用于运动。意大利的科学家提出了基于章鱼肌肉结构的软体机器人，它有着可变形骨架结构，能够通过往复运动来实现软体机器人的运动。

　　研究人员通过使用专门的仪器和生物工程的方法来量化章鱼臂横向肌肉和纵向肌肉的力学性能，从而获取章鱼臂的力学特性。研究人员还开发了一种能使章鱼臂完成指定的任务，并且能够测量出章鱼臂力学性能的装置，该装置包含一个连接在支撑板上的透明有机玻璃刻度管。该装置一次只能测量章鱼臂一个性能，具体过程是用支撑板保持章鱼体分开，然后使用传感器（即称重传感器）和机械部件（即弹簧）来进行测量，在测量装置中章鱼一次插入一只手臂，研究人员将食物放在管内作为奖励。将食物挂在一根线上，移动线以获得章鱼臂的伸长量并使用称重传感器来测量拉力。研究人员又使用超声成像装置来测量章鱼臂的形态和组织的密度，这样研究人员能够快速地分析章鱼臂的三个解剖平面。通过从章鱼臂中提取关键特征来确定开发软体仿生章鱼机器人的参数和规格。下面介绍该仿生章鱼软体机器人的概念设计。

　　① 首先介绍章鱼的结缔组织结构，章鱼的肌肉性静水骨骼包含阵列的结缔组织纤维。这些结缔组织是章鱼臂运动期间的支撑和能量储存结构，是章鱼肌肉纤维的基础。它们能够控制肌肉收缩过程中的形状变化和弹性能量储存。利用光学显微镜研究章鱼臂的结缔组织纤维结构发现，在章鱼臂中，密集层的结缔组织围绕着中轴神经，其交叉纤维主要排列在纵向和环形两个方向上。而在章鱼臂固有肌肉组织的外部边界内侧和外侧上存在较密集的结缔组织，其纤维主要分布在左右两个方向上，与臂的纵轴形成的角度在 $68°\sim75°$ 之间。两个较稀疏的结缔组织层横向包裹肌肉组织。连接纤维的角度直接影响了章鱼臂的伸长、缩短和扭转等运动。章鱼臂的伸长主要靠横向肌肉作用，而章鱼臂的缩短主要靠纵向肌肉作用，螺旋状排列的斜肌对两种运动都能产生影响，这主要取决于纤维的实际角度。在斜肌中，$54°44'$ 的角度只能产生扭转运动，小于这个角度有助于收缩运动，大于这个角度则有助于章鱼臂的伸长运动。与静水骨骼相比，章鱼臂中的压力在整个系统中扩散且难以确定大小，横向纤维控制局部收缩，从而使其他部位局部伸长。在章鱼臂中局部减压产生局部的变形，但是没有使伸长量增加。结缔组织具有恒定的体积和密度，如果合理地安排结缔组织的位置，能够有效地提高伸长率。

　　② 章鱼臂的密度的影响。章鱼臂的测量密度（$1042\text{kg}/\text{m}^3$）与水的密度

（1022kg/m³）数值上非常接近，故在海洋中章鱼可以在重力和浮力之间保持平衡，提高生物力学效率，节省能量。研究人员通过使用超声成像和生态强度信号直接获得章鱼臂密度及其他的附加测量值。

③ 横肌对伸长性能的影响。横向肌肉的纤维与章鱼臂的纵轴呈正交排列，交联纤维在水平和垂直方向上运动。这些肌肉纤维主要附着在章鱼臂外部边界的结缔组织和中枢神经上。通过更深层次的组织学分析，可以得到纤维的交联情况。横向肌肉是手臂伸长的主要驱动力，横向纤维收缩导致其直径减小，由于肌肉的体积是恒定的，故章鱼臂整体向前产生了伸长量。从生物力学的角度来看，章鱼臂的长、宽比合理，通过对 20 只章鱼进行 145 次测量，得出其平均长宽比为 26∶1。研究人员通过对章鱼臂伸长能力进行测量证实，章鱼臂的平均伸长率为 70%，而横肌收缩直径变化只有 23%。

④ 纵肌对拉力的影响。对章鱼臂的三个解剖平面进行详细分析并观察纵向肌肉纤维的排列和生物力学结果，可以发现：纵向肌肉与章鱼臂的主轴神经排列方向相同，即垂直于横向肌肉。纵向肌肉纤维围绕横向肌肉和主轴神经主要被分为四部分，每一部分都从基底处延伸至尖端。在章鱼臂中存在多个可弯曲点，从而提高了章鱼臂的灵巧性。除此之外，四个纵向肌肉部分同时进行收缩可以缩短整个章鱼臂的长度，并使章鱼具有较大的力去拉动物体。在等距情况下进行拉力测量，发现章鱼臂能够在 1~2s 的收缩时间内施加 40N 的平均力。对章鱼臂缩短能力进行测量，发现章鱼臂的缩短可以达到 20%，最大应变变化为 50%，平均应变率为 17.1mm/s。此外，对实验过程中记录的视频进行分析，发现章鱼通常在其手臂总长度的 75% 处抓取目标物体，并使用臂远端四分之一的长度来环绕目标，利用其臂的近端部分进行自由的延伸和缩短。故一般认为章鱼臂的远端可作为章鱼臂的末端执行器。

⑤ 章鱼中神经系统排列的影响。章鱼臂的中枢神经沿臂分布，控制其肌肉运动的同时提供肌肉感觉信息。研究人员发现在章鱼神经组织中存在波形状的组织。与此同时，他们通过超声成像技术观察章鱼臂的水平切片，发现章鱼臂在伸长和缩短时的位置存在正弦振幅的差异，这表明这些波形状组织在神经组织控制肌肉和结缔组织进行运动时起着重要的作用。

充分了解章鱼臂的结构组成对仿生章鱼机器人的设计起到了重要的作用，接下来具体介绍意大利的研究人员是如何设计这种仿生章鱼机器人的。首先介绍一下这种仿生章鱼机器人的机械外支架。交联排列连接纤维表明编织系统可以进行运动的传递和形状变化的控制，实验中使用编织状套筒，并且可以对材料、尺寸和编织方法进行选择。进行不同组合的实验，研究人员发现编织状套筒在伸长和缩短过程中具有相同的特征。这种套筒不仅对机器人运动有用，而且是仿生章鱼机器人中横向执行器的锚定结构，能够控制形状的变化。研究人员通过测试带有横向执行器的编织状套筒样品来获得局部直径减小所必需的力。类似于章鱼的结缔组织和斜肌组织，编织状套筒运动的主要参数是套筒的纤维与整体结构的纵轴之间的夹角。根据编织状套筒纤维与圆柱体纵轴之间的夹角，研究人员选择了 70° 的编织角。这种编织状套筒与章鱼臂中的结缔组织纤维类似，该结构在直径减小期间长度伸长。如图 2.43 所示，经过实验测试，发现编织状套筒在直径减小 20% 时，其伸长率为 90%，角度从 70°［图 2.43（a）］变为 50°［图 2.43（b）］。

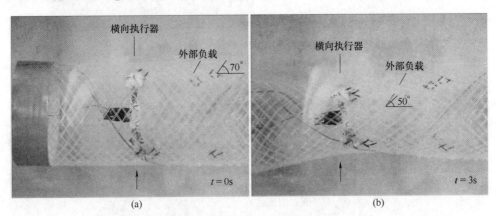

图 2.43 圆柱形单元由外部编织物与一段横向执行器（SMA 线圈）组成；直径减小对单元的横截面附近的伸长率影响最大的地方位于横向执行器的截面处；直径减小 20% 时伸长率为 90%，编织纤维与纵轴之间的夹角从 70°（a）变化到 50°（b）

编织状套筒类似于章鱼的结缔组织，能够在直径缩小时伸长。在伸长和缩短期间，编织状套筒始终保持圆柱形，并且直径减小对单元横截面附近的伸长率影响最大的地方位于横向执行器的截面处，而当侧向移动时，其效果减小。编织状套筒的结构特征是模仿章鱼臂的结缔组织，作为肌肉纤维的基底和插入点。这种结构有利于整体伸长，避免了局部变形，能够确保仿生章鱼机器人优异的性能。

该种仿生章鱼机器人使用的材料密度是多少？由于章鱼臂组织的密度与海水非常接近，章鱼臂的圆锥形状和恒定体积的特点，以及它的柔韧性和在水生环境中运动的生物力学优势，对仿生章鱼机器人中使用的圆锥状硅胶臂进行试验测试表明，这些圆锥状硅胶臂在扭矩作用下，在水中的行为与章鱼臂的行为非常相似。制造这种仿生章鱼臂所选择的硅胶密度与章鱼臂和海水的基本相同，为 1070kg/m^3。在单轴拉伸试验中，研究人员通过使用材料恒定体积的特性并测量硅胶在圆柱形样品中的延伸能力（初始长度：120mm；直径：21mm）来验证材料柔软性。实验证明，使用该密度的硅胶能够得到与实际章鱼臂近似的数值性能。

下面介绍仿生章鱼机器人中使用的横肌执行器的设计与制造。章鱼横肌的运动特点是在体积恒定的前提下，通过减小章鱼臂的直径来伸长章鱼臂，能够控制章鱼臂的局部或全局运动。横向肌肉的结构是通过章鱼臂中横向纤维的排列来改变的，利用这一特点可进行仿生章鱼臂的横向执行器的设计。基于一些优化算法可以对横向肌肉以径向方式优化布置，在图 2.44 中比较了生物章鱼系统和仿生章鱼机器人系统。

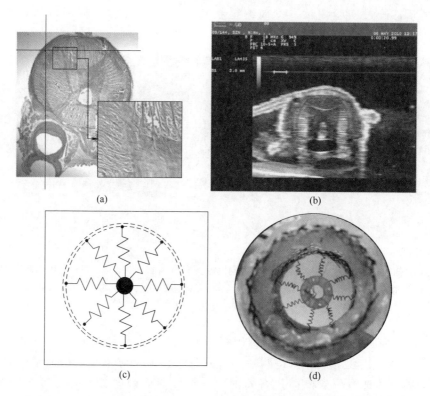

(a)　　　　　　　　　　　　　　(b)

(c)　　　　　　　　　　　　　　(d)

图 2.44　章鱼臂横向平面的组织学图像，纤维主要是水平和垂直地分布（a）；
章鱼臂横向平面的超声图像（b）；横向执行器径向配置的示意模型（c）；
具有八个径向 SMA 线圈的人工肌肉横截面的图像（导线直径：200μm；
内部弹簧直径：1mm；线圈数量：6～10；弹簧指数：6；激活电流：1.2A）（d）

研究人员提出用形状记忆合金（SMA）作为仿生章鱼臂横肌活动的执行器材料。形状记忆合金轻便灵活，可在保持良好工作密度的同时占有较小的体积。研究人员发现形状记忆合金的特性与章鱼臂肌肉纤维的性能和减小直径径向力需达到一定值的效果一致。当用形状记忆合金制成弹簧线圈时，相对较小的温度差引起弹簧线圈扭转应变的变化（约 5%），能够转换成整个弹簧的大线性位移，其最终性能与章鱼的肌肉相似。事实上，为了在直径减小时章鱼臂的伸长量更大，需要考虑纤维的交联排列结构，从而使直径均匀地减小并且避免从圆形塌缩成正方形。为了模拟章鱼的神经运动组织，研究人员使用中心环将连续线材成形为八个径向弹簧，模仿章鱼肌肉的径向排列，并在中间部位留下电缆通道。弹簧通电，通过采用同时激活或分时激活的策略来模仿章鱼肌肉的收缩。八个形状记忆合金弹簧由电流驱动调制信号激活，峰值电流为 1.2A，进行全/无激活和伸长弹簧时不会产生过热的情况。制成的形状记忆合金弹簧线圈放置在所设计的由硅胶制成的交联纤维状的支撑结构中，并进行实验测试，如图 2.45 所示。用小圆柱形单元进行测试，在直径减小 20％时，需要大约 3.3N 的力，根据这些数据可进行驱动系统的设计。

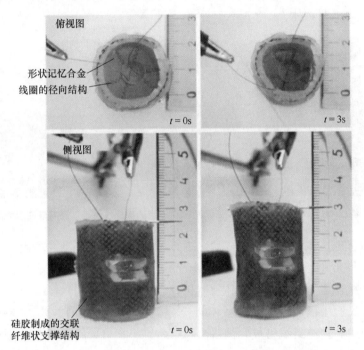

图 2.45 用形状记忆合金弹簧线圈和外部机械接口组成的小圆柱形单元进行测试；
在直径减小 20% 时，需要大约 3.3N 的力

与横向执行器设计相对应的是纵向执行器的设计。在章鱼臂中，四个部分的纵向肌肉同时收缩时会产生章鱼臂的收缩，而有选择地收缩某些纵向肌肉会产生章鱼臂的弯曲。章鱼臂的灵巧性会随着臂上这些肌肉变化点增多而提高，这使得章鱼能够产生局部的弯曲。实验测量表明章鱼能够通过改变臂的刚度来施加不同的力。同时，章鱼能够通过将手臂的形状自适应成物体的形状来抓住不同形状的物体，在抓取过程中主要使用章鱼臂的远端作为末端执行器来完成抓取动作。因此，可以沿着章鱼臂，从基部向尖端布置线缆，利用这些线缆来创建人造纵向肌肉。这些线缆使得机器人能够保持结构的柔顺性并获得较大的拉力。此外，使用附加的缆绳固定在章鱼臂的几个点上，可以提高章鱼臂的灵巧性和弯曲能力。基于这些设计要求，研究人员制造出了一个全软体的仿章鱼机器臂，这个仿章鱼机器臂呈锥形形状，其基础直径 30mm，高度为 450mm，复制了章鱼的形态特征。从基座开始延伸至尖端

部分，研究人员利用由弹性护套包裹住的四根线缆代表四个主要纵向肌肉，并安装在仿章鱼机器臂中，线缆由外部的伺服电机驱动。该仿章鱼机器臂工作时通过手臂弯曲抓住物体，然后包裹住物体，并能自由地在水中移动。通过激活连接到章鱼臂尖端的某一根线缆，可以使仿章鱼机器臂产生卷曲动作。如图 2.46 所示，当仿章鱼机器臂靠近物体时，机器臂可以环绕住物体并通过改变自身的形状和利用自身材料的柔软性来抓住物体。

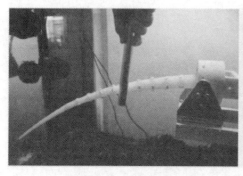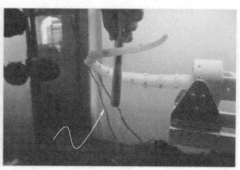

图 2.46 软体仿章鱼机器臂：沿机器臂安装的额外线缆可以提高弯曲能力

在机器臂的整体结构设计完成后，进行控制系统的设计。在仿生章鱼机器人系统中，不能预先确定柔软和灵巧的机器臂的运动，电源和控制系统放置的位置不能干扰仿章鱼机器臂的运动。硅胶和软体执行器的柔韧性与控制系统中的电线的柔韧性不同，在实验中应该避免受这些不可拉伸类型部件使用的影响。章鱼臂是由肌肉、结缔组织和神经组织组成，其肌肉和结缔组织是柔顺的和具有弹性的，而神经组织本质上是不可伸长的。通过实验测量发现，章鱼臂可以伸长至其静止长度的两倍。如图 2.47 所示，用于通信的电子电缆，往往是柔性的，但不可拉伸，一般可以设计成波浪状。这样可以避免不可拉伸单元对运动的干扰，而且在章鱼臂进行显著的伸长和缩短以及弯曲和抓持物体时不会损坏电缆或它们之间的连接。此外，为达到减小软体机器臂的刚度，允许使用较细的导线。使用具有波状的电子材料使得仿章鱼软体机器臂能够在没有任何机械约束的情况下进行伸展，这也使得设计嵌入式可拉伸电子器件成为可能。

这种仿生章鱼机器人采用了软体机器人技术，利用硅胶和形状记忆合金（SMA）两种柔性材料进行制造，能够在水下环境中进行运动和抓取工作，是柔性机器臂的一个新的研究方向，有较大的研究前景。

2.2.2 鱼式软体机器人

本节将对鱼式软体机器人进行介绍，鱼式机器人特指模仿通过周期性摆动尾鳍或鱼体来获得水体驱动力的鱼类机器人，与 2.2.4 节中介绍的扑翼式蝠鲼式机器人

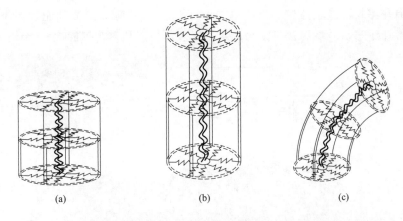

图 2.47 由横向执行器、纵向线缆和正弦分布的电子电缆组成的章鱼机器臂结构的示意模型（a），臂拉伸（b）和无任何机械约束下的弯曲（c）

有所区别。根据 P. W. Webb 等的研究，将鱼类的推进模式分为两类：身体/尾鳍推进模式和中央鳍/对鳍推进模式，对应到本节中的两种软体机器人则分别为身体波动式机器人和尾鳍摆动式机器人。波动式，又称身体波动式，是指鱼式机器人在运动过程中整个鱼体作为推进结构都参与了波动，且该波动可以形成一个完整的波形。而摆动式又称尾鳍摆动式，是指尾鳍部分作为推进结构在鱼体两侧做快速周期性摆动，不呈现出完整波形。身体波动式与尾鳍摆动式各有优势，身体波动式机动性较好、耗能低，而尾鳍摆动式的推进效率较高。

常见的身体波动式多为仿鳗鲡鱼的构造，鱼体从头到尾均做波状摆动，实现水中的前进。美国东北大学于 2000 年开发了一款仿鳗鲡鱼的软体机器人，由形状记忆合金驱动，其结构与运动示意如图 2.48 所示，平均游速可达到 0.53m/s。

而对于尾鳍摆动式机器人，它的尾鳍摆动式的推进力由鱼式机器人强大的尾鳍产生，即通过自身肌肉的交替伸缩，带动尾鳍摆动，推开水体，实现前进运动。美国麻省理工学院的研究人员开发了一款尾鳍摆动式机器鱼，接下来详细介绍这款尾鳍摆动式软体机器鱼，了解该软体机器鱼的设计理念和工作原理。

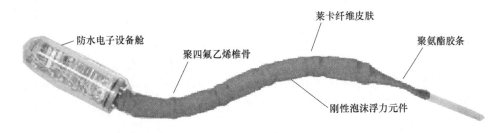

莱卡纤维皮肤

防水电子设备舱

聚四氟乙烯椎骨

聚氨酯胶条

刚性泡沫浮力元件

图 2.48 仿鳗鲡鱼软体机器人示意图

这款尾鳍摆动式软体机器鱼如图 2.49 所示,应用独立式流动驱动系统和控制算法,证明了靠机载能源提供动力的自主式软体机器鱼是合理的。

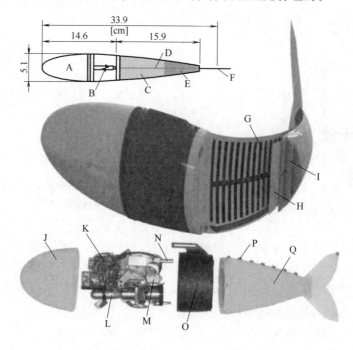

图 2.49 软体机器鱼示意图

A—刚性前体;B—质心;C—前躯干肌肉执行器;D—不可伸长约束;E—后部躯干执行器;
F—尾鳍;G—流体弹性通道;H—柔性约束层;I—执行器中的加压弹性体通道;J—硅胶皮肤;
K—通信和控制电子设备;L—压缩气体气缸和调节器;M—流量控制阀;N—执行器入口;
O—塑料机身;P—视频标记物;Q—硅胶弹性体

这种软体机器鱼采用柔软的连续体结构和流体驱动系统,有着不受线缆束缚的柔软身体,其所有动力系统、驱动系统和控制系统都位于软体机器鱼的内部。软体机器鱼具有嵌入式柔性脊柱和嵌入肌肉状执行器,能够在水中向前游动并作出敏捷反应。研究人员在一系列实验中评估了这种软体机器鱼的前向游动能力和逃生时的反应能力,收集了关于机器鱼逃逸响应的运动学数据,并将软体机器鱼的性能与生物鱼的性能进行了对比。研究结果表明,这种软体机器鱼能够模拟鱼逃生响应的基本功能,并且运动的响应与生物鱼中观察到的输入-输出关系类似。研究人员通过设计出这种能够模拟鱼类逃逸反应的软体机器鱼,展示出了该软体机器鱼快速的运动能力和连续柔软的身体运动特性,软体机器鱼表现出的连续运动能力是传统的刚性机器鱼无法实现的。

这款软体机器鱼的设计参照的是 Festo 开发的 Airacuda 机器人,是一种有着柔软身体的机器人,通过流体执行器进行驱动。麻省理工学院研制的这款软体机器鱼有着类似的系统，其中电子元件位于机器鱼的前端，执行器沿着软体躯干布置并驱动机器鱼运动。机器鱼的身体（图 2.49 中 C-E、G-I 和 Q）由流体弹性执行器（FEAs）组成，通过流体直接对执行器进行加压来提供机器鱼运动的动力。然而为了控制流体系统，需要使用电磁阀等电子元器件，通过电信号进行控制。这款软体机器鱼具有传统机器人的所有子系统：驱动系统、动力系统、驱动电子设备和控制系统。这些系统（图 2.49 中 K-N）都被安装在机器鱼的刚性前部区域（图 2.49 中 A）中，这个区域是机器鱼在逃逸运动中对身体曲率改变最小的区域。通过这些子系统的作用，使得这款软体机器鱼能够在水下自主运行。

驱动方式是决定仿生软体机器鱼运动性能最重要的原因之一。流体弹性执行器（FEAs）是软体机器鱼的核心，研究人员设计了符合鱼类复杂解剖形状的流体弹性执行器来改进软体机器鱼的力学性能，如图 2.49 中 G 流体弹性通道、H 柔性约束层、I 执行器中的加压弹性体通道，在流体压力作用下，流体弹性执行器是能进行弯曲变形的弹性体模块，通过双层双压电晶片结构来实现弯曲。加压气体通过弹性体内的流体通道并使得弹性体产生膨胀，同时不可延伸层会限制弹性体一侧的轴向张力，这使得弹性体中的侧向应力转换成弯曲力矩。图 2.50 中展示出了锥形双向结构的工作原理及示意图。

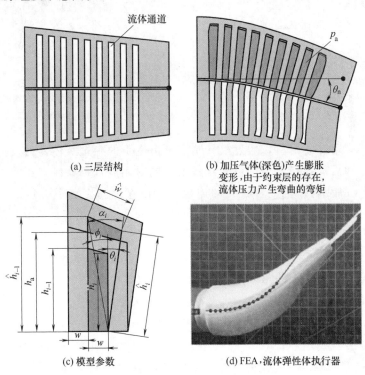

图 2.50　锥形双向执行器的示意图

在图 2.50（d）中，标示出了机器鱼执行器工作时理论上产生的弯曲路径，发现比实际弯曲的角度要大。通过这种静态分析表明，当独立地控制执行器通道的高度改变时，可以实现机器鱼身体的复杂弯曲行为。通过改变控制程序可以改变机器鱼的曲率轮廓。

这款软体机器鱼的制造方法是先将鱼的软体部分铸造出来，再将每一部分组装起来，具体制作过程如图 2.51 所示。

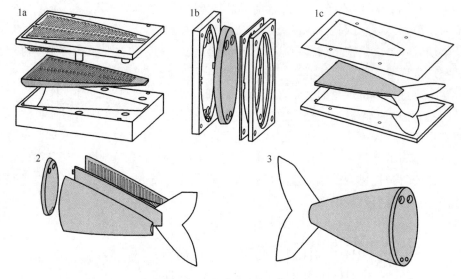

图 2.51　机器鱼身体的制作工艺

1a—执行器的一半的制作；1b—连接件；1c—约束层；2—这四部分都由硅胶通过模具
铸造，然后使用硅胶将这四部分按顺序黏合在一起；3—固化后将鱼尾安装上

首先，使用硅胶材料，通过模具制造出仿生鱼的半个身体，通过上部分模具制造出前部和后部执行器中的嵌入式通道，同时用底部模具制造出鱼的形状（如图 2.51 中 1a 所示）。浇注含有孔的连接件，以作为每个通道分组的入口，可以连接执行器与机器鱼中位于前端的刚性元件，如图 2.51 中 1b 所示。不可伸展约束层用 0.5mm 的缩醛膜铸造，它在尾鳍中的作用是使尾部不可伸长，如图 2.51 中 1c 所示。然后将这几个组件用硅胶涂抹并按一定顺序黏合，如图 2.51 中 2 所示。一旦固化完成，机器鱼的主要身体就制作好了，然后将其连接于前部的刚性结构上，如图 2.51 中 3 所示。被驱动的连续变形的身体长度占机器鱼总长度（30.5cm）的 43% 以上。机器鱼身体的流体通道有两个独立的部分，一个是位于较前位置的阻抗执行器，从机器鱼身长的 45% 左右开始到 70% 左右（图 2.49 中 C），另一个在躯干的靠后部位，从机器鱼身长的 70% 左右开始到 90% 左右（图 2.49 中 E）。隔开驱动执行器和阻抗执行器通道的是沿机器鱼后部中线引入的不可延伸的约束层（图 2.49 中 D、H）。不可延伸的约束层的存在使得通道一侧应

力变化时，机器鱼身体可以发生弯曲，产生类似于脊椎动物脊柱弯曲产生的弯矩。通过使用流体来驱动软体机器鱼的身体进行运动。通过机器鱼自身携带的电力系统对身体进行控制。

最后介绍这款软体机器鱼的控制系统。该机器鱼的控制系统包含一个机载微处理器和无线通信模块，能够处理外部输入信号并执行控制策略。用两个比例阀控制前部驱动和阻抗执行器的加压，用两个排气阀控制前部驱动和阻抗执行器的减压，使用两个电磁阀控制后部执行器的加压和减压。排气阀和电磁阀控制流体的流出，执行器用来充当流体能量的存储装置。在控制系统的设计中，研究人员使用七个参数 T_1、M_1、T_2、M_2、φ、T_3 和 T_4 来控制机器鱼的运动。前控制阀使用方波输入驱动信号，然后依次激励驱动和阻抗执行器，一个执行器加压，另一个执行器减压。这七个参数中，T_1 和 T_2 分别是驱动前驱动执行器和阻抗执行器的比例控制阀的开放周期。控制阀的流量孔尺寸 M_1 和 M_2 被定义为最大可用流量的百分比。参数 φ 是前、后执行器之间的相位延迟，T_3 和 T_4 分别是驱动后驱动执行器和阻抗执行器控制阀的开放周期，并且它们的大小是固定的。软体机器鱼也可以被看作是欠驱动系统，对于向前运动过程，使用 T_1、M_1、T_2 和 M_2 参数进行控制。对于逃逸响应，仅使用 T_1 和 M_1 进行控制。

分析完这种仿生软体机器鱼，可以发现它与其他软体机器人相比实现了无线控制，使得该软体机器鱼可以在水中自由运动，但是它仍然有很多还待解决和提高的问题，未来随着海洋战略地位的提高，这种软体机器鱼会有更大的应用意义，是软体机器人研究的一个重要分支。

2.2.3　海星式软体机器人

海星，是棘皮动物中结构生理最有代表性的一类。体扁平，多为五辐射对称，体盘和腕分界不明显。生活时口面向下，反口面向上。腕腹侧具步带沟，沟内伸出管足，内骨骼的骨板以结缔组织相连，柔韧可曲。体表具棘和叉棘，为骨骼的突起，从骨板间突出的膜质泡状突起，外覆上皮，内衬体腔上皮，其内腔连于次生体腔，称为皮鳃，有呼吸和使代谢产物扩散到外界的作用。

如图 2.52 所示，海星与海参、海胆等同属棘皮动物，整个身体由许多钙质骨板借助结缔组织结合而成，体表有突出的棘、瘤或疣等附属物。它们通常有五个腕，但也有四个、六个的。有的海星多达 50 条腕，在这些腕下侧并排长有 4 列密密的管足。海星

图 2.52　海星

用管足既能捕获猎物，又能攀附岩礁。海星属于无脊椎动物，生理结构独特，全身由体腔构成，没有硬质骨骼，体腔延伸到辐射状的体盘上构成微小管足。这些微小管足由体腔储水控制，可提供向前的驱动力和相对于岩壁的吸附力，还可用于感知物体。海星具有辐射对称的结构，可以借助不同足的组合运动实现水平面任意方向上的移动和翻转，其移动及翻转示意如图 2.53 所示。

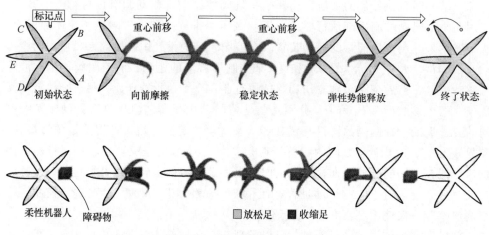

图 2.53　海星移动及翻转示意图

中国科学技术大学设计了一款仿海星的五足型辐射对称柔体机器人，如图 2.54 所示，每个足上有管状执行器槽，用于模拟海星的水管驱动系统。机器人本体则用硅胶材料 3D 打印而成，并使用形状记忆合金安装于管状驱动槽内作为执行器。

2.2.4　蝠鲼式软体机器人

蝠鲼（mobula），又被称为魔鬼鱼或毯魟。它属于软骨鱼纲、蝠鲼科，包含两个属，前口蝠鲼属和蝠鲼属。体呈菱形，宽大 6m 有余，体青褐色，口宽大。眼下侧位，能侧视和俯视。头侧有一对由胸鳍分化的头鳍，向前突出，背鳍小，胸鳍翼状，尾细长如鞭，具尾刺。平时底栖生活，但有时上升表层游弋，并做远程洄游，行动敏捷，以浮游甲壳类和小鱼为食，如图 2.55 所示。

蝠鲼式机器人，又称扑翼式机器人，与上文的鱼式机器人相对应，是指仿照蝠鲼，用胸鳍做柔性摆动，产生推进力的软体机器人。蝠鲼胸鳍的柔性摆动运动是由肌肉组织带动胸鳍中的软骨关节运动来实现，具体的运动图解如图 2.56 所示。

由于该运动较为复杂，在实际模拟过程中，通常将其简化为沿胸鳍前缘的波动运动和沿身体中心线的波动运动。具体来说，就是将整个蝠鲼胸鳍划分为足够小的鳍单元，每个鳍单元则绕其与鱼体的连接点做柔性摆动，这样胸鳍的柔性摆动可以简化为每个鳍单元依次做有规律的、均匀曲率的、上下弯曲摆动运动。

图 2.54　五足型辐射对称柔体机器人

图 2.55　蝠鲼

图 2.56　蝠鲼运动示意图

　　哈尔滨工业大学设计了一款仿生蝠鲼机器鱼，如图 2.57 所示，其中胸鳍由 SMA 制成的柔性仿生鳍单元和弹性鳍面构成。由柔性仿生鳍单元模拟简化了鳍单元的摆动运动，并带动弹性鳍面，从而实现整个胸鳍的摆动运动。该机器人可实现直线游动和转弯游动，其中直线游动速度可达 79mm/s，最小转弯半径为118mm，游动过程中没有噪声，灵活而隐蔽。

图 2.57　仿生蝠鲼机器鱼

　　弗吉尼亚大学的科学家们制作出了一种仿蝠鲼机器鱼，这种仿蝠鲼机器鱼使用离子聚合物-金属复合材料（IPMC）制造而成。这种金属复合材料是一种电活性聚合物（EAP），在电刺激下产生大的变形，在许多受生物启发制造出的水下机器人中显示出非常好的驱动性能，是制造软体执行器的一种材料。离子聚合物金属复合材料（IPMC）是电活性聚合物中的一种类型。IPMC 由一个离子交换膜组成，如 Nafion，并涂有两个薄金属电极。当发生水合作用时，Nafion膜中的正离子（如钠或钙离子）可以自由移动，而负离子由于与聚合物中的碳链键合而被固定在位置上。当施加电场时，水合阳离子会移动到阴极侧，同时负离子被固定于原位置。这种离子运动引起阴极侧的膨胀和阳极侧的收缩，由此实现了弯曲运动。图2.58中展示出了IPMC的致动机制。

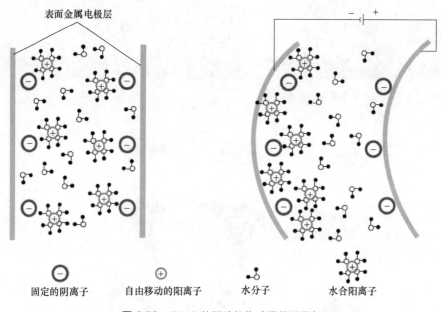

表面金属电极层

固定的阴离子　　　自由移动的阳离子　　　水分子　　　水合阳离子

图 2.58　IPMC 的驱动机构（横截面图）

　　这些水下机器人需要在水中有较好的运动能力，故执行器要有高效的推力和机动性。在这款弗吉尼亚大学研究的仿蝠鲼机器鱼中，研究人员开发出了一种新颖的制造技术，该技术能够制造出产生三维（3D）运动的混合IPMC膜执行器，该执行器由多条IPMC梁和软质聚二甲基硅氧烷（PDMS）膜组成。通过装配，使用两个加工模具将IPMC执行器与PDMS凝胶黏合在一起，然后将PDMS放在室温下固化以形成驱动膜。通过控制每个单独的IPMC梁，可以使软体仿蝠鲼机器鱼产生复杂的三维运动。这种驱动膜的最大扭转角可以达到15°，翼面挠度可达到展向长度的25%，尖端部分的力可达到0.5g，同时其功耗低于0.5W。研究人员将这种新型执行器应用在他们设计的自由游动的仿蝠鲼机器鱼上。通过实验结果验证，发现该机器人能够以低功耗在水中自由游动。

　　这种制造技术主要具有两个优点：可以把PDMS弹性体安装在非常柔顺的区域；在IPMC执行器和PDMS材料之间可以进行无缝的连接。为了展示这种新型执行器的功能，研究人员已经成功制造出一个小尺寸的仿蝠鲼机器人。这个机器人有两个人造胸鳍，鳍片的整体形状模仿蝠鲼的鱼鳍形状，每个鳍片由四个IPMC条和190μm厚的PDMS膜组成。由于利用IPMC材料可以很容易地将胸鳍制作成不同的形状和尺寸，因此这种设计为其他类型的软体机器人设计提供了重要的参考。

该仿蝠鲼机器鱼最大的优点是成本低且功耗小。通过机器鱼的游动测试发现，机器鱼能够以 0.053BL/s（BL 为体长）的速度进行游动，且其功耗不到 1W，这说明这款机器鱼能够在水中高效地进行运动。

2.3　空中软体机器人

除了陆用和水中使用的软体机器人，近年来有一些科学家开始研究能够在空中使用的软体机器人。对于这类软体机器人来说，最重要的是如何在空中保持稳定性和良好的运动能力。设计这种软体机器人的目的是弥补现代无人驾驶飞行器的缺点。无人驾驶飞机简称"无人机"，英文缩写为"UAV"，是利用无线电遥控设备和自备的程序控制装置操纵的不载人飞行器，如图 2.59 所示。无人机实际上是无人驾驶飞行器的统称，从技术角度定义可以分为：无人直升机、无人固定翼机、无人多旋翼飞行器、无人飞艇、无人伞翼机这几大类。与载人飞机相比，它具有体积

图 2.59　无人驾驶飞行器

小、造价低、使用方便、对作战环境要求低、战场生存能力较强等优点。

现代无人驾驶飞行器具有功能多、高灵活性和最小化操作风险的优点，故已获得了巨大的成功。其中大多数无人驾驶飞行器通常是基于硬质组件设计和构造的。例如，飞行器的机身通常由铝或碳纤维制成，并且采用电动机作为主执行器。这些硬质材料能够给飞行器提供结构强度和重量的合理平衡。但是，它们表现出明显的局限性，例如这种机器人在飞行过程中即使与周围物体发生较小的碰撞也很容易对自身产生破坏。此外，由于转子或螺旋桨的旋转，它们的噪声非常大。因此，开发出一款具有现代无人驾驶飞行器优点同时又能够安全、稳定运行的飞行器是十分有必要的，而在无人驾驶飞行器中引入软体机器人的设计思想正好可以解决这一问题。东南大学的研究人员设计出了一种使用软体执行器开发的软体飞行机器人，由于这种机器人具有柔软的机身，故它能够在非结构化的环境中有效地工作。这种软体飞行机器人有着低重量、低噪声和低功耗的特点。该机器人主要由两层弹性体制成的介电弹性体球囊组成。气球充满氦气，使机器人接近中性，当电压施加到两种介电弹性体中的任一种时，球囊膨胀。此时浮力大于机器人的重量，机器人可以向上移动，如图 2.60 所示。

通过分析介电弹性体气囊的执行器的动态性能，发现介电弹性体气囊可以在多

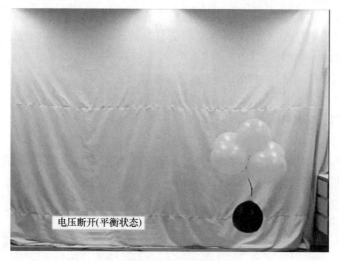

图 2.60 软体飞行机器人

个频率的正弦电压下谐振，当频率连续变化时，气球的振荡幅度会跳跃，介电弹性体球囊系统就像一个具有均匀电场的球形电容器，在静态平衡附近存在周期性相变。东南大学的这款不受限制的飞行装载机器人，由一个连接软介电弹性体气囊执行器的大塑料气室构成，如图 2.61 所示。

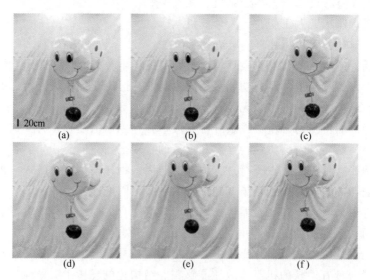

图 2.61 介电弹性体制成的软体飞行机器人

通过实验发现，虽然驱动介电弹性体需要高电压（kV），但其驱动电流很小（10^{-6} A），功耗也很小（10^{-3} W）。

为了使飞行系统的浮力接近其自重并获得大的体积变化，研究人员将三个气球作为一个大腔体连接到介电弹性体气囊的执行器上。VHB 球壳的两侧涂有柔顺电极。利用薄漆包铜线将介电弹性体气囊连接到高压放大器的两个端子上。实验表明，当双层 VHB 球壳连接到大腔室的同时受到电压作用，电压引起的变形产生足够的浮力以使系统移动。在预拉伸状态下，机器人的自重大于浮力。图 2.61（a）～（f）表示飞行软体机器人在空中上升的顺序。在施加阶跃电压 5.5kV 时，球囊执行器产生较大变形［图 2.61（b）］，然后机器人在空中移动［图 2.61（c）～（f）］。当切断电压时，机器人会下降。这种飞行软体机器人在空气中运行时其所受浮力与高度成反比。

2.4 小结

在第 2 章中，我们分别介绍了陆地上使用的软体机器人、水中使用的软体机器人和空中使用的软体机器人，作为目前最主要的形式，这些软体机器人广泛运用于工业、医学、探测等领域。在这一章中，我们按照使用的环境对软体机器人进行了分类，在陆用软体机器人中，主要介绍了蠕虫式软体机器人、尺蠖式软体机器人、蝗虫式软体机器人、仿象鼻式软体机器人和仿人手设计的软体机器人。这类软体机器人的共同点是工作环境比较简单，对结构的要求比较小，设计中主要考虑的是如何高效率、稳定地完成工作。在水中使用的软体机器人主要有章鱼式软体机器人、鱼式软体机器人、海星式软体机器人和蝠鲼式软体机器人。这类软体机器人的共同点是工作环境比较复杂，对结构的要求比较高，要能够在水中安全、稳定地工作，对其结构的密闭性也有很高的要求。进一步来说，水中使用的软体机器人拓展了一个新的研究方向，不仅仅是在水这种介质下，只要是液体环境，软体机器人都有着很好的应用前景。在医学领域中，研究人员开始提出将软体机器人小型化、生物化，使其能够携带药物进入人体完成治疗任务，这种生物软体机器人就是仿照蝠鲼的结构进行设计的，具体的介绍将在后面提到。

除了陆用的软体机器人和水中使用的软体机器人，科学家们仍在研究更多其他环境下使用的软体机器人，比如空中软体机器人。目前在空中使用的机器人有一个共同的问题，就是如何提高其安全性和落地时的稳定性。如果在空中机器人中加入软体成分，由于软体材料的柔软性，可以大大地提高空中机器人的稳定性；如果在其落地的支撑结构中加入软体材料，也可以很好地提高其稳定性。因此把软体机器人技术应用于空中机器人也是软体机器人今后一个重要的发展方向。

第 **3** 章

软体机器人的驱动原理

对于软体机器人的运动过程来说，合理的驱动方式可以使软体机器人稳定、高效地工作，因此在这一章我们将结合国内外的研究成果，对软体机器人四种最常用的驱动原理和驱动方法进行综述：一是流体驱动，分为气动式驱动和液动式驱动；二是形状记忆合金驱动；三是电活性聚合物驱动，分为离子型电活性聚合物驱动和电子型电活性聚合物驱动两种；四是化学驱动。

3.1 流体驱动

流体驱动是软体机器人中最常见的一种驱动方式，主要分为气动式驱动和液动式驱动两种。气动式驱动靠气体的流动产生软体机器人驱动器的变形，进而驱使软体机器人产生运动，这方面的研究成果比较多；而液动式软体机器人靠液体流动进行驱动，由于液体密度较大，这方面的研究成果很少。

3.1.1 气动式驱动

(1) 爬行运动原理

气动式驱动软体机器人是最常见的一类软体机器人，有着操作简单、变形效率高等优点。该类软体机器人通过充、放气体使得软体驱动器的结构膨胀产生变形。具体来说，指的是通过在软体机器人结构中实现充气和放气过程，从而利用气压的改变使软体机器人结构本身产生运动或者变形，进而实现驱动的一类机器人。气动式驱动软体机器人并不像传统刚体机器人是采用金属和其他硬质材料制造，它们的柔软身体中不包含任何电子装置。与其他类型的软体机器人相比，气动式驱动软体机器人需要通过线缆（气管等）对机器人本体进行控制，虽然便于操作，但是存在运动范围小的问题，其产生运动的主体部分依赖于电子控制系统和气源。接下来对国内外几种典型的气动式驱动软体机器人进行详细介绍，从而了解该类机器人的驱动原理。

如图 3.1 所示，哈佛大学研发的一种典型的气动式四足爬行软体机器人，通过模仿类似蠕虫的运动机理完成运动。这个机器人身长约 12.7cm，通过对四足依次充气，四足依次弯曲变形，产生运动，该机器人可以穿越障碍，进入狭小空间。它不使用传感器，仅使用五个驱动器，以及一个在低压（＜10psi，1psi≈6.895kPa）下工作的气阀系统。它展示了软体机器人的一大优势：基于简单的驱动，产生复杂的运动。

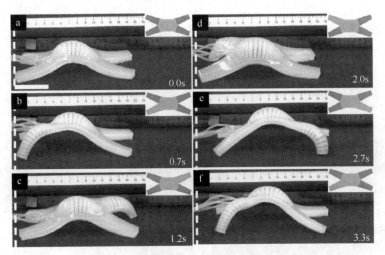

图 3.1　充气式四足软体机器人的爬行运动

这种气动式四足爬行软体机器人具有五个软体驱动器，通过模仿软体结构的动物设计了每个软体驱动器，其驱动方式比较简单。由于气体本质上是无黏性的，因此可以实现快速地充、放气体，实现软体机器人的快速运动。该机器人软体驱动器的数目比较多，因此通过不同驱动器的组合可以完成复杂的运动。

研究人员通过使用软光刻技术来设计机器人，基于气动网络的结构设计了机器人的气动通道，这种结构简单且与软光刻兼容。气动网络是嵌入在可伸长弹性层中的气室和气管的总称，同时它还黏合在不可伸展层上，这些气室在气源充气工作时会像气球一样发生膨胀变形。由于可伸展层和不可伸展层之间的应变差异不同，故气源进行充、放气会使这些气室产生弯曲运动。通过改变这些气室的方向、尺寸和数量可控制软体机器人实现不同的弯曲运动。

研究人员通过使用每个气动驱动器（PN1，2，4，5）来独立地控制软体机器人的每条腿。此外，在软体机器人的脊柱中放置了第五个独立的气动驱动器（PN3），目的是在软体机器人的运行中能将机器人的主体抬高。可以从外部气源给每个气动驱动器（压缩空气，7psi；0.5atm）加压，通过软管将外部气源与软体机器人相连，每个气动通道单独连接到一个由计算机控制的电磁阀上。

机器人的中间脊柱部分（PN3）在较高的压力下（$p_1 = 7$psi）产生波浪形运

动，在较低的压力下（$p_2 = 4\text{psi}$）产生爬行运动，通过对气动驱动器进行依次加压来驱动软体机器人运动。

波浪式运动一共有三个步骤，从静止状态开始［图3.2（a）］：①通过对PN1和PN2进行加压使软体机器人的两个后肢向前移动［图3.2（b）］，该运动会使得机器人向后滑动。②然后对PN3加压，使得软体机器人的脊柱部分抬起［图3.2（c）］。③对PN4和PN5加压，同时对PN1和PN2进行减压，然后PN3保持不变，用机器人的两个前肢拉动机器人整体向前推进［图3.2（d）、（e）］。此时，机器人的后三分之二与地面接触；当对PN4和PN5［前肢，图3.2（f）］进行减压时，机器人前肢和后肢之间摩擦接触的各向异性会使得软体机器人向前运动。图3.2展示出了产生这种运动的气室的充放气顺序，软体机器人可达到（13 ± 0.6）m/h的运动速度（大约每小时运动距离为93倍体长，每个周期运动距离为体长的11%）。

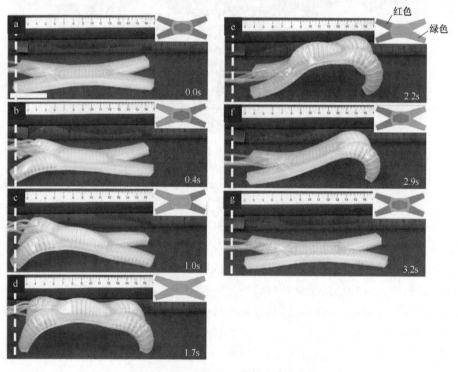

图3.2 软体机器人波浪式运动示意图
在每个步骤中加压的特定气室标为绿色，非使用气室标为红色

除了能够进行波浪式运动，这款软体机器人还可以像动物一样实现爬行运动。软体机器人的一个爬行周期包括五个步骤：①对软体机器人脊柱部分的PN3进行加压，使其从地面上抬起，如图3.1所示。②对软体机器人的PN4进行加压，使其拉动右后肢向前［图3.1（b）］。③对软体机器人PN2加压的同时对PN4进行减压，推进软体机器人的身体向前运动［图3.1（c）］。④对机器人PN5进行加压，同时对

PN2 进行减压 [图 3.1 (d)]，将机器人的左后肢向前拉。⑤对机器人的 PN1 部分进行加压，并且对 PN5 进行减压，推动软体机器人的身体向前运动 [图 3.1 (e)]。图 3.1 (f) 显示整个周期后又开始重复动作。该软体机器人可以达到 (24±3)m/h 的运动速度（大约每小时运动距离为 192 倍体长，每个周期运动距离为体长的 12%）。

这款软体机器人由能产生大变形的硅橡胶制作而成，在运动时有着简单、高效、稳定的优点，其缺点是运动所需的配件较多，需要稳定的气源和控制系统，属于有缆控制的软体机器人。

(2) 翻滚运动原理

通过折叠和展开变形实现翻滚运动的机器人称为折展型翻滚机器人（Fifo-Bot），其折展变形通过软体铰链连接刚体臂的结构形式实现。软体铰链的弯曲和伸展变形实现机器人的折叠和展开变形。通过折展变形，该机器人能够改变其轮廓和质心，依靠重力的变化实现翻滚运动。采用不同数量的软体铰链和刚体臂，可构成单软体铰链折展型翻滚机器人（SH-FifoBot）和双软体铰链折展型翻滚机器人（DH-FifoBot），它们的翻滚运动有所不同，对其运动原理具体阐述如下。

单软体铰链折展型翻滚机器人主要由一个软体铰链和两个刚体臂构成（图3.3），该机器人的关键在于设计可变弯曲中心的软体铰链。软体铰链采用变刚度双向弯曲软体人工肌肉结构，其正、反面具有不同的刚度分布，使其能够进行非对称的弯曲变形。当正面充气驱动时，软体铰链向反面一侧弯曲，而且其弯曲中心更靠近刚体臂 2（图 3.3）；当反面驱动时，铰链向正面一侧弯曲，而且其弯曲中心更靠近刚体臂 1。该软体铰链的变弯曲中心特征对于实现单软体铰链折展型翻滚机器人的向前翻滚运动非常重要。该类型机器人的一个翻滚运动周期包括两个阶段，即折叠阶段（图 3.3，①～②）和展开阶段（图 3.3，②～③）。在折叠阶段，软体铰链的正面充气，驱动软体铰链的正面膨胀，使机器人发生折叠变形，从而将刚体臂 2 翻折到刚体臂 1 的下面，此时机器人的质心位于支撑点（即图 3.3，②中臂 2 的左下顶点）的右边；在展开阶段，软体铰链的正面放气或反面充气，取消软体铰链的正面膨胀弯曲驱动或者从反方向驱动软体铰链，使机器人展开，从而将刚体臂 1 向前翻折。

单软体铰链折展型翻滚机器人的翻滚原理是：在一个翻滚运动周期内，基于正面或反面的充、放气，该机器人先折叠变形，然后展开至初始形状，同时产生

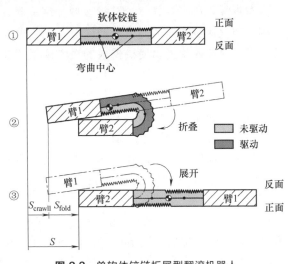

图 3.3 单软体铰链折展型翻滚机器人

180°的翻滚运动（图 3.3，③）。单软体铰链折展型翻滚机器人翻滚运动的步距 S 主要包括两部分：①在折叠阶段刚体臂 2 所产生的爬行位移，记为 S_{crawl1}；②机器人非对称折叠变形产生的位移 S_{fold}，因此步距的表达式为公式（3.1）。在下一个翻滚运动周期，单软体铰链折展型翻滚机器人又将产生一个步距并回到其初始状态。

$$S = S_{crawl1} + S_{fold} \tag{3.1}$$

根据上述分析和图 3.3 可知：①单软体铰链折展型翻滚机器人由一个软体铰链和两个刚体臂构成，通过软体铰链的双侧交替驱动即可实现单软体铰链折展型翻滚机器人的翻滚运动，说明该机器人具有结构紧凑和驱动简单的特点；②该翻滚运动不需要平衡控制，从而简化了机器人的控制系统；③在整个翻滚运动过程中，单软体铰链折展型翻滚机器人始终与地面保持平面接触或双平行线接触，相比与地面曲面接触的滚动软体机器人更稳定；④该翻滚运动的步距包括了折叠变形和爬行运动，能提高机器人的运动速度。

由于单软体铰链折展型翻滚机器人只采用了一个非对称软体铰链，因此只能实现向前的翻滚运动而不能实现向后运动。然而，向后运动是机器人进行避障的重要运动行为之一。因此，基于单软体铰链折展型翻滚机器人的工作原理，使用 2 个软体铰链设计了结构紧凑的双软体铰链折展型翻滚机器人，可以实现机器人的双向翻滚运动。

双软体铰链折展型翻滚机器人主要由两个软体铰链和三个刚体臂构成（图 3.4）。每个软体铰链采用均匀刚度的双向弯曲软体人工肌肉结构，只有一个弯曲中心（即铰链中心），能够进行对称的双向弯曲。双软体铰链折展型翻滚机器人的一个翻滚运动周期包括四个阶段，即前期折叠阶段（图 3.4，①～②）、后期折叠阶段（图 3.4，②～③）、前期展开阶段（图 3.4，③～④）、后期展开阶段（图 3.4，④～⑤）。

在折叠阶段，双软体铰链折展型翻滚机器人通过铰链的正面驱动先后实现软体铰链 2 和软体铰链 1 的向下弯曲变形，先将臂 3 翻折到臂 2 的下面，然后使臂 1 翻折到靠近臂 3 的位置，使机器人的质心位于臂 3 的上方。在展开阶段，通过消除正面驱动或施加反面驱动实现软体铰链 2 和软体铰链 1 伸展，将臂 1 和臂 2 向前翻折，最终使机器人展开。在该翻滚运动周期中，为了保证向前的翻滚方向，软体铰链 2 的弯曲和伸展变形总是要先于软体铰链 1，在下一个周期则情况相反。如果需要机器人进行向后的翻滚运动，则只需交换软体铰链 1 和软体铰链 2 的弯曲和伸展时间顺序。双软体铰链折展型翻滚机器人的步距包括爬行位移（S_{crawl1}）和折叠位移（S_{fold}），除此之外，还包括一个由爬行运动引起的负向位移（S_{crawl2}），如图 3.4 所示，其步距表达式为

$$S = S_{crawl1} + S_{fold} - S_{crawl2} \tag{3.2}$$

虽然双软体铰链折展型翻滚机器人使用了 2 个软体铰链，但其仍然具有单软体铰链折展型翻滚机器人的一些优点，例如结构紧凑、驱动方式简单、不需要平衡控制以

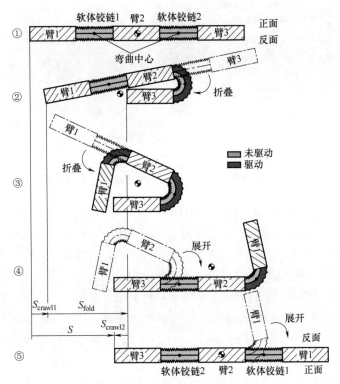

图 3.4　双软体铰链折展型翻滚机器人

及稳定性好等。

(3) 游动原理

日本冈山大学研发的模仿一种叫蝠鲼的鱼类的外形及其推进机理的气动软体机器鱼，如图 3.5 所示。它主要由硅橡胶制成，体长约为 150mm，体宽约为 170mm。通过气动阀进行驱动，在水中可以顺畅地游动，最大游动速度可达 100mm/s。

下面详细介绍这款气动式仿蝠鲼软体机器人的工作原理。这款软体机器人使用了一种新型的弯曲气动橡胶驱动器，该驱动器具有简单的结构、高顺应性、高功率/质量比和防水性，并且能够帮助机器人像鱼一样平稳地运动。这款驱动器具有两个运动自由度，弯曲和伸展，基本结构如图 3.6 所示，具有两个内腔，通过气动软管独立控制每个气室的压力，

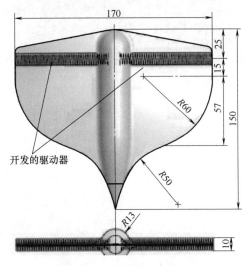

图 3.5　仿蝠鲼软体机器人

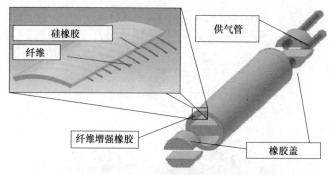

图 3.6　具有两个自由度的弯曲气动橡胶执行器的基本结构

在圆形方向上使用尼龙线对硅橡胶结构进行增强，以抵抗硅橡胶在变形时产生的径向变形。当其中一个气室中的压力增加时，气室会沿轴向伸展，并且驱动器会在与增压气室相反的方向上发生弯曲。当两个气室中的压力同时增加时，机器人主体会沿执行器的轴向进行延伸。这种驱动器的变形特性取决于其横截面的形状、驱动器的长度和硅橡胶材料的弹性特性，因此一般采用非线性有限元分析的方法设计该驱动器。

该软体驱动器的外径为 10mm，外壁厚度为 1mm，总长度为 80mm，内部气室的长度为 70mm。利用三阶的 Mooney-Rivlin 模型来表示硅橡胶的超弹性特性，Mooney-Rivlin 模型的参数通过硅橡胶的拉伸试验来确定，其密度为 $1.1 \times 10^{-6} \text{kg/m}^3$。尼龙线采用线弹性单元模型来表示，杨氏模量为 3000MPa，泊松比为 0.3。该软体驱动器的运动效果如图 3.7 和图 3.8 所示。图 3.7 展示出了在无负载情况下驱动器的变形。图 3.8 显示了驱动器在接触物体时产生的变形情况。

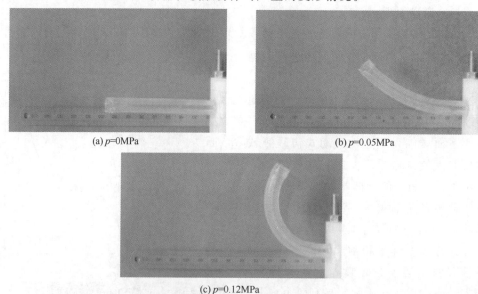

(a) p=0MPa

(b) p=0.05MPa

(c) p=0.12MPa

图 3.7　驱动器变形的实验结果

(a) 未提供气压

(b) $p = 0.05\text{MPa}$，刚接触后

(c) $p = 0.12\text{MPa}$

图 3.8 驱动器尖端接触物体的变形实验结果

因为气动橡胶驱动器具有防水性、高功率密度、重量轻的优点，并且能够在水中平稳地工作，故这种气动橡胶驱动器非常适合水下机器人。由气动橡胶驱动器制作而成的仿蝠鲼软体机器人如图 3.9 所示，通过两个柔性气管连接到每个软体驱动器，全身则是通过四个柔性气管来进行驱动，并使用电-气伺服阀控制充气气体压力。这种软体机器人可以向前游动，并且也可以实现任何方向的转动。图 3.9 展示了所设计的仿蝠鲼软体机器人的运动仿真结果，可以发现胸鳍的变形像真正的蝠鲼一样。

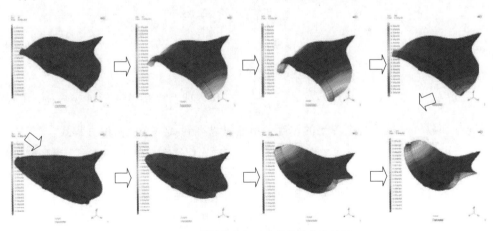

图 3.9 仿蝠鲼软体机器人的运动仿真结果

图 3.10 所示的是仿蝠鲼软体机器人在水池中的运行测试。发现仿蝠鲼软体机器人可以在水中很好地运行，游泳速度为 100mm/s。

(4) 蠕动原理

在第 2 章介绍了本课题组基于蠕动原理研发的一款由球型模块组成的气动式模块化软体机器人，如图 2.5 所示。

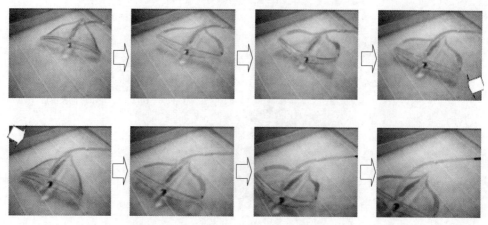

图 3.10 仿蝙蝠软体机器人的实验运行结果

球型模块软体机器人依据基本模块的充气、放气有序膨胀和收缩，可以改变每个球型模块单元的尺寸和整个软体机器人的形状。两个摩擦脚依次与地面粘在一起，使得软体机器人可以进行蠕动运动。不同的充、放气顺序可得到不同的运动结果。如图 2.8 所示。

在球型模块单元的制作中，球型模块单元的半径 r 的确定非常重要。采用 Mooney-Rivlin 模型来获得计算方程。该球型单元的原始半径为 r_0，厚度为 h_0（h_0 远小于 r_0）。根据有限弹性理论，可以得到：

$$
\begin{cases}
I_1 = \lambda_1^2 + \lambda_2^2 + \lambda_3^2 \\
I_2 = \lambda_1^{-2} + \lambda_2^{-2} + \lambda_3^{-2} \\
I_3 = \lambda_1 \lambda_2 \lambda_3
\end{cases}
\tag{3.3}
$$

其中，$\lambda_1 = \dfrac{h}{h_0}$，$\lambda_2 = \lambda_3 = \dfrac{r}{r_0}$，$\lambda_1 = \dfrac{1}{\lambda_2^2}$。$r$ 代表球型模块单元的可变半径，h 代表充气和放气过程中每个单元的厚度，由此可以得到其应变能密度方程式：

$$
W = W(\lambda_1 + \lambda_2 + \lambda_3) = W(I_1 + I_2 + I_3) = W(I_1 + I_2) - p(\lambda_1 \lambda_2 \lambda_3 - 1)
\tag{3.4}
$$

假设所有的球型模块单元在充气和放气过程中都是保持球形的，可以得到各向同性的不可压缩弹性材料的充气压力 p 与应变 $\lambda = \lambda_2 = \lambda_3$ 之间的关系：

$$
p = \frac{4h_0}{r_0}(\lambda^{-1} - \lambda^{-7})\left(\frac{\partial W}{\partial I_1} + \lambda^2 \frac{\partial W}{\partial I_2}\right) = \frac{h_0}{r_0 \lambda^2} \times \frac{\partial W}{\partial \lambda}
\tag{3.5}
$$

对于 Mooney-Rivlin 模型，可取

$$
W = C_1(I_1 - 3) + C_2(I_2 - 3)
\tag{3.6}
$$

其中，C_1 和 C_2 代表材料常数，$C_1 = 12720\text{hPa}$，$C_2 = 300\text{hPa}$。可以得到：

$$
p = 4h_0\left[(r^6 - r_0^6)(C_1 r^{-7} - C_2 r_0^{-2} r^{-5})\right]
\tag{3.7}
$$

通过式（3.7）可以求出压力 p 与半径 r 的关系。如图 3.11 所示，三条曲线代

表三种不同的原始半径。在具体设计
中，研究人员选择的每个球型单元的
可变半径为 $r = 3.0 \sim 5.5\text{cm}$，在这个
范围内，该模块化软体机器人可以达
到最佳工作效率。

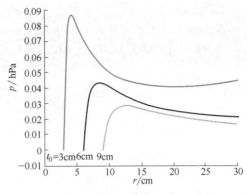

图 3.11　气压 p 与半径 r 之间的关系

3.1.2　液动式驱动

　　液压驱动技术较为成熟，结构
的反应速度也较快，功率密度高。
与气动式软体机器人相比，液压式
驱动使用液体驱动，其重量远大于
气体驱动，安全性也不如气动式驱动，驱动设备体积大，受辅助系统的限制，
需要液体流通的管道。故使用液动式驱动设计的软体机器人较少，在此不做详
细的介绍。

3.2　形状记忆合金（SMA）驱动

　　形状记忆合金是通过热弹性与马氏体相变及其逆变而具有形状记忆效应
（shape memory effect，SME）的、由两种以上金属元素所构成的材料。1963 年，
形状记忆合金作为一种新型功能性材料成为一个独立的学科分支。当时美国海军武
器实验室的 W. J. Buehier 博士研究小组在一次偶然的情况下发现：Ti-Ni 合金工件
在温度不同的情况下，敲击时所发出的声音明显不同，这就说明了该合金的声阻尼
性能与温度相关。进一步研究发现，等原子比 TiNi 合金具有良好的形状记忆效应，
并且报道了通过 X 射线衍射等试验的研究结果。自此以后，TiNi 合金作为商品进
入市场，给等原子比的 TiNi 合金商品取名为 Nitinol，而这后面的 3 个字母即为该
研究组实验室的 3 个英文单词的第一个字母。

　　形状记忆合金（SMA）是一种智能合金材料，在加热时能够恢复原始形状，
消除低温状态下所发生的变形。形状记忆合金的热力耦合行为源于材料本身的相
变。在形状记忆合金中存在两种相：高温相奥氏体相和低温相马氏体相。马氏体一
旦形成，就会随着温度下降而继续生长，如果温度上升它又会减少，以完全相反的
过程消失。两相自由能之差作为相变驱动力，两相自由能相等的温度 T_0 称为平衡
温度。只有当温度低于平衡温度 T_0 时才会产生马氏体相变，反之，只有当温度高
于平衡温度 T_0 时才会发生逆相变。

　　形状记忆合金具有形状记忆效应。一般的金属材料受到外力作用后，首先将发
生弹性变形，在达到金属的屈服点后，金属就会产生塑性变形，在应力消除后会留
下永久变形。有些金属材料在发生塑性变形后，经过加热到某一温度之上，能够恢

复到变形前的形状，这种现象即叫作形状记忆效应。

这种形状记忆效应是在马氏体相变中发现的。通常把马氏体相变中的高温相叫作母相（P），低温相叫作马氏体相（M），从母相到马氏体相的相变叫作马氏体正相变，又或者是马氏体相变。而从马氏体相到母相的相变叫作马氏体逆相变。马氏体逆相变中表现出的形状记忆效应，不仅晶体结构完全恢复到母相状态，晶格位向也完全恢复到母相状态，这种相变晶体学可逆性只发生在产生热弹性马氏体相变的合金中。迄今为止已经发现具有形状记忆效应的合金有 20 多种，如果将添加不同的元素也单独计算在内，则共有 100 多种。在形状记忆合金中，马氏体相变不仅由温度引起，也可以由应力引起，这种由应力引起的马氏体相变叫作应力诱发马氏体相变，且相变温度同应力相关。

形状记忆合金可以用于智能材料驱动器中。Menciassi 等人首先将形状记忆合金驱动器应用于仿蠕虫机器人中，如图 3.12 所示。

Menciassi 参考了蚯蚓的运动机理，将形状记忆合金弹簧嵌入硅橡胶外壳中并串联成竹节状，配好各节的驱动电流，运动速度能达到 0.22mm/s。这类形状记忆合金驱动的机器人具有大驱动力、大驱动位移等优点，但是也存在温度难以控制、驱动频率低等问题。

图 3.12 SMA 驱动蠕虫仿生机器人

3.2.1 SMA 驱动的单环形软体机器人

本课题组研制了一款 SMA 驱动的单环形软体机器人，下面介绍该机器人的设计及驱动实现。

(1) 结构设计

环形软体机器人本体主要由四部分组成，即弹性外环、形状记忆合金（SMA）弹簧驱动器、弯曲传感器、控制系统。弹性外环为动作执行部分，初始状态竖立在地面上，未变形时为圆形。SMA 弹簧驱动器沿径向安装在圆环内部。环壁布置 4 条弯曲传感器，环中央安置机器人系统控制板，如图 3.13 所示。

(2) 控制系统

该单环形软体机器人的控制系统主要由 CPU、信号放大电路、无线通信接口等组成，如图 3.14 所示。控制系统的 CPU 选用 ARM 微处理器。SMA 采用电加热驱动方式，使用 MOS 管控制加热电路通断。为了采集机器人变形信息以实现闭环控制，在机器人上安装了四个弯曲传感器，并设计了传感器信号的放大处理电路和 AD 转换程序，如图 3.15 所示。

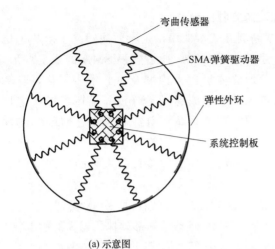

(a) 示意图   (b) 实物图

图 3.13 单环形软体机器人

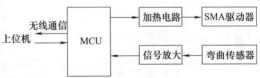

图 3.14 控制系统实物图   **图 3.15** 控制原理

（3）SMA 驱动单环形软体机器人的翻滚运动

单环形软体机器人由一个环形薄壳和四条形状记忆合金弹簧驱动器构成，弹簧在直径方向均匀配置。四条弹簧分别被标记为 A、B、C、D。为了便于观测模型的变形，可以假设机器人外壳由 40 部分组成。以三个连续部分为例，可以获得变形与力以及弯矩间的关系。变形可由外壳所有截面的曲率表示。如上所述，机器人外壳被分为 40 部分且每一部分都可以看作一段梁。这样，每一截面的曲率就可以由截面附近相邻两部分的夹角表示。P_i 为外壳的一份，P_{i-1}、P_{i+1} 是它相邻的部分，M_{i-1} 和 M_i 是两相邻部分间的弯矩，ρ_{i-1} 和 ρ_i 是两部分连接处的曲率半径。J_{i-1} 和 J_i 是两连接点，O_{i-1} 和 O_i 是 J_{i-1} 和 J_i 处的曲率中心。θ_{i-1} 和 θ_i 是 P_{i-1} 和 P_i 以及 P_i 和 P_{i+1} 间的夹角。根据有限元理论，可推得每一部分变形和受力的关系方程，见 4.1.2 节。

(4) SMA 变形驱动原理及非线性动态方程的建立

基于 Clausius-Clapeyron 方程和泰勒展开式，使用待定参数法建立了形状记忆合金弹簧的非线性变形模型，用于描述其变形过程。通过多根 SMA 的依次变形，单环形软体机器人构型及重心发生变化，驱动机器人产生翻滚运动。分析并描述了形状记忆合金弹簧的变形量、负载和温度之间的非线性关系。建立力模型，描述形状记忆合金弹簧变形量与施加在环形软体机器人上的负载间的关系。基于上述变形模型和力模型，得出变形量、温度和加热时间的非线性动态关系模型。

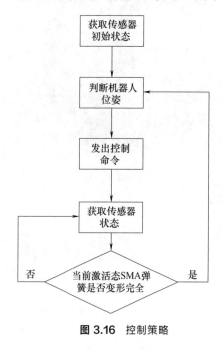

图 3.16 控制策略

(5) SMA 驱动单环形软体机器人的控制策略

基于 4 个弯曲传感器信息，协调控制 SMA 的变形，采用闭环控制策略，实现单环形软体机器人的自主翻滚运动。在弹性圆环上安装弯曲传感器，检测机器人本体变形情况，计算出机器人状态。CPU 根据机器人状态控制其运动。同时，基于 SMA 弹簧驱动器变形的理论模型，推断出机器人的变形情况，并与传感器测得的数据相结合，进行信息融合，提高控制精度，如图 3.16 所示。

(6) SMA 驱动单环形软体机器人翻滚运动实验

SMA 驱动单环形软体机器人如图 3.17（a）所示，机器人处于初始状态。图

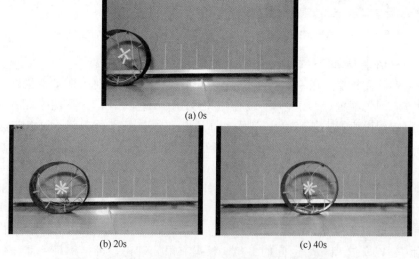

(a) 0s

(b) 20s   (c) 40s

图 3.17 单环形软体机器人的翻滚运动实验

3.17（b），SMA 弹簧开始收缩，单环形机器人产生变形。环与地面的接触点向右移动，相对于机器人的重心绕着接触点产生力矩，机器人绕着接触点转动前进一段距离，如图 3.17（c）所示。SMA 依次周期变形驱动机器人翻滚向前运动。

3.2.2　SMA 驱动双模块环形软体机器人

双模块环形软体机器人是基于单环形软体机器人的结构进行优化和设计的。通过重合两个单环形软体机器人的中心轴，并以 90°夹角排布构成双模块环形软体机器人。图 3.18 展示了机器人的总体结构模型，图 3.19 展示了机器人的实物，其主要由两个弹性圆环、七根形状记忆合金驱动器和若干弯曲传感器等组成。

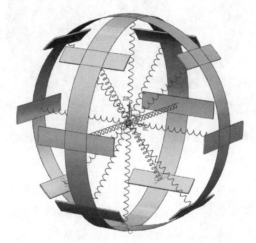

图 3.18　双模块环形软体机器人三维模型

(1)　弹性圆环

由于软体机器人整体依靠变形产生运动，因此机器人的主体结构圆环需要由刚性小、具有弹性的材料制成。由于形状记忆合金弹簧所能提供的拉力大小有限，因此在其拉力范围内应该能够驱动圆环产生理想的变形。基于 65Mn 弹簧钢在单环形软体机器人中的良好表现，双模块环形软体机器人继续沿用了这一材料。通过对不同厚度钢材的对比试验，最终选用了厚度为 0.2mm 的弹簧钢进行圆环的加工。为了圆环在地面上滚动时避免滑动，圆环和地面之间应具有足够的摩擦因数。因此在圆环外侧增加了弹力纺织带用以增大摩擦力。

(2)　形状记忆合金驱动器

形状记忆合金弹簧沿着圆环的直径以 45°夹角间隔分布，由于双模块环形软体机器人的两个圆环共轴，因此总共需要配置 7 根驱动器。每一根形状记忆合金弹簧驱动器的两端通过导线接入一路加热电路，可以被单独控制，一端接地，一端接电源正极。

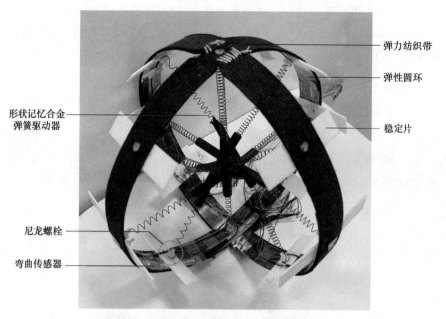

弹力纺织带

弹性圆环

形状记忆合金
弹簧驱动器

稳定片

尼龙螺栓

弯曲传感器

图 3.19　双模块环形软体机器人总体结构实物图

（3）弯曲传感器

为了实现双模块环形软体机器人的闭环控制，利用弯曲传感器获取相关数据作为控制系统的输入。弯曲传感器是一种能够检测曲率的电阻型传感器，这种传感器由一层具有导电特性的油墨涂层和轻薄柔韧的薄膜基板构成。当薄膜产生弯曲时，油墨涂层中的导电颗粒被迫产生分离，因此当向传感器的末端施加电压后，电子的流动就会受到阻碍。当柔性基板弯曲时，如果在曲率的外侧涂有油墨涂层，油墨涂层就会受到拉伸产生这种效应。电阻的变化使我们能够检测出传感器在弯曲方向上的曲率，同时如果传感器向相反方向弯曲时，这种结构也能保持柔韧性和功能性。兼具灵活和低成本的特性，使得这种传感器能够很好地应用于软体机器人领域。

通过将弯曲传感器紧贴在圆环内壁，弯曲传感器就能跟随圆环的变形而变形，从而根据其阻值的变化检测出圆环的变形情况。双模块环形软体机器人总共安装了7 个 Spectra Symbol 公司的 2.2in（1in＝25.4mm）弯曲传感器，每个弯曲传感器对应一根形状记忆合金驱动器，因此可以很好地感知软体机器人的整体变形。

在先前单环形软体机器人的研究中，针对形状记忆合金弹簧驱动器已经建立了相关数学模型。假设驱动器内部的切应力 τ 是切应变 γ 和温度 T 的函数 $\tau=\tau(\gamma, T)$。由克劳修斯-克拉佩龙方程可知，切应变对温度的一阶偏导数为常数，同时切应变 γ 与变形量 δ 成正比的关系。通过将 $\tau=\tau(\gamma,T)$ 进行泰勒展开并舍去高阶项，可以建立形状记忆合金弹簧驱动器的数学模型。

$$F=A_1\delta+A_2\delta^2+A_3\delta^3+(T-T_0)(B_1\delta+B_2\delta^2+B_3\delta^3) \tag{3.8}$$

将温度、变形量和驱动力的数据输入 Matlab，将式（3.8）作为指定方程进行拟合，获得了表 3.1 中的拟合参数，由此建立形状记忆合金弹簧驱动器的变形模型。

表 3.1　模型拟合参数

A_1	16.32	B_1	−0.0278
A_2	−109.1	B_2	1.19
A_3	169	B_3	−2.667

（4）变形仿真

通过使用 Abaqus 软件进行有限元仿真，来模拟双模块环形软体机器人结构在受力状态下的变形情况，包括竖向驱动器收缩、横向驱动器收缩和斜向驱动器收缩三种受力情况。

首先使用 UG 软件对单个圆环的结构进行三维建模，并将其导入 Abaqus。在装配模块中，将部件进行两次实例化后装配为双模块环形软体机器人。输入 65Mn 弹簧钢的基本属性（表 3.2）并创建大位移非线性的静力分析。在两个圆环的交叉处，通过创建参考点和几何点的运动耦合模拟螺栓的紧固连接。随后对圆环最低处的参考点进行固定，并在形状记忆合金弹簧驱动器的连接部位施加载荷模拟驱动器的收缩拉力。

表 3.2　65Mn 弹簧钢材料属性

密度/(kg/m³)	7810
杨氏模量/MPa	198600
泊松比	0.25

① 竖向受力情况　在竖向力的作用下，双模块环形软体机器人的结构发生了预期的纵向收缩变形。竖向拉力为 2N 的情况下，双模块环形软体机器人和竖置弹簧驱动器的变形量仿真结果为 5.91cm。通过将竖向拉力从 0～2N 等间隔取点施加在模型上，多次仿真，得到了图 3.20 中的仿真曲线。

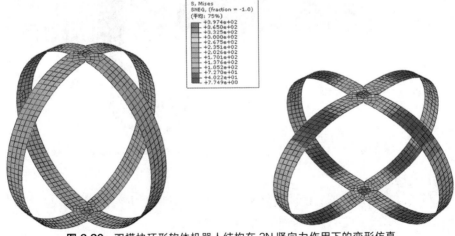

图 3.20　双模块环形软体机器人结构在 2N 竖向力作用下的变形仿真

② 横向受力情况　在横向力作用下，双模块环形软体机器人结构发生了横向收缩、纵向伸长的变形。横向拉力为 1N 的情况下，双模块环形软体机器人结构和竖置弹簧驱动器的变形量仿真结果为 2.74cm（图 3.21）。当力超过 1N 后，理论数据和仿真数据产生了较大误差，其原因在于理论计算中始终假设圆环为椭圆形，而仿真和实际变形中，圆环并非一直保持椭圆。当力超过一定阈值后（约为 1.5N），受力圆环会发生如图 3.22 所示的凹陷情况，从而偏离理论模型。

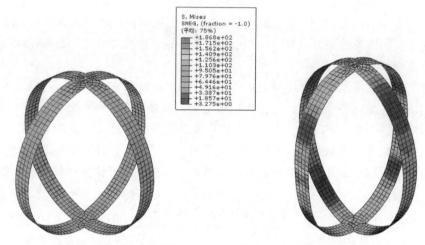

图 3.21　双模块环形软体机器人结构在 1N 横向力作用下的变形仿真

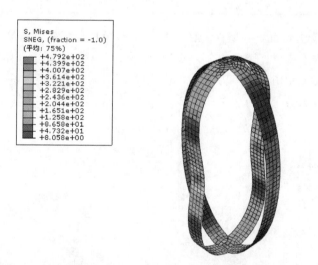

图 3.22　双模块环形软体机器人结构在 2N 横向力作用下的变形仿真

(5) 实验

双模块环形软体机器人能实现在平面内 X 和 Y 两个方向的运动，因此，采用闭环控制的方式分别进行两个方向上的运动实验。

图 3.23 展示了搭建的双模块环形软体机器人实验平台，控制电路位于软体机器人的正上方。双模块环形软体机器人可以在框架范围内分别沿着 X 和 Y 方向运动。

闭环控制利用弯曲传感器的信息对形状记忆合金驱动器的通断时间进行决策。

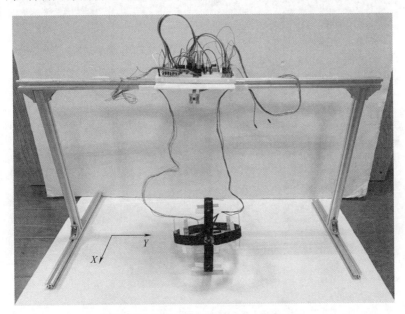

图 3.23　双模块环形软体机器人实验平台

当双模块环形软体机器人产生足够的变形量时，弯曲传感器能够对其进行检测，能及时结束当前驱动器的加热，接通下一根驱动器进行加热。

另一方面，当机器人处于复杂环境时，闭环控制能够加强机器人对环境的适应性，可以避免受到开环控制中固定加热时间的局限，不会因为环境影响导致在当前加热周期中，机器人未达到足够变形量就结束加热继而无法运动。

图 3.24 展示了双模块环形软体机器人在闭环控制下的运动情况，从图 3.25 的位移与时间的关系曲线可以看出，曲线呈阶梯状，表明当双模块环形软体机器人发生一定量的形变以后，弯曲传感器检测到了这一变形，控制系统依据这一信息反馈，实现了驱动器的加热切换。

机器人在 X 方向上的平均运动速度可达 2.74mm/s。

图 3.26 展示了在双模块环形软体机器人的运动过程中，相应的四个弯曲传感器的状态。图中的点画线表明了在调试阶段为每个弯曲传感器单独设定的上下限阈值。当某一驱动器执行时，机器人结构会相应地变形成椭圆形。结构在椭圆的长轴短轴处均有弯曲传感器进行检测。长轴处曲率小，弯曲传感器发生弯曲，阻值上升，对应的电压信号上升逼近上限阈值；短轴处曲率大，弯曲传感器趋于扁平，阻值减小，对应的电压信号下降逼近下限阈值。因此每根驱动器执行过程中，系统会

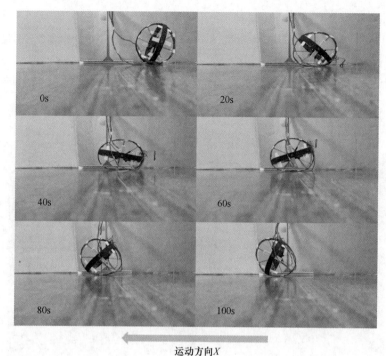

运动方向X

图 3.24 闭环控制下机器人运动状态图（X方向）

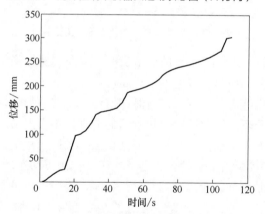

图 3.25 闭环控制下机器人位移与时间的关系（X方向）

对两个相应的信号是否越界进行逻辑或的操作。只要存在传感器信号越界，就表明当前机器人结构的预期变形已经完成，执行驱动器切换，当前驱动器结束加热，下一个驱动器开始加热。如此反复，最终实现机器人的自主运动。

观察图3.26发现，弯曲传感器的信号并没有完全严格地落在上下限范围内，一方面是因为驱动器的变形响应存在一定的滞后，另一方面下一个驱动器产生的变形也会影响当前驱动器对应的弯曲传感器的信号值，使其信号没能回归到界限以内。

图3.27～图3.29分别展示了双模块环形软体机器人在Y方向闭环控制时的运

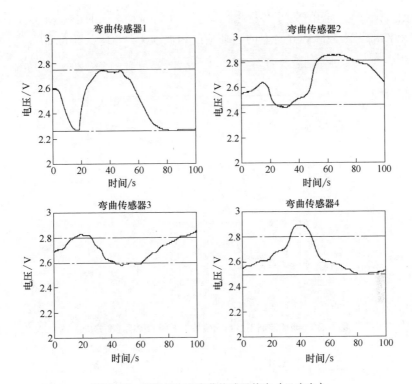

图 3.26 闭环状态下弯曲传感器状态（X 方向）

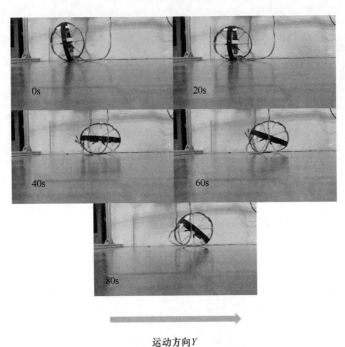

运动方向Y

图 3.27 闭环控制下机器人运动状态图（Y 方向）

动状态图、位移与时间的关系以及弯曲传感器在闭环状态下的信号值。其平均运动速度为 2.73mm/s，和 X 方向上的运动速度相似。

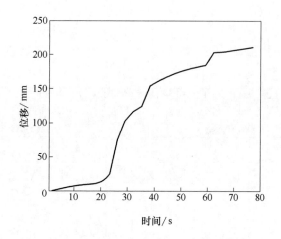

图 3.28　闭环控制下机器人位移与时间的关系（Y 方向）

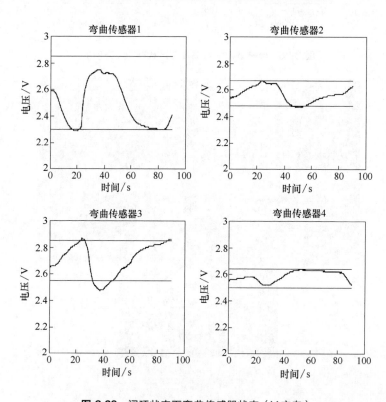

图 3.29　闭环状态下弯曲传感器状态（Y 方向）

3.3 电活性聚合物（EAP）驱动

电活性聚合物（electroactive polymer，EAP）是一类能够在外加电场作用下，通过材料内部结构改变而产生伸缩、弯曲、束紧或膨胀等各种形式力学响应的新型智能高分子材料，根据电活性聚合物的作用机理不同，可以将其分为离子型 EAP 和电子型 EAP 两大类。

3.3.1 离子型电活性聚合物

离子型 EAP 包括碳纳米管（CNT）、导电聚合物（CP）、电致流变液体（ERF）、离子聚合物凝胶（IPG）和离子聚合物基金属复合材料（IPMC）等。IPMC 材料由 Nafion 离子交换薄膜和电极组成。在含水状态下，聚合物薄膜中的阳离子（例如钠离子和钙离子）可以自由移动，阴离子固定在碳链中不能移动。在 IPMC 电极的两端施加电压时，在电极之间会产生电场。在电场的作用下，水合的阳离子向负极移动，而阴离子的位置固定不变，导致 IPMC 的负极溶胀、正极收缩，从而使 IPMC 弯曲变形。IPMC 具有变形灵活、可重复、大位移、低电压驱动、响应速度快等特点。Hubbard 等将 IPMC 应用于仿生机器鱼中，用于驱动机器鱼的胸鳍和尾鳍。如图 3.30 所示，该机器鱼的最大游动速度为 28mm/s。

接下来详细介绍这种仿生软体机器鱼的驱动原理。

基于海洋动物优越的运动能力，研究人员制作了一种具有独特电极形状的离子聚合物-金属复合材料（IPMC）人工肌肉鳍，可以用来产生复杂的变形。IPMC 材料是一种智能活性材料，可以制作新型软体仿生执行器和传感器，特别适合在自主式无缆水下航行器（AUV）上应用。IPMC 的显著优点有：低驱动电压（5V）、相对较大的应变、

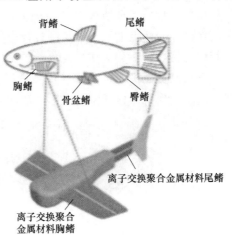

图 3.30 应用 IPMC 的仿生软体机器鱼

柔软和灵活的结构，以及在水环境中有较好的操作能力。通常可以把这种离子交换聚合物-金属复合材料用作一端固定的弯曲执行器，特别是对于具有扇形图案电极的 IPMC 片，其表面电极材料以扇形的形式分布到不同的电隔离区域，从而产生复杂变形。由于它们具有较强的电传导能力，所以研究人员通过设计不同的电极形状，可以在 IPMC 的某些区域获得高度可变形的表面，同时可以对其他区域进行图案化以检测鳍变形和对外部刺激的响应。

下面先介绍这种电驱动离子聚合物-金属复合材料（IPMC）的制造工艺。首先是对电极进行电镀并形成图案。为了实现偏转和驱动力之间良好的平衡，IPMC执行器由0.5mm厚的预制全氟磺酸膜制成。IPMC的制造过程包括：在准备阶段，清洗样品准备化学镀层，接下来，将样品浸泡在铂络合物溶液（四氨基苯丙胺（Ⅱ）氯代水合物 $[Pt(NH_3)_4]Cl_2H_2O$）中几个小时；然后，通过膜表面金属铂的还原过程在聚合物膜上产生电极；随后，IPMC执行器持续在硫酸（H_2SO_4）和去离子（DI）水中进行清洗，并且重复清洁和还原直到获得足够低的表面电阻；最后，在盐溶液中引入阳离子（Li^+）与IPMC进行水合，这个过程称为离子交换过程。电极形成图案是使用配备有微表面磨铣技术的数控铣床完成的。端铣刀大约以3000r/min的速度旋转，并通过编程按照预定的轨迹运动，从而形成预定的电极图案形状。

然后进行电接触和电镀金，用于水下作业环境的电接触系统必须进行特殊设计。在仿生机器鱼的研究中，需要一种简单的机构和接触材料使其与IPMC执行器之间有良好的电接触。研究人员使用强镀镍稀土钕磁体（NdFeB）作为夹持和电力输送的材料。使用磁铁可使一个易于拆卸的夹具有较高的夹紧力。所使用的磁体通常以镍—铜—镍的顺序电镀，每层厚度大约为 $5\sim7\mu m$。磁体采用模块化设计的方法，因此可以很容易地替换或者通过添加相邻磁体来实现维修或拓展作用。研究人员利用高质量的镀金溶液对镀镍磁体进行电镀以在磁体表面形成 $1\sim2\mu m$ 厚的金层。在磁体表面上电镀金的这一过程也可以应用于IPMC的电极上，通过镀金来提高其性能。

下面对仿生机器鱼主体的设计进行介绍。仿生机器鱼上安装有IPMC制成的鳍，由于仿生机器鱼通常具有七个活动表面，故鳍的设计如图3.31所示。

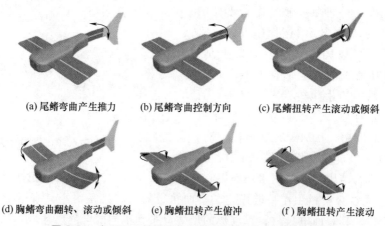

(a) 尾鳍弯曲产生推力　　(b) 尾鳍弯曲控制方向　　(c) 尾鳍扭转产生滚动或倾斜

(d) 胸鳍弯曲翻转、滚动或倾斜　　(e) 胸鳍扭转产生俯冲　　(f) 胸鳍扭转产生滚动

图3.31 由IPMC鳍驱动的仿生机器鱼及可能的操作能力

在推进和驱动方面，这些由IPMC制成的鳍产生不同程度的运动，同一鳍的功能因鱼的不同而不同。使用图案化的IPMC执行器很难完全模仿任何一种鱼的运

动，虽然使用 IPMC 会产生多个自由度，但它们仍然无法有效地再现鱼类灵活的运动。然而有一种鱼，比如箱鲀，只需通过尾鳍的摆动而不利用身体摆动就可以进行游动，目前已开发出 IPMC 执行器并用于机器鱼中再现这种游动方式。

虽然鱼的所有鳍都是有用的，但在各种鱼类运动系统中使用最多的是胸鳍和尾鳍。其他的鳍主要是为了提高运动过程中的稳定性，因此与实际的仿生运动不太相关。图 3.31 显示了鱼和机器鱼之间的区别，其中图案化的 IPMC 用于制作机器鱼的胸鳍执行器和尾鳍执行器。在图 3.31 中描述了机器鱼的运动形式，胸鳍控制机器鱼的表面，胸鳍的扭转角决定了机器鱼运动的范围，包括上升、俯冲、转向和倾斜量，而尾鳍是推动机器鱼向前运动的主要动力源。

这种仿生软体机器鱼中的 IPMC 执行器显示了机器鱼产生平滑的复杂运动的独特能力，而传统驱动技术很难实现这种能力。了解 IPMC 材料的抵抗力和扭矩以及弯扭响应方面的能力对开发实际机器鱼系统十分重要。在机器鱼的设计过程中，研究人员对常规和扇形 IPMC 执行器的性能进行了分析。为了实现对仿生软体机器鱼有利的推进运动，IPMC 必须进行弯曲和扭转。在没有图案化电极的情况下，常见的 IPMC 执行器不能产生扭转运动。然而，利用柔性介质结合多个 IPMC 创建了能够产生扭转和复杂变形的结构。弯曲和扭转运动说明了 IPMC 在帮助机器鱼运动方面具有潜在用途。

下面介绍一下这款软体机器鱼的推进特性，现有的水下机器人使用的推进系统主要是传统的螺旋桨，在水下运动时，通过模仿水下生物的运动形式可以在效率和可操作性方面做出实质性的改进。利用这款机器鱼中使用的 IPMC 可以实现水中机器鱼的平滑运动。对于水生动物，尤其是鱼类，其尾鳍是大多数鱼类的主要推进器。故需要测试由 IPMC 制作的尾部元件（尾鳍）产生推力的能力。尾鳍用聚酰亚胺薄膜胶带固定在 IPMC 上，选择聚酰亚胺薄膜胶是因为它比传统的丙烯酸或橡胶胶带更耐水。研究人员在不锈钢棒的末端安装了具有钕磁铁夹的尼龙块，而不锈钢棒通过固定螺钉固定到负载电池上。利用磁性夹具将 IPMC 尾鳍组件固定并使其在水中运动。研究人员对两种具有不同尾鳍几何形状的 IPMC 的推力进行了实验测量。对尺寸为 21mm×35mm 的常见 IPMC 样品进行等分，得到一个由两个单独的 10mm×35mm 电极组成的 IPMC。在一侧安装尾鳍使其产生辅助推力，通过初步测试表明，矩形 IPMC 本身产生的推力比与尾鳍组合后小。实验结果表明，机器鱼的推力受到驱动频率、IPMC 结构和尾鳍几何形状的影响。

IPMC 执行器的功耗取决于几个因素，第一个因素是执行器本身的尺寸或几何形状。驱动 IPMC 的机制是 IPMC 表面的瞬态电荷行为导致阳离子产生移动，增大执行器的尺寸会使移动的阳离子和电荷增加，这有助于功耗的提高。第二，当电势变大时，会出现电解过程。在 25℃ 下，pH 为 7 时，水电解池的标准电位为 1.23V，但在使用 IPMC 的情况下，根据实验条件和材料特性，其电位可能更高，为 1.8V。在电解池中，产生的还原反应将水分解成氢和氧，消耗比 IPMC 驱动所需的更高的电流，在这个过程中消耗的能量不利于推力的产生，从而导致机器鱼效率降低。在驱动中发生电解的程度取决于所施加电压的大小和输入波形的形状或动态特性。可以通过计算八个驱动周期的瞬时功耗，然后取它们的平均值来确定 IPMC 执行器的功耗。随着施加电压的增加，发现梯形尾鳍的功率消耗呈非线性增加。

接下来介绍这种仿生软体机器鱼的性能。研究人员通过制造两条不同的仿生机器鱼来实验演示 IPMC 的效果，如图 3.32 所示。第一种仿生机器鱼的主体由镀铂和镀金的 IPMC 进行控制。胸鳍由四个 IPMC 执行器（每侧各两个）组成，每个胸鳍的前缘和后缘各有一个执行器，两个 IPMC 通过聚酰亚胺薄膜胶带连接。使用聚酰亚胺薄膜胶带的目的是能提供反映 IPMC 运动的表面控制，并在 IPMC 发生不一致运动时产生扭转运动。尾鳍由普通的 IPMC 制成，带有刚性（被动）尾鳍，用来增强推力。在第二种仿生机器鱼的设计中，使用具有三个等分结构的整体式 IPMC 作为右胸鳍和左胸鳍，以及具有刚性尾鳍的尾部组件。

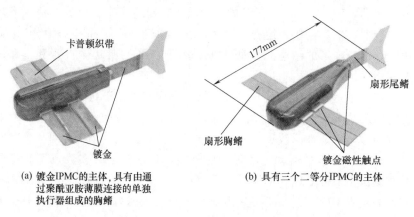

(a) 镀金IPMC的主体，具有由通   (b) 具有三个二等分IPMC的主体
过聚酰亚胺薄膜连接的单独
执行器组成的胸鳍

图 3.32 两种基于 IPMC 的仿生机器鱼（离子交换聚合金属材料）

通过改变仿生机器鱼的占空比或输入电压，使得机器鱼的尾鳍不围绕中心轴摆动，实现了将尾鳍用于推进运动，使机器鱼可以在偏航中运动。通过利用 IPMC 材料作为胸鳍，可以使机器鱼具有更多的自由度，从而实现更复杂的运动。利用镀金磁体作为接触和动力传递的机构，可以使机器鱼具有快速拆卸和装配的模块化结构，而这种设计允许快速对尾鳍的结构和几何形状进行调整。这种模块化设计可以很方便地调整胸鳍和尾鳍组件以及修复电触点。如果使用无线结构，可以将电子元件封装在腔体内，从而提高仿生机器鱼的灵活性。同时在该机器鱼中填充硅橡胶材料使其适应浮力的大小。实验中机器鱼成品的质量为 67.4g，长 177mm，如图 3.32 （b）所示。

研究人员又对机器鱼的运动性能进行分析，机器鱼的尾鳍以 5V 振幅的正弦波在一系列驱动频率（每个频率运行三次）下进行驱动测试，并用摄像机从两个角度记录下机器鱼的运动，然后再对运动视频进行分析以获得仿生机器鱼的平均速度。该仿生机器鱼在驱动频率为 2Hz 的情况下最大平均速度为 2.8cm/s（0.16 体长/s），有效雷诺数约为 4890。研究人员通过这种机器鱼的运动实验证明了利用简单的表面加工技术能够产生复杂变形的 IPMC 执行器，还证明了可以利用这种 IPMC 执行器来控制具有多个自由度的水下机器人系统，在未来有非常大的应用潜力。

3.3.2　电子型电活性聚合物

电子型 EAP 包括全有机复合材料（AOC）、介电 EAP（DEAP）、电致伸缩接枝弹性体（ESGE）、电致伸缩薄膜（ESP）、电致黏弹性聚合物（EVEM）、铁电体聚合物（FEP）和液晶弹性体（LCE）等。电子型 EAP 通常需要千伏级驱动电压，所以应用局限性很大。而离子型 EAP 在较低外加电场作用下即可发生弯曲变形。故在此对电子型电活性聚合物不做详细介绍。

3.4　化学驱动

化学驱动是指利用化学反应将化学能转化成机械能，从而驱动软体机器人运动。目前比较流行的是响应水凝胶驱动方式和内燃爆炸驱动方式。

3.4.1　响应水凝胶驱动

水凝胶是由亲水性的功能高分子，通过物理或化学作用交联形成三维网络结构，吸水溶胀而形成。响应水凝胶指能够对外部环境的变化产生响应性变化的水凝胶，如一些水凝胶能因外界温度、pH 值、光电信号、特殊化学分子等的微小变化，产生相应的物理结构或化学结构的变化。由于智能水凝胶能够随外界环境变化而产生形变，其可以作为智能驱动材料应用于软体机器人等领域。Nakamaru 等人以凝胶为材料，研发了一种外形简单、有着类似蠕虫运动模式的仿生机器人。这种机器人可以通过自我振荡的方式进行移动，如图 3.33 所示。

下面对这种仿蠕虫凝胶机器人进行详细介绍。之前介绍的软体机器人中使用的执行器多为利用材料的物理性质制成的，而在一些小型的软体机器人中应用比较困难。因此一些学者研制出了基于化学反应的执行器，其有着重量轻、柔韧性好和噪声低等优点。

近年来，科学家们从实验和理论研究的角度出发，发展并研究了自发振荡凝胶和聚合物链。自振荡聚合物体系的驱动力是通过耗散自振荡反应的化学能，即 BZ（Belouzov-Zhabotinsky）反应或 pH 振荡反应。研究人员合成了用于 BZ 反应的催化剂——自振荡聚合物凝胶和聚合物，该聚合物链是由 PNIPAAm 主链共价键合到 Ru(bpy)$_3$ 上的。在 BZ 反应中，Ru(bpy)$_3$ 在聚合物中的溶解度在氧化态和还原态中呈周期性变化。Ru(bpy)$_3$ 在聚合物中的周期性溶解度变化引起聚合物凝胶的

操作环境

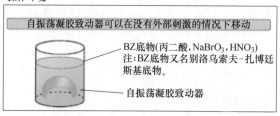

自振荡凝胶致动器可以在没有外部刺激的情况下移动

BZ底物(丙二酸,NaBrO$_3$,HNO$_3$)
注:BZ底物又名别洛乌索夫-扎博廷
斯基底物。

自振荡凝胶致动器

自行走凝胶致动器　　　凝胶致动器的弯曲拉伸运动

图 3.33　仿蠕虫凝胶机器人

溶胀-脱溶自振荡（见图 3.34）和聚合物链的聚集-解聚自振荡。

研究人员已经提出并实现了自主凝胶系统，如自主凝胶和凝胶执行器的动态运动。然而，研究人员发现，在将常规类型的自振荡凝胶应用于许多类型的执行器时，由于聚凝胶（NIPAAm-co-Ru(bpy)$_3$）的自振荡周期约为 1min，所以溶胀-脱泡自振荡的速度太慢。如果能够减少凝胶的自振荡周期，自主凝胶系统将有更广泛的应用范围，而克服这一问题的方法之一就是提高驱动环境中的温度，从而提高BZ 反应速率。但是，由于聚合物凝胶中的 PNIPAAm 热敏主链，常规类型的自振荡凝胶在高于 LCST（较低临界溶液温度）的温度下收缩，如图 3.34（c）所示。为了实现凝胶的高速运转，研究人员尝试合成一种不受温度限制的新型自振荡聚合物凝胶，在研究中，他们选择非热响应和生物相容的聚乙烯基吡咯烷酮（PVP）作为新型自振荡凝胶（VP-co-Ru(bpy)$_3$）的聚合物主链，参见图 3.34，并成功地在

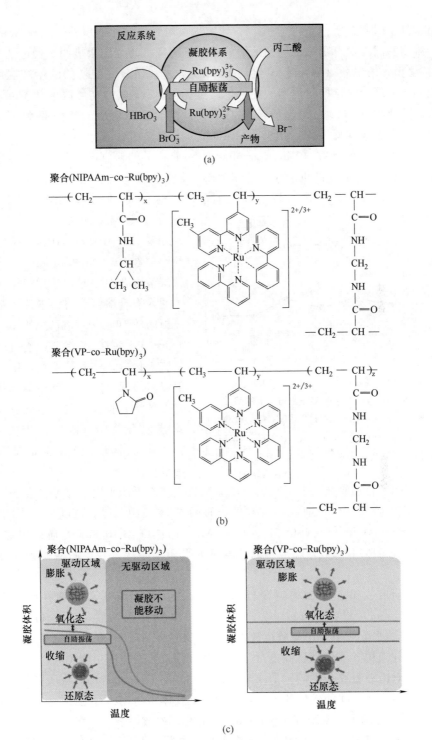

(a)

聚合(NIPAAm-co-Ru(bpy)₃)

(b)

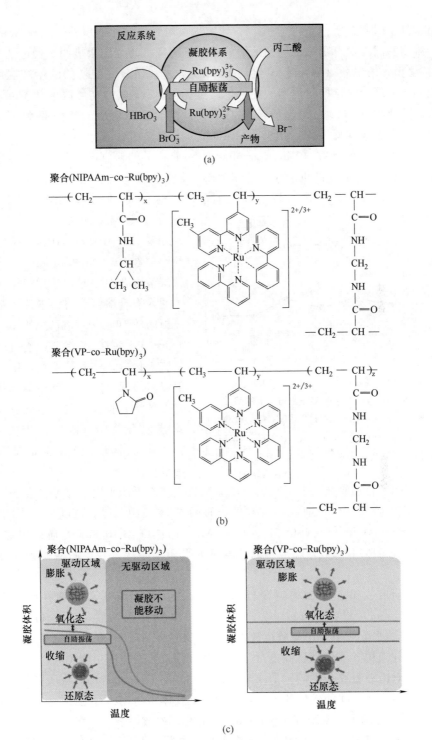

聚合(NIPAAm-co-Ru(bpy)₃)

聚合(VP-co-Ru(bpy)₃)

(c)

图 3.34 (a)聚合物凝胶的自振荡机制;(b)聚凝胶(NIPAAm-co-Ru(bpy)₃)和
聚凝胶(VP-co-Ru(bpy)₃)的化学结构;(c)常规型自振凝胶和新型自振荡凝胶的概念图

高温条件下引起溶胀-去溶胀自振荡。研究人员对金属催化剂以外的三种 BZ 基底的初始浓度和温度对自励振荡周期的影响进行了研究。研究结果表明，通过选择三种 BZ 基底物［丙二酸（MA）、溴化钠（NaBrO₃）和硝酸］的初始浓度和温度，可以控制新型凝胶的自振荡周期。此外，通过优化 BZ 基底的初始浓度和温度，研究人员成功地在 0.5Hz 内引起了溶胀-自振荡反应。这种新型凝胶的频率（0.5Hz）比传统的自振荡凝胶（NIPAAm-co-Ru(bpy)₃）高 20 倍。

接下来概述聚凝胶（Vinylpyrrolidone-co-Ru(bpy)₃）的合成。凝胶的制备过程如下：首先将 0.1g 的 Ru(bpy)₃ 作为 BZ 反应中的金属催化剂，溶解在 0.877g Vinylpyrrolidone（VP）中。将 0.012g N，N′-methylenebisacrylamide（MBAAm）作为交联剂，0.020g 2，2′azobis(isobutyronitrile)（AIBN）作为引发剂溶解在 3mL 甲醇溶液中。将这两种溶液混合在一起，然后把干燥的氮气通入混合溶液。将溶液注入硅橡胶隔板的聚四氟乙烯板之间（厚度为 0.5nm），并在 60℃ 下聚合 18h。等凝胶固化后，将凝胶条在纯甲醇溶液中浸泡一周以除去未反应的单体。研究人员将凝胶浸入在一系列分级的甲醇-水混合物中（浓度分别为 75％、50％、25％ 和 0％）1 天，对凝胶进行水合。

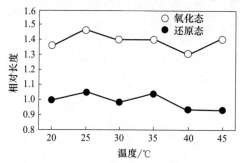

图 3.35　聚凝胶（VP-co-Ru（bpy）₃）在硫酸铈溶液中的平衡溶胀比与温度的函数
●—[Ce₂(SO₄)₃]=0.001M，[HNO₃]=0.3M；
○—[Ce(SO₄)₂]=0.001M，[HNO₃]=0.3M
相对长度定义为在 20℃ 的初始状态下特征直径的比值

然后用氧化还原剂测定了凝胶在还原和氧化状态下的平衡溶胀率。在相同的酸度下，将凝胶置于 Ce（Ⅲ）和 Ce（Ⅳ）的两种溶液中（[Ce₂(SO₄)₃]＝0.001M、[HNO₃]＝0.3M 和 [Ce₃(SO₄)₂]＝0.001M、[HNO₃]＝0.3M）。通过用显微镜、LED 灯（LEDR-74/40W）观察并记录凝胶的平衡溶胀比，并用图像处理软件进行分析。

最后研究人员对凝胶的振荡行为进行测量，将凝胶膜切成长方形（边长约 2mm×20mm），浸泡在 8mL 含有丙二酸（MA）、溴酸钠（NaBrO₃）和硝酸（HNO₃）的水溶液中。用显微镜和摄像机（SR-DVM700）观察并记录凝胶条的形状变化，并使用图像处理软件进行分析。在凝胶快速变化的过程中，按照 0.05s 的时间间隔对沿着凝胶长度的一个像素线进行储存记录。研究人员从所获得的图中，跟踪凝胶边缘随时间而发生的变化，以观察凝胶体积变化的行为。

图 3.35 显示了聚凝胶 VP-co-Ru(bpy)₃ 在相同的酸性条件下在 Ce（Ⅲ）和 Ce（Ⅳ）溶液中的平衡溶胀行为。在 Ce（Ⅲ）溶液中，凝胶中保留了一丝橙色，表明凝胶中共聚的 Ru(bpy)₃ 部分处于还原状态。而在 Ce（Ⅳ）溶液中，凝胶颜色迅速从橙色

变为绿色，表明凝胶中的 Ru(bpy)₃ 部分已由还原态转变为氧化态。在氧化状态所有温度条件下，凝胶的平衡体积大于还原态的平衡体积。这是因为 Ru(bpy)₃ 部分的溶解度在氧化态和还原态中具有显著不同的性质。凝胶中还原的 Ru(bpy)₃ 部分具有极端疏水性。这种性质归因于钌离子周围的联吡啶配体的构象，从而诱导了脱溶行为。也就是说，与钌离子的电离效应相比，钌离子周围的联吡啶配体在还原状态下对聚合物链的溶解度具有更大的影响。相反，在凝胶中氧化的 Ru(bpy)₃ 部分具有很大的亲水性。这是因为围绕钌离子的联吡啶配体取向的改变干扰了聚合物凝胶中 Ru(bpy)₃ 部分之间的相互作用。膨胀-脱溶自振荡的驱动力来源于 Ru(bpy)₃ 部分在还原态和氧化态的不同溶解度。在还原态和氧化态时，由于凝胶中 PVP 主链的存在，没有观察到体积相变。

图 3.36 显示了在恒定温度（$T=20℃$）下，在其他两个 BZ 基底的浓度不变时，另一个 BZ 基底的初始浓度与时间的对数曲线。所有对数图具有良好的线性关系，因此说明溶胀-脱溶自振荡的时间 $[T(s)]$ 可以表示为 $a[基底]^b$，其中 a 和 b 是实验常数，而括号表示基底的初始浓度。此外，自振荡阶段在以下初始浓度具有饱和点：$[MA]=0.07M$ [图 3.36（a）]，$[NaBrO_3]=0.5M$ [图 3.36（b）]，

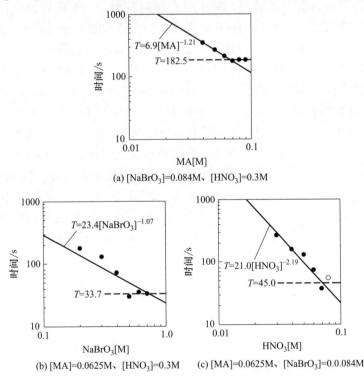

(a) [NaBrO₃]=0.084M、[HNO₃]=0.3M

(b) [MA]=0.0625M、[HNO₃]=0.3M   (c) [MA]=0.0625M、[NaBrO₃]=0.0.084M

图 3.36 在恒定温度（$T=20℃$）下，其他两个 BZ 基底浓度不变，
一个 BZ 基底的摩尔浓度与时间（以 s 为单位）的对数曲线
●和○分别显示了一个 BZ 基底的线性关系和初始浓度的饱和线

[HNO$_3$]=0.7M［图 3.36（c）］。图 3.36（a）中的饱和点处的值明显高于图 3.36（b）、（c）中的值。这种趋势可以通过考虑凝胶中还原的 Ru(bpy)$_3$ 的摩尔分数来解释。这是因为凝胶中减少的 Ru(bpy)$_3$ 部分具有较高的疏水性。因此，凝胶中疏水性 Ru(bpy)$_3$ 部分的数目对自振荡行为产生影响。Field-Koros-Noyes（FKN）机制解释了 BZ 反应的整个过程。根据 FKN 机理，整个反应分为以下三个主要过程：Br 离子的消耗（过程 A）、HBrO$_2$ 的自催化形成（过程 B）和 Br 离子的形成（过程 C）。

$$BrO_3^- + 2Br^- + 3H^+ \longrightarrow 3HOBr \qquad （过程 A）$$

$$BrO_3^- + HBrO_2 + 2Mred + 3H^+ \longrightarrow 2HBrO_2 + 2Mox + H_2O \qquad （过程 B）$$

$$2Mox + MA + BrMA \longrightarrow fBr^- + 2Mred + 其他 \qquad （过程 C）$$

在过程 B 和 C 中，凝胶中的 Ru(bpy)$_3$ 部分起到催化剂的作用：还原的 Ru(bpy)$_3$ 部分被氧化（过程 B），而氧化的 Ru(bpy)$_3$ 部分被还原（过程 C）。因此，随着 MA 初始浓度的增加，根据 FKN 机制，凝胶中 Ru(bpy)$_3$ 部分还原的摩尔分数会增加。随着凝胶中还原态 Ru(bpy)$_3$ 的摩尔分数的增加，疏水性还原态 Ru(bpy)$_3$ 的收缩力也大大增加。对于聚合物凝胶而言，解溶胀速度比溶胀速度快。一旦凝胶解溶胀，在凝胶中重新聚合其聚合物结构需要较长的时间来使其恢复到伸长状态，而这是因为聚合物聚集状态在聚合物凝胶中的热力学更稳定。因此，随着收缩力的增加，聚凝胶 VP-co-Ru(bpy)$_3$ 的溶胀速度显著降低。在较高的 MA 条件下，饱和点处的时间较长（$T=182.5$）。除此之外，在图 3.36（b）的情况下，饱和点处的时间比图 3.36（a）中的要短得多。根据 FKN 机理，在图 3.36（b）中亲水氧化 Ru(bpy)$_3$ 的溶胀力随着凝胶中氧化 Ru(bpy)$_3$ 部分摩尔分数的增加而增加。因此，由于凝胶中高摩尔分数的亲水氧化 Ru(bpy)$_3$ 部分产生的强恢复力，凝胶可以快速地进行溶胀-脱溶自振荡。此外，在图 3.36（c）的条件下，聚凝胶（VP-co-Ru(bpy)$_3$）的值与传统类型的聚凝胶（NIPAAm-co-Ru(bpy)$_3$）的值不同。随着 BZ 基底初始浓度的增加和 BZ 基底之间碰撞频率的增加，凝胶的自振荡时间减少。此外，在图 3.36（c）的条件下，通过改变凝胶中 HNO$_3$ 的初始浓度，使得其控制范围比聚凝胶（NIPAAm-co-Ru(bpy)$_3$）中的控制范围宽得多。根据图 3.36 中 $T(s)$ 的线性关系，研究人员得到了聚凝胶（VP-co-Ru(bpy)$_3$）的经验关系，如图 3.37 所示。

如图 3.38 所示，根据 Arrhenius 方程可

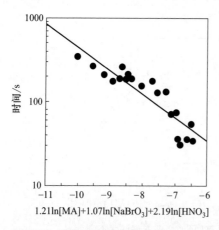

图 3.37 聚凝胶（VP-co-Ru(bpy)$_3$）中丙二酸、溴酸钠和硝酸的初始浓度的值

知温度影响 BZ 反应的速率，因此溶胀-脱溶自振荡时间随温度的升高而减小。聚凝胶（VP-co-Ru(bpy)$_3$）的溶胀-脱溶自振荡时间与温度成线性关系。在 BZ 条件下 2s 时达到饱和（46℃）（[MA]=0.08M，[NaBrO$_3$]=0.48M，[HNO$_3$]=0.48M），这是因为凝胶的溶胀-脱溶速度比凝胶中 Ru(bpy)$_3$ 氧化还原态的变化速率慢导致的。也就是说，凝胶的自振荡行为不遵循 Ru(bpy)$_3$ 的氧化还原状态的变化。聚凝胶（VP-co-Ru(bpy)$_3$）的最大频率为 0.5Hz，比聚凝胶（NIPAAm-co-Ru(bpy)$_3$）高 20 倍。聚凝胶（VP-co-Ru(bpy)$_3$）在 20℃和 50℃下的自振荡行为分别如图 3.38（b）和（c）所示。在 20℃和 50℃下自振荡的体积变化分别为 10μm 和 4μm。这些结果阐明了凝胶溶胀-脱溶自振荡的位移与自振荡时间具有相同的趋势，即体积变化的长度随着振荡时间的减小而减小。

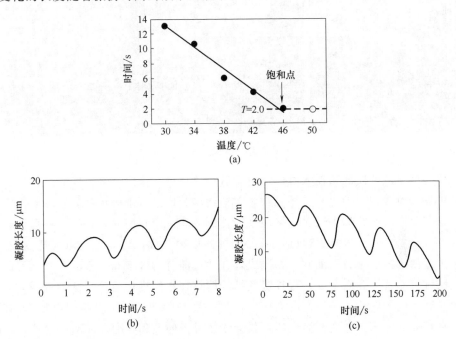

图 3.38 （a）自振荡周期对温度的依赖性，●和○分别示出了线性关系和饱和线与温度的关系；（b）在 50℃下（MA= 0.08M， NaBrO$_3$= 0.48M， HNO$_3$= 0.48M），聚凝胶（VP-co-Ru(bpy)$_3$）的自振荡轮廓；（c）在 20℃下（MA= 0.08M, NaBrO$_3$= 0.48M， HNO$_3$= 0.48M），聚凝胶（VP-co-Ru(bpy)$_3$）的自振荡轮廓

将立方体凝胶（每边长度约 2mm 和 20mm）浸入 BZ 基底的 8mL 混合溶液中

　　最后对由这种凝胶制成的软体机器人进行总结，研究人员研究了 BZ 基底的初始浓度和温度对聚凝胶（VP-co-Ru(bpy)$_3$）溶胀-脱溶自振荡时间的影响。在固定基底时，BZ 基底初始浓度与变化时间的对数曲线显示出良好的线性关系。根据 Arrenius 方程，自振荡时间随温度的升高而减小。聚凝胶（VP-co-Ru(bpy)$_3$）的最大频率（0.5Hz）为聚凝胶（NIPAAm-co-Ru(bpy)$_3$）的 20 倍。因此，通过优

化三种 BZ 基底的初始浓度和温度，可以在较宽的范围内控制凝胶的溶胀-脱溶自振荡周期。将这种材料应用于软体机器人当中，可以实现机器人灵活、高效的运动。

Morales 等研发了一种以水凝胶为基底的片状执行器。该执行器分为两部分，即分别为这种机器人的两只移动脚，这两只脚分别为阳离子脚和阴离子脚。如图 3.39 所示，在改变电极的方向后，机器人会产生不同方向的形变，而这种形变会使机器人移动。

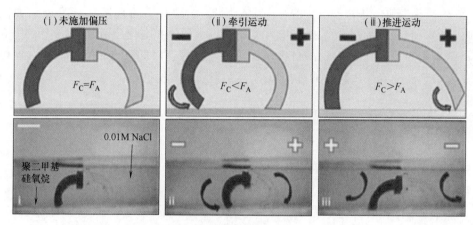

图 3.39　凝胶机器人

这种微型双腿凝胶机器人可以通过水凝胶"尾巴"推进，水凝胶"尾巴"通过外加电场进行控制，但是目前还是很难对其运动方向进行准确控制。

这些单向凝胶机器人通过连接两个附件制成，一个在前面，另一个在后面，如图 3.39 所示。一种是由丙烯酰胺/丙烯酸钠共聚物制成，另一种是由丙烯酰胺/季铵化甲基丙烯酸二甲胺乙酯共聚物制成，并通过前者的羧基和后者的胺基之间的共价酰胺键将两者结合在一起，这种键使结构能够在水中进行运动。这种机器人的两条腿具有不同的电荷，一种是阴离子的，另一种是阳离子的。当受到电场作用时，它们在相反的方向上弯曲。而机器人腿会依次进行伸展和收缩，前腿往前拉，后腿往前推，使机器人向前运动。机器人结构中产生的渗透压导致其弯曲，类似于肌肉收缩的现象。外部较高的盐浓度会产生较小的弯曲，而腿部固定电荷的增加会使弯曲增加。这种两腿凝胶软体机器人可以在环境中稳定地工作，而由这些凝胶材料构成的软体生物机器人也可以应用于其他运输或传感检测中。

3.4.2　内燃爆炸驱动

Shepher 等人的研究组研发了一种三角状的有机弹性体机器人，这种机器人通过使甲烷与氧气燃烧发生反应，从而使气体体积膨胀，作为运动机制。通过进行纯氧和甲烷混合反应后，这种机器人可发生形变并进行跳跃运动，如图 3.40 所示，最高可跳离地面 300mm。

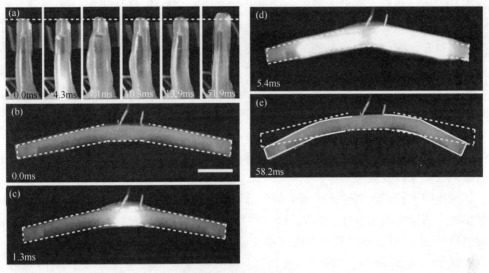

图 3.40 内驱爆炸机器人

接下来对这种内燃爆炸驱动的机器人进行概述。研究人员使用由电火花触发的碳氢化合物的爆炸燃烧来驱动软体机器人进行"跳跃"运动，并利用软光刻技术制造了一个三面体机器人，见图 2.26。

研究人员选择爆炸性化学反应的原因是：它们具有较高的体积能量密度（以 MJ/L 为单位）。在 2900psi 气压下，研究人员用于为软体机器人提供动力的压缩气体的能量密度大约是 0.1MJ/L。可燃气体，如 CH_4，燃烧释放热量 q，可以产生能量密度 $W + q \approx 8.0$MJ/L。研究人员使用甲烷和氧气的化学混合物（1mol CH_4：2mol O_2）为软体机器人的跳跃提供动力。空气中只含有大约 21% 的 O_2，故研究人员选择纯氧代替空气来最大化混合物的能量密度。之所以选择甲烷作为燃料，是因为它容易获得，易于通过泵输送到管道和气囊中且很容易以点燃爆炸（即快速燃烧）而不是爆炸（即冲击波）的方式进行驱动。其次甲烷气体在燃烧过程中可以很快释放出足够的能量进行驱动，同时不损坏通道和被动阀（890kJ/mol），而且通过燃烧转化为产品 [CO_2（g）和 H_2O（g）]，允许在每个循环结束时通过软体阀使执行器快速减压。

由于内燃爆炸驱动的三足机器人的功率大约为压缩空气驱动的 11000 倍，故内燃爆炸驱动的方式引起的脉冲（动量随时间的变化）可以使气囊快速膨胀，并使软体机器人能够进行跳跃运动。

当甲烷气体在气囊中燃烧后，必须排出废气，以保证下一次驱动的 CH_4 和 O_2 以适当的比例混合。为了净化废气 CO_2 和水蒸气，研究人员将出口通道嵌入到机器人腿的末端。当启动一个腿的运动时，新鲜的甲烷和氧气会流入气囊同时排出废气。燃烧反应产生的热量增加了气囊中气体的压力。为了在爆炸完成之前限制气体泄漏从而增加膨胀，研究人员在出口通道前安装了一个被动阀——一个直接放置在气囊中的软体阀，如图 2.26（a）所示。在爆炸前和爆炸后约 10ms 的低压阶段，软体阀打开，允许混合燃料流入气囊，或者废气从气囊中排出。在高压下的爆炸期间，软体阀关闭，使得压力增加。在火花点燃 CH_4/O_2 大约 7ms 后，由爆炸气体产生的压力会使机器人腿部发生膨胀［图 3.40（a）］，然后在点火大约 50ms 后，机器人延伸约 5mm，而这个延伸又使得执行器向下弯曲［图 3.40（b）～（e）］。尽管在爆炸期间产生很大的压力，但气囊是由硅橡胶制成，其杨氏模量约为 3.6kPa，故其在失效之前可以经受多次（＞30）爆炸驱动。通常发生的故障主要是由气体输入管路的碳化以及变形层和应变限制层之间的界面处的弹性体撕裂。

当研究人员同时驱动该机器人的三条腿时，这些硅橡胶弹性体的韧性和回弹性显得非常明显。三足软体机器人三足同时发生爆炸，利用它们产生的能量在 0.2s 内可以跳过 30 倍于其身长的高度（即 30cm），如图 3.41 所示。机器人在 8.25ms 内跳跃了 2.5cm 的距离，最终速度为 3.6m/s（13km/h）。爆炸力允许软体机器人以 3.6m/s 的初始速度跳跃 30 倍于其高度，而由压缩空气驱动的移动机器人移动则慢得多，其步行速度约为 0.03 m/s。机器人的热容量（大约 44J/K）足以吸收由快速燃烧的气体（大约 18J）产生的热量。随着软体机器人结构设计和控制方法的进一步改进，这种通过爆炸驱动的软体机器人可以实现自主运行，并且能够在搜索和救援任务中跳过障碍物进行导航；此外，这种机器人的成本较低。

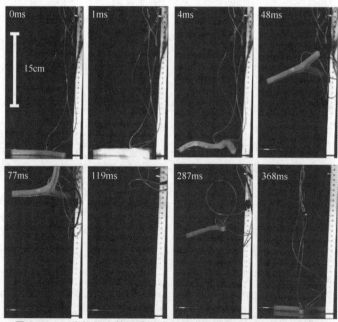

图 3.41 三脚机器人的运动顺序，三个通道的点火从 1ms 开始，
机器人在 4ms 时从地面跳起，并在 119ms 后超过 30cm 高度，
在 368ms 后机器人返回地面

3.5 小结

在第 3 章中，我们对软体机器人的驱动机理进行了详细介绍。我们将其分为流体式驱动、形状记忆合金（SMA）驱动、电活性聚合物驱动和化学驱动。流体式驱动是比较典型的物理驱动方式，主要分为气动式驱动和液动式驱动两种。气动式驱动的方式比较常见，应用也比较广，是一种结构简单、成本较低的控制方式，但由于在机器人运动中需要提供稳定的气源，故其便携性不强，灵活性较差。而液动式驱动的方式应用比较少，主要原因是液体密度太大，使用时危险度较高。形状记忆合金（SMA）是一种典型的利用新材料对软体机器人进行驱动，使用这种材料的好处是极大减轻了软体机器人的尺寸和重量，提高了机器人的灵活性，但是其运动的控制不是很精确。电活性聚合物驱动又分为离子型驱动和电子型驱动两种，电活性聚合物（electroactive polymer，EAP）是一类能够在外加电场作用下，通过材料内部结构改变而产生伸缩、弯曲、束紧或膨胀等各种形式力学响应的新型智能高分子材料，利用这种材料制成的软体机器人可以很好地实现小型化、轻量化的特点，同时这种材料非常适合于水下软体机器人的开发，是今后软体机器人发展的一个重要方向。化学驱动又分为响应水凝胶和内燃爆炸驱动两种，凝胶法是指智能水凝胶能够随外界环境变化而产生形变，故可以将其作为智能驱动材料应用于软体机器人的开发和研究中。内燃爆炸驱动是指利用混合气体的化学反应使密闭的气囊中短时间内产生大量气体，从而实现气囊的膨胀和变形，使软体机器人进行运动。

随着新材料新技术的出现，越来越多各种类型的软体机器人被研发出来，例如使用电磁材料制作的软体机器人，利用生物细胞制作的微型软体机器人等。未来的软体机器人将朝着更加多样化、高效化的方向快速发展。

第 **4** 章
软体机器人的运动建模

　　自然界的软体动物经过长期的进化，各自形成了非常有特色的运动模式，这些运动模式不仅具有各自的运动特点，也使得软体动物具有良好的环境适应性。仿生软体机器人的典型运动模式有蠕动运动、Ω（欧米伽）运动和滚动（翻滚）运动，如图 4.1 所示。

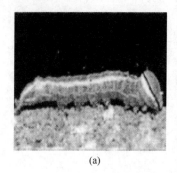
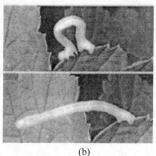

（a）　　　　　　　　　　（b）　　　　　　　　　　（c）

图 4.1　（a）蠕动运动；（b）欧米伽运动；（c）滚动运动

　　蠕动运动是动物依靠自身身体的变形波传递获得有效的运动能力（如蚕、蚯蚓等）。对这些软体动物的生理结构和运动模式进行仿生，可以设计出适应不同地形的蠕动型爬行机器人。蠕动运动所要求的体积变化较小，可以在狭小崎岖的空间中展现出运动优势。由于蠕动机器人一般采用多点接地的设计，因此具有很好的稳定性，不存在摔倒的问题，也比较适合在松软的物体表面运动。

　　Ω 运动是生物界中尺蠖所特有的运动形式，也是蠕动运动的一种特殊形式。当尺蠖身体弯曲时，用前脚当做锚勾住地面，后脚离地，并让身体的重心前移，当其身体舒展时，将后脚作为锚勾住地面，让前脚离开地面并伸展身体，使得身体的重心前移，实现前进运动。这种独特的运动形式使其运动能力远超过一些利用蠕动爬行的软体动物。采用 Ω 运动的机器人不仅可以实现一定高度的越障，还可以跨越一定宽度的沟壑，因而对环境的适应能力更强。

　　自然界中只有少数生物采用滚动方式进行运动。滚动机器人外表通常光滑，不存在点状的突起，因此不容易被卡住。滚动机器人在运动过程中通常会利用自己的重心偏移来进行前进运动，这会使它运动过程中所需要的驱动能源更少，因而具有更好的耐久性。

通过对以上三种软体机器人运动模式的分析，我们可以得出不同的运动特点，三种运动模式特性对比如表 4.1 所示。

表 4.1　三种运动模式特性对比

属性	蠕动运动	Ω 运动	滚动运动
速度	慢	慢	较高
效率	低	低	较高
通过狭小空间能力	好	较好	较差
越障能力	较好	好	较差
环境适应能力	较好	好	较差
可控性	容易	较难	难
可恢复性	较差	较好	较好

对机器人的运动建模包括正运动学和逆运动学建模。对于传统的刚性机器人，正运动学主要解决机器人关节空间到工作空间的映射问题，而逆运动学是已知末端执行器的位置和姿态，求解机器人所对应的每个关节量。

对于传统的刚性机器人，可以把机械臂看作是一系列由关节、连杆依次连接构成的，可以将关节量作为变量，应用 Denavit-Hartenberg 法（D-H 法）来求解机械臂末端执行器的位置和姿态。D-H 法的原理是在机器人的每一个关节上建立一个坐标系，用齐次坐标变换矩阵来描述相邻连杆在空间上的关系（位置和姿态）。对末端执行器上的坐标系进行连续的坐标变换即可以求解出其在基坐标系中的位置和姿态的表达式，最后可以求得刚性机器人的运动学方程。软体机器人则不同于传统的刚性机器人，它本身就是连续体且在运动过程中会发生形变，具有无限自由度，它不存在刚性的关节，不可以直接采用刚性机器人的运动学分析方法来对软体机器人的运动进行分析。对软体机器人进行运动建模分析主要存在以下困难：①软体机器人结构变形量很大，存在变形的非线性和材料的非线性；②软体机器人理论上没有关节，因此具有无限自由度；③对软体机器人力学模型的建立，需要对机械模型、智能材料、智能控制等进行综合分析。因此，一方面对软体机器人的运动分析通常会对其结构进行一定程度的假设，另一方面则采用更好的非线性模型来描述软体机器人的变形过程，从而建立较为精确的物理模型来求解软体机器人的运动。

4.1　SMA 变形驱动运动建模

形状记忆合金材料是一种特殊的材料，它具有记忆效应，即其塑性变形在一定范围之内，在变形后对其加热并使其温度升高至某一阈值，形状记忆合金的变形能够复原。

4.1.1　形状记忆合金变形建模与实验验证

对大多数金属施加外力时，金属会产生弹性变形，且变形随外力增大而增大，在弹性变形范围内，卸载外力后金属的变形可以恢复原状。当外力超过一定限度（屈服极限）时，金属开始产生卸载外力后也不可恢复的变形，即塑性变形，如图4.2所示。而对于形状记忆合金材料，如果其塑性变形在一定范围之内，在变形后对其加热并使其温度升高至某一阈值，合金的变形量能够完全复原，这就是形状记忆效应，如图4.3所示。

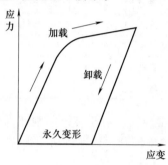

图 4.2　一般金属受力变形

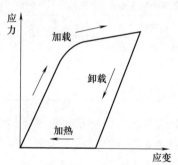

图 4.3　形状记忆效应

形状记忆合金材料之所以具有形状记忆效应是因为在温度变化时合金内部会发生金相组织的可逆转变。图4.3显示了形状记忆合金的变形和恢复过程。变形之前，形状记忆合金处于低温状态，金相组织为孪晶马氏体；然后对其施加外力，当外力超过临界值时，孪晶马氏体开始转变为应力诱发马氏体，形状记忆合金开始出现塑性变形，此时合金内同时存在应力诱发马氏体和孪晶马氏体，弹性变形和塑性变形共存；外力卸载后孪晶马氏体和弹性变形消失，合金处于塑性变形状态，金相组织为应力诱发马氏体；然后对其加热，温度达到奥氏体相变开始温度（A_s）时，应力诱发马氏体开始转变为奥氏体，同时塑性变形开始恢复；温度达到奥氏体相变结束温度（A_f）时，应力诱发马氏体完全转变为奥氏体，同时塑性变形完全恢复，相变结束；然后停止加热，温度下降至马氏体相变开始温度（M_s）时，奥氏体开始转变为孪晶马氏体；温度下降到马氏体相变结束温度（M_f）时，奥氏体完全转变为孪晶马氏体，马氏体相变结束，形状记忆合金完全恢复至初始状态，整个过程可由

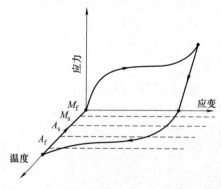

图 4.4　形状记忆合金应力、应变、温度关系

图 4.4 描述。

根据变形和恢复方式的不同，形状记忆效应可以分为单程形状记忆效应、双程形状记忆效应和全程形状记忆效应三类。

单程形状记忆效应是指加热升温时合金能够恢复低温时发生的形变，恢复过程中产生的应力可以作为驱动力，如图 4.5 所示。目前 NiTi 基形状记忆合金丝的变形极限为 8%，超过这个限度会造成不可逆变形。另外，形状记忆合金存在疲劳寿命，其变形恢复能力会随着使用次数增加而衰减。

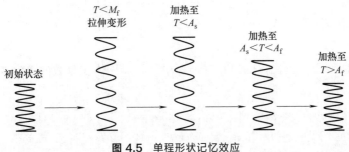

图 4.5 单程形状记忆效应

对某些合金进行特殊的热处理之后，不仅能够在加热升温时恢复低温时的形变，还能够在温度降低的马氏体相变过程中恢复高温状态下的变形，这种效应称为双程形状记忆效应，如图 4.6 所示。理论上，利用双程记忆效应可以研制能够往复运动的执行器，但在实际应用时，具有双程形状记忆效应的合金制造比较困难，记忆效应弱，疲劳寿命低。

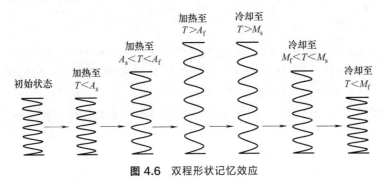

图 4.6 双程形状记忆效应

具有双程形状记忆效应的形状记忆合金，温度在 M_f 以下继续降低时，会产生和高温时完全相反的变形，即在低温和高温时呈现相反的形状，称为全程形状记忆效应。

① 形状记忆合金弹簧变形模型　对于形状记忆合金本构理论，相关的研究已经进行了二十多年，研究者们在此期间提出了若干本构模型来描述形状记忆合金的特性。对于一维情况，Tanaka 基于热力学第一、第二定律，利用相变动力学和热动力学理论，建立了形状记忆合金的本构模型，用以描述其宏观变形特性。其后，

Liang、Rogers 以及 Brinson 等人先后对 Tanaka 本构模型进行了修正。

a. Tanaka 本构模型 Tanaka 本构模型依据连续介质热力学建立，本构方程为：

$$\dot{\sigma} = D\dot{\varepsilon} + \Theta\dot{T} + \Omega\dot{\xi} \qquad (4.1)$$

式中，σ 为形状记忆合金的应力；ε 为 SMA 应变；ξ 为形状记忆合金中马氏体体积分数；T 为实时温度；D 为弹性模量；Θ 为热弹性张量；Ω 为相变张量。

形状记忆合金中马氏体的体积分数 ξ 在 Tanaka 本构模型中为指数形式，由于相变的滞后性，其在正相变和逆相变过程中的表示方式不同。

在奥氏体转变为马氏体的正相变过程中，马氏体体积分数的表达式为

$$\xi = 1 - e^{a_A(M_s - T) + b_M\sigma} \qquad (4.2)$$

在马氏体转变为奥氏体的逆相变过程中，马氏体体积分数的表达式为

$$\xi = e^{a_A(A_s - T) + b_A\sigma} \qquad (4.3)$$

b. Liang-Rogers 本构模型 Liang、Rogers 对 Tanaka 模型进行积分得到

$$\sigma - \sigma_0 = D(\xi)(\varepsilon - \varepsilon_0) + \Theta(T - T_0) + \Omega(\xi)(\xi - \xi_0) \qquad (4.4)$$

不同于 Tanaka 本构模型的指数形式，Liang-Rogers 本构模型采用余弦函数形式表示相变过程中马氏体的体积分数。

奥氏体转变为马氏体时，马氏体体积分数的表达式为

$$\xi = \frac{1 - \xi_A}{2}\cos[a_M(T - M_F) + b_M\sigma] + \frac{1 + \xi_A}{2} \qquad (4.5)$$

马氏体转变为奥氏体时，马氏体体积分数的表达式为

$$\xi = \frac{\xi_M}{2}\{\cos[a_A(T - A_s) + b_A\sigma] + 1\} \qquad (4.6)$$

c. Brinson 本构模型 Tanaka 本构模型和 Liang-Rogers 本构模型仅描述了形状记忆合金变形过程中不同金相组织（即马氏体 M 和奥氏体 A）间的相互转变规律，并未考虑孪晶马氏体和应力诱发马氏体之间的转化，但孪晶马氏体和应力诱发马氏体之间的这种转化是形状记忆效应的基础，不应该被忽略。基于此，在 Brinson 本构模型中，根据形状记忆合金中马氏体产生的原因把马氏体分为两种，一种为由于温度变化产生的马氏体，另一种为由于应力产生的马氏体，其体积分数分别为 ξ_T 和 ξ_s，从而可以建立较准确反映整个变形过程的本构模型。

马氏体体积分数为

$$\xi = \xi_T + \xi_s \qquad (4.7)$$

将式（4.7）代入式（4.6）得到相变过程中的应力为

$$\dot{\sigma} = \frac{\partial\sigma}{\partial\varepsilon}\dot{\varepsilon} + \frac{\partial\sigma}{\partial T}\dot{T} + \frac{\partial\sigma}{\partial\xi_s}\dot{\xi}_s + \frac{\partial\sigma}{\partial\xi_T}\dot{\xi}_T = D\dot{\varepsilon} + \Theta\dot{T} + \Omega_s\dot{\xi}_s + \Omega_T\dot{\xi}_T \qquad (4.8)$$

对式（4.8）积分可得 Brinson 本构方程

$$\sigma - \sigma_0 = D(\xi)(\varepsilon - \varepsilon_0) + \Theta(T - T_0) + \Omega(\xi)\xi - \Omega(\xi_0)\xi_{s0} \qquad (4.9)$$

各相变过程中马氏体体积分数为

当 $T > M_s$，且 $[\sigma_s^{cr} + C_M(T - M_s)] < \sigma < [\sigma_f^{cr} + C_M(T - M_s)]$ 时，

$$\xi_s = \frac{1 - \xi_{s0}}{2} \cos\left\{\frac{\pi}{\sigma_s^{cr} - \sigma_f^{cr}}[\sigma - \sigma_f^{cr} - C_M(T - M_s)]\right\} + \frac{1 + \xi_{s0}}{2} \tag{4.10}$$

$$\xi_T = \xi_{T0} - \frac{\xi_{T0}}{1 - \xi_{s0}}(\xi_s - \xi_{s0}) \tag{4.11}$$

当 $T < M_s$ 且 $\sigma_s^{cr} < \sigma < \sigma_f^{cr}$ 时，

$$\xi_s = \frac{1 - \xi_{s0}}{2} \cos\left[\frac{\pi}{\sigma_s^{cr} - \sigma_f^{cr}}(\sigma - \sigma_f^{cr})\right] + \frac{1 + \xi_{s0}}{2} \tag{4.12}$$

$$\xi_T = \xi_{T0} - \frac{\xi_{T0}}{1 - \xi_{s0}}(\xi_s - \xi_{s0}) + \Delta T_\epsilon \tag{4.13}$$

其中

$$\Delta T_\epsilon = \begin{cases} \dfrac{1 - \xi_{T0}}{2}\{\cos[A_M(T - M_f)] + 1\} & M_f < T < M_s \,\&\, T < T_0 \\ 0 & \text{其他} \end{cases} \tag{4.14}$$

当 $T > A_s$，且 $C_A(T - A_f) < \sigma < C_A(T - A_s)$ 时，

$$\xi = \frac{\xi_0}{2}\left\{\cos\left[a_A\left(T - A_s - \frac{\sigma}{C_A}\right)\right] + 1\right\} \tag{4.15}$$

$$\xi_T = \xi_{T0} - \frac{\xi_{T0}}{\xi_0}(\xi_0 - \xi) \tag{4.16}$$

$$\xi_s = \xi_{s0} - \frac{\xi_{s0}}{\xi_0}(\xi_0 - \xi) \tag{4.17}$$

基于 Brinson 模型，可以建立形状记忆合金宏观变形的数学模型，描述其形变过程中负载、温度和变形量的关系。然而直线型的形状记忆合金丝伸缩范围有限，把它用作机器人的执行器时机器人的变形量会受到限制。在把形状记忆合金作为软体机器人执行器时，较常用的做法是把形状记忆合金制作成螺旋弹簧，这样可以明显增大软体机器人执行器的变形量。将形状记忆合金变形的数学模型和螺旋弹簧的形状特性相结合，可以建立形状记忆合金弹簧变形的数学模型。

假设形状记忆合金弹簧中的切应力 τ、切应变 γ 和温度 T 之间的非线性关系为：

$$\tau = \tau(\gamma, T) \tag{4.18}$$

将式（4.18）在初始状态 (γ_0, T_0) 附近二阶泰勒展开，得到式 $\tau(\gamma, T)$ 关于 $\gamma - \gamma_0$ 和 $T - T_0$ 近似的多项式表达形式

$$\tau(\gamma, T) = \tau(\gamma_0, T_0) + \left[(\gamma - \gamma_0)\frac{\partial}{\partial\gamma} + (T - T_0)\frac{\partial}{\partial T}\right]\tau(\gamma_0, T_0) +$$

$$\frac{1}{2!}\left[(\gamma - \gamma_0)\frac{\partial}{\partial\gamma} + (T - T_0)\frac{\partial}{\partial T}\right]^2 \tau(\gamma_0, T_0) + \cdots +$$

$$\frac{1}{n!}\left[(\gamma-\gamma_0)\frac{\partial}{\partial\gamma}+(T-T_0)\frac{\partial}{\partial T}\right]^n\tau(\gamma_0,T_0)$$

$$=\tau(\gamma_0,T_0)+\sum_{n=0}^{\infty}\frac{1}{n!}\sum_{i=0}^{n}C_n^i\frac{\partial^n\tau(\gamma_0,T_0)}{\partial\gamma^i\partial T^{n-i}}(\gamma-\gamma_0)^i(T-T_0)^{n-i} \tag{4.19}$$

研究表明，形状记忆合金相变过程中满足 Clausius-Clapeyron 方程：

$$\frac{d\tau}{dT}=\rho\frac{\Delta H^{P\rightarrow M}}{\varepsilon^{P\rightarrow M}T_0}=\text{const} \tag{4.20}$$

式中，ρ 为形状记忆合金密度；$\Delta H^{P\rightarrow M}$ 为母相转变为马氏体相的相变潜热；$\varepsilon^{P\rightarrow M}$ 为母相转变为马氏体相的应变能。应力相对于温度的变化率为常数，进而，应力相对于温度的高阶导数为零，即：

$$\frac{d^n\tau}{dT^n}=0 \qquad n\geqslant2 \tag{4.21}$$

根据式（4.21），式（4.19）可以简化为

$$\tau(\gamma,T)=\tau(\gamma_0,T_0)+\sum_{n=0}^{\infty}\frac{1}{n!}\left[(\gamma-\gamma_0)^n\frac{\partial^n\tau(\gamma_0,T_0)}{\partial\gamma^n}+\right.$$

$$\left. n(T-T_0)(\gamma-\gamma_0)^{n-1}\frac{\partial^n\tau(\gamma_0,T_0)}{\partial\gamma^{n-1}\partial T}\right] \tag{4.22}$$

根据弹簧特性，切应变 γ 和形变量 δ 两者之间关系为

$$\gamma=\frac{d}{n\pi D^2}\delta \tag{4.23}$$

式中，D 为形状记忆合金弹簧直径；d 为弹簧丝直径；n 为弹簧圈数。将式（4.23）代入式（4.22），可得

$$\tau(\gamma,T)=\tau(\gamma_0,T_0)+\sum_{n=0}^{\infty}\frac{1}{n!}\left[\left(\frac{d}{n\pi D^2}\delta\right)^n\frac{\partial^n\tau(\gamma_0,T_0)}{\partial\gamma^n}+\right.$$

$$\left. n(T-T_0)\left(\frac{d}{n\pi D^2}\delta\right)^{n-1}\frac{\partial^n\tau(\gamma_0,T_0)}{\partial\gamma^{n-1}\partial T}\right] \tag{4.24}$$

对式（4.24）进行参数化可得：

$$P(\delta,T)=\frac{\pi d^3}{8D}\tau(0,T_0)+A_1\delta+B_1(T-T_0)+A_2\delta^2+B_2(T-T_0)\delta+A_3\delta^3+$$

$$B_3(T-T_0)\delta^2+\cdots+A_i\delta^i+B_i(T-T_0)\delta^{i-1}+\cdots \tag{4.25}$$

A_i 和 B_i 为待定参数。$i>3$ 时，高阶项 $A_i\delta^i+B_i(T-T_0)\delta^{i-1}$ 绝对值很小，可以忽略。这样最终得到形状记忆合金弹簧变形模型为

$$P(\delta,T)=A_1\delta+B_1(T-T_0)+A_2\delta^2+B_2(T-T_0)\delta+A_3\delta^3+B_3(T-T_0)\delta^2 \tag{4.26}$$

② 形状记忆合金弹簧加热升温模型　形状记忆合金执行器有内部加热和外部加热两种主要加热方式。内部加热一般是通过给形状记忆合金通电，利用形状记忆合金的内阻和电流的热效应加热。通过控制电流大小和通电时间，就可以控制加热速度。常用的 NiTi 基形状记忆合金电阻率较高，可以采用直接通电加热的方式。内部加热的主要优点在于结构简单，可以直接从系统电源引出加热电源，不需要额外配置加热装置，并且控制方便。依据焦耳定律，电阻性电路中产生的热量为 $Q = I^2 R t$，可见加热速度主要依赖于加热电流。

根据牛顿方程，形状记忆合金执行器通电加热过程中的热平衡方程为

$$\frac{U^2}{R} - hA_s(T - T_0) = mc\frac{\mathrm{d}T}{\mathrm{d}t} \tag{4.27}$$

式中，U 为加热电压；t 为加热时间；R 为弹簧电阻；h 为热传导参数；A_s 为热交换面积；T 为形状记忆合金弹簧的温度；T_0 为环境温度；m 为弹簧质量；c 为弹簧比热容。

其中，$A_s = n\pi^2 dD + \dfrac{\pi d^2}{4}$。

式（4.27）中，$\dfrac{U^2}{R}$ 为单位时间产生的热量，$hA_s(T - T_0)$ 为形状记忆合金弹簧单位时间内向空气中耗散的热量，两者做差即为弹簧单位时间内吸收的热量 $mc\dfrac{\mathrm{d}T}{\mathrm{d}t}$，$\dfrac{\mathrm{d}T}{\mathrm{d}t}$ 为执行器温度的一阶导数。

求解微分方程，可以得到描述形状记忆合金弹簧温度和通电加热时间之间关系的加热升温模型

$$T = \mathrm{const} \cdot \mathrm{e}^{-\frac{hA_s}{mc}t} + \frac{U^2}{RhA_s} + T_0 \tag{4.28}$$

为了验证形状记忆合金弹簧的变形模型和通电加热升温模型，进行了一系列相关实验，实验所用弹簧参数如表 4.2 所示。

表 4.2　形状记忆合金弹簧执行器参数

参数	值	参数	值
d	0.66mm	ξ_{Ni}	51.6%
D	4.46mm	ξ_{Ti}	48.4%
n	37		

注：d 为弹簧丝径；D 为弹簧螺旋直径；n 为弹簧圈数；ξ_{Ni} 为合金中 Ni 的质量分数；ξ_{Ti} 为合金中 Ti 的质量分数。

③ 形状记忆合金弹簧加热升温实验

a. 自由变形加热实验　为了获得变形模型中的待定参数，不固定形状记忆合金弹簧，使其处在可自由变形状态，对其加热。

实验装置如图 4.7 所示。将形状记忆合金弹簧置于一个绝缘套筒中,加热过程中形状记忆合金弹簧弯曲,导致变形量测量误差。形状记忆合金弹簧两端与导线相连,用以通电。

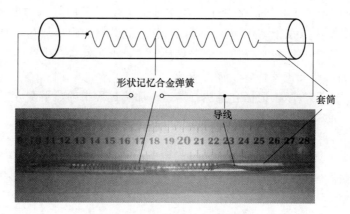

图 4.7 自由变形加热实验装置

记录形状记忆合金弹簧加热时间和变形量变化情况,获得若干加热时间和对应变形量的数据点。然后依据加热时间和温度间的关系式 (4.28),得到若干温度和对应变形量的数据点。通电加热时间与变形量的关系曲线见图 4.8。由曲线可知,刚开始加热的一段时间内形状记忆合金弹簧执行器无明显变形。加热了一段时间之后,形状记忆合金弹簧温度达到相变值,开始快速变形。再经过一段时间的加热,形状记忆合金相变完成,变形量不再增加。

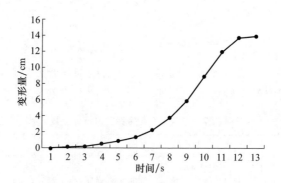

图 4.8 形状记忆合金自由变形加热时间-变形曲线

将温度和变形量数据代入形状记忆合金弹簧的变形模型方程式 (4.25) 中,用插值法求得变形模型的待定参数值为:

$A_1 = -3010$,$A_2 = 20143$,$A_3 = 9204$

$B_1 = 0.1979$,$B_2 = 66.81$,$B_3 = -485.9$

b. 定长加热实验 将形状记忆合金弹簧的长度固定,对其通电加热,利用数字拉力计测量变形过程中的拉力，并通过摄像机记录形状记忆合金弹簧的拉力随通电时间变化情况，实验装置如图 4.9 所示。

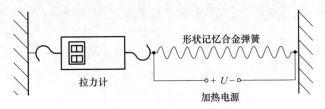

图 4.9 定长加热实验示意图

分别对长度为 120mm、150mm 和 180mm 的形状记忆合金弹簧进行通电加热实验，得到不同固定长度下通电加热时间和形状记忆合金弹簧拉力的数据，依据形状记忆合金弹簧变形模型和加热升温模型获得的仿真曲线与实验结果曲线如图 4.10 所示。可见不同长度下形状记忆合金弹簧拉力变化趋势基本一致，拉力值随形状记忆合金弹簧长度的增大而增大。

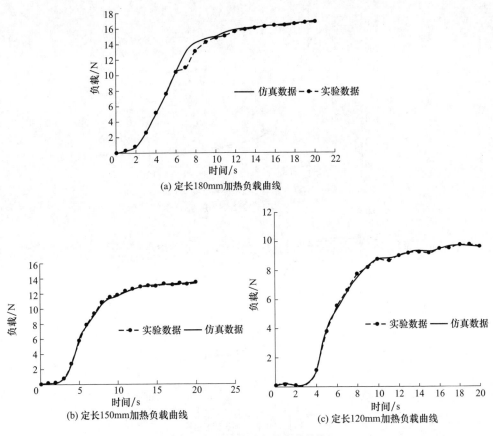

图 4.10 定长通电加热负载曲线

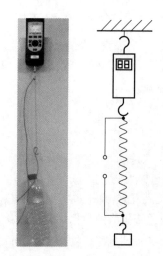

图 4.11 固定负载加热实验装置

c. 固定负载加热实验   对形状记忆合金弹簧施加固定负载，并使其一端固定、另一端自由移动，记录形状记忆合金弹簧长度随通电时间变化情况，实验装置如图 4.11 所示。分别在固定负载为 5N 和 2.5N 的情况下进行了通电加热实验，实验结果曲线与基于变形模型和温度变化模型进行仿真结果曲线的比较如图 4.12 所示。可见不同负载下形状记忆合金弹簧变形趋势基本一致，同时变形量随负载增大而增大。

通过对实验结果与仿真结果进行分析比较，可见两者结果基本一致，从而证明了形状记忆合金弹簧变形模型的正确性。此变形模型可以为形状记忆合金驱动的软体机器人运动控制提供理论支持。

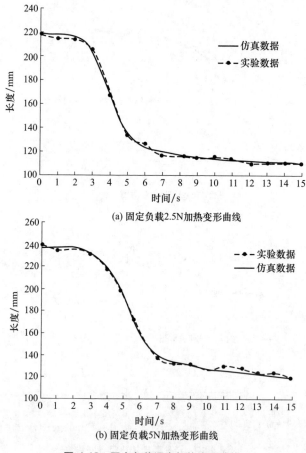

(a) 固定负载2.5N加热变形曲线

(b) 固定负载5N加热变形曲线

图 4.12 固定负载通电加热变形曲线

4.1.2　基于 SMA 的单环形软体机器人结构设计及变形运动建模

形状记忆合金作为驱动元件通常有两种形状：形状记忆合金丝和形状记忆合金弹簧。在长度和直径相同的情况下，形状记忆合金丝的驱动力远大于形状记忆合金弹簧的驱动力，而驱动位移远小于形状记忆合金弹簧的驱动位移。选择哪一种形状的形状记忆合金要依据具体使用要求来判断。

目前用形状记忆合金作为软体机器人的执行器一般选用单程形状记忆合金，这就要求系统结构中有能够产生回复力的装置，用来恢复形状记忆合金执行器的变形，以便循环驱动。目前常用的方式有普通弹簧、密闭气腔、弹簧钢片等。

在软体机器人的地面运动形式中，滚动运动具有较高的效率和速度，且变形模式简单，易于控制。滚动形式下的运动过程如图 4.13 所示。首先形状记忆合金执行器动作，软体机器人产生变形，重心偏移，产生翻转力矩，驱动软体机器人向前滚动，最后变形恢复，开始下一个滚动周期。

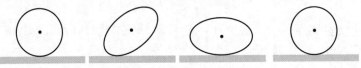

图 4.13　软体机器人的滚动模式

单环形软体机器人变形运动分析：

本课题组设计并开发的一种由弹性圆环、形状记忆合金弹簧执行器和中心板组成的环形机器人本体结构示意图见图 4.14。

a. 梁弯曲模型　为了获得单环形软体机器人系统的完整运动模型，需要将形状记忆合金弹簧执行器的变形模型与机器人弹性圆环的变形模型结合起来。采用微元分析法将圆环均匀分为 40 个单元，如图 4.15 所示。点 P_i 为第 i 个单元的重心位置，点 J_i 为第 i 个单元与第 $i+1$ 个单元的连接位置。

根据梁弯曲理论，当有力矩作用在梁上时，会出现纯弯曲变形，其截面将会产生弯矩，如图 4.16 所示。

只有力矩作用时，其关系可以由下式表示

$$1/\rho = M/(EI_z) \qquad (4.29)$$

式中，ρ 为变形区域的曲率半径；M 为施加在梁上的力矩；E 为外壳的弹

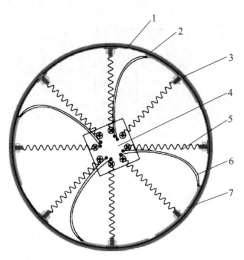

图 4.14　单环形软体机器人总体结构
①—弹性圆环；②—弹性纺织带；③—绝缘螺栓；
④—中心板；⑤—形状记忆合金弹簧；
⑥—弯曲传感器数据线；⑦—弯曲传感器

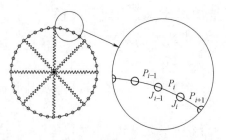

图 4.15 圆环微元示意图

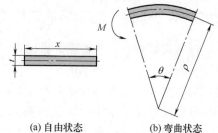

(a) 自由状态   (b) 弯曲状态

图 4.16 梁弯曲理论

性模量；I_z 为截面对中性轴的惯性矩，可由下式计算

$$I_z = \int_A v^2 \, \mathrm{d}A \tag{4.30}$$

在该环形软体机器人的仿真及实验中，外壳截面是矩形的，这样 I_z 的计算公式可简化为

$$I_z = tw^3/12 \tag{4.31}$$

式中，t 为外壳厚度；w 为宽度；A 为整个截面区域；v 为积分微元 $\mathrm{d}A$ 到中性轴的距离，如图 4.17 所示。

当截面上既有弯矩又有剪力时，不同位置的曲率是不一样的。曲率半径和弯矩是位置变量 x 的函数，记为 $\rho(x)$ 和 $M(x)$，如图 4.18 所示。这样式（4.29）变为

$$1/\rho(x) = M(x)/(EI_z) \tag{4.32}$$

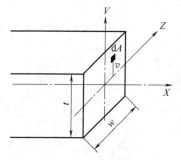

图 4.17 矩形截面惯性矩

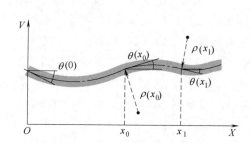

图 4.18 剪力和弯曲梁弯曲理论

b. 圆环变形模型　将圆环模型中的每个单元视为梁。梁弯曲理论对应到圆环模型中，在连接点 J_i 处对弹性圆环施加外力，则所有连接点处出现角应变和转矩。角应变和转矩的大小由外力大小、圆环材料和尺寸决定。如图 4.19 所示。

M_{i-1} 和 M_i 为两相邻单元间的弯矩；ρ_{i-1} 和 ρ_i 是两相邻单元连接处的曲率半径；O_{i-1} 和 O_i 是 J_{i-1} 和 J_i 处的曲率中心；θ_{i-1} 和 θ_i 是 P_{i-1} 和 P_i 以及 P_i 和 P_{i+1} 间的夹角。

根据图 4.19，P_i 处的曲率半径为

$$\rho_i = L / \{2\arccos[(\pi - \theta_i)/2]\} \quad (4.33)$$

式中 L 为每一部分的长度，可由下式计算

$$L = \pi r / 20 \quad (4.34)$$

式中，r 为圆环半径。

由于厚度 t 足够小，拉伸变形相对弯曲变形可以忽略。圆环变形可以视为纯弯曲变形，变形模型为

$$1/\rho_i = M_i / (EI_z) \quad (4.35)$$

根据以上方程，可以得到 θ 和 M 的关系式

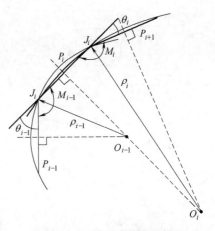

图 4.19 圆环单元弯曲变形模型

$$\theta_i = \pi - 2\arccos 3M_i \pi r / (10Etw^3) \quad (4.36)$$

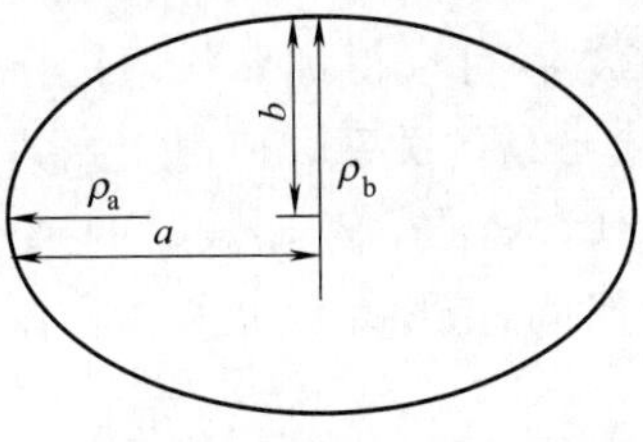

设软体机器人圆环变形后为椭圆，长半轴长度为 a，短半轴长度为 b，如图 4.20 所示。则椭圆周长为

$$l = 2\pi b + 4(a - b) = 2\pi r \quad (4.37)$$

则有

$$a = \frac{\pi r - \pi b + 2b}{2} \quad (4.38)$$

图 4.20 圆环机器人变形为椭圆

单环形软体机器人运动时，短半轴长度即为处于激活状态的形状记忆合金弹簧执行器长度，则每条通路上执行器变形量为

$$\delta = 2(r - b) \quad (4.39)$$

根据上述梁弯曲理论，长半轴和短半轴端截面的弯矩分别为

$$M_a = \frac{EI_z}{\rho_a} \quad (4.40)$$

$$M_b = \frac{EI_z}{\rho_b} \quad (4.41)$$

其中长轴端点和短轴端点处的曲率半径分别为

$$\rho_a = \frac{b^2}{a} \quad (4.42)$$

$$\rho_b = \frac{a^2}{b} \quad (4.43)$$

根据单环形软体机器人的结构特点，外部拉力与圆环变形时产生的弯矩（图 4.21）有如下关系

$$M_a - M_b = Fa \quad (4.44)$$

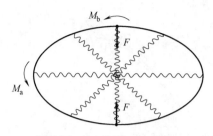

图 4.21 拉力与圆环变形弯矩

结合式（4.38）～式（4.44），则外部拉力为

$$F = \frac{4EI_z}{(2r-\delta)^2} - \frac{EI_z(8r-4\delta)}{\left(\frac{\pi\delta}{2}+2r-\delta\right)^3} \quad (4.45)$$

单环形软体机器人工作时圆环的外部拉力是由形状记忆合金弹簧执行器产生的，根据式（4.44）和形状记忆合金弹簧变形模型式（4.26）有

$$P(\delta,T) = F \quad (4.46)$$

$$\frac{4EI_z}{(2r-\delta)^2} - \frac{EI_z(8r-4\delta)}{\left(\frac{\pi\delta}{2}+2r-\delta\right)^3} = A_1\delta + B_1(T-T_0) + A_2\delta^2 +$$

$$B_2(T-T_0)\delta + A_3\delta^3 + B_3(T-T_0)\delta^2 \quad (4.47)$$

结合形状记忆合金弹簧通电加热升温模型式（4.28），可以得到形状记忆合金弹簧驱动单环形软体机器人中执行器通电加热时间与变形量的关系，但由于此关系的解析表达式太过复杂，本书使用数值解法获取一系列数据点，绘制成时间-变形关系曲线，并进行了实验验证，如图 4.22 所示，加热时间-变形关系曲线如图 4.23 所示。

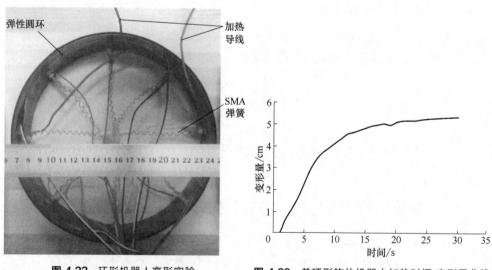

图 4.22 环形机器人变形实验　　图 4.23 单环形软体机器人加热时间-变形量曲线

c. 圆环变形运动过程　图 4.24 展示了单环形软体机器人由于本体变形而滚动的过程。

第一步：初始状态单环形软体机器人还未开始变形，机器人形状为圆形，与地

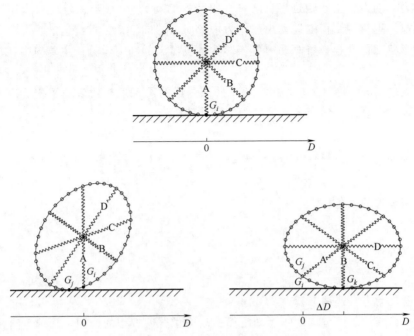

图 4.24 单环形软体机器人运动过程

面的接触点为 G_i。

第二步：形状记忆合金弹簧执行器 B 加热收缩，在执行器拉力作用下，弹性圆环发生变形，进而造成与地面接触点向左偏移，变为 G_j。同时，在重力作用下，机器人产生了一个翻滚力矩，其大小为

$$M_{\mathrm{d}} = \sum_{l=1}^{40} \frac{mg}{40}(x_l - x_i) \tag{4.48}$$

式中，m 为单环形软体机器人的质量；$x_l - x_i$ 为点 G_i 和点 G_l 之间的水平距离。当此翻转力矩达到一定值时，单环形软体机器人就会绕与地面的接触点翻转。

第三步：单环形软体机器人通过翻滚运动到达一个新的平衡位置，一个运动周期完成。下一步将对执行器 C 加热，使机器人继续翻滚。如此循环，该单环形软体机器人就可以利用变形实现连续滚动。

4.1.3 基于 SMA 的单环形软体机器人动力学建模与仿真

在弹性圆环变形建模部分，实际上采用的是静力学方法。为了得到更接近实际情况的弹性圆环的变形过程，验证单环形软体机器人变形运动方式的理论可行性，采用动力学方法进行分析。

按照功能不同，机械动力学的分析方法分为动力学反问题和动力学正问题。动力学反问题是指，在已知机械结构的运动状态和阻力（阻力矩）的情况下，求解施加在主动构件上的动力（力矩），以及各个运动副结构中的反力（力矩），即已知运动求解力；动力学正问题是指，已知机械结构的动力（力矩）、阻力（力矩）及其变化规律，把机械结构的运动规律作为求解对象，即已知力求解运动。

对形状记忆合金弹簧驱动的单环形软体机器人的动力学分析主要集中在动力学正问题。

① 动力学普遍方程　考察由 N 个质点组成的具有理想约束的系统，根据达朗贝尔原理，主动力、约束力和惯性力之和为零

$$F_i + F_{Ri} - m_i a_i = 0 \ (i=1,2,3,\cdots,N) \tag{4.49}$$

令系统具有一组虚位移 δr_i，$(i=1,2,3,\cdots,N)$，则系统的总虚功为

$$\sum_i (F_i + F_{Ri} - m_i a_i) \cdot \delta r_i = 0 \ (i=1,2,3,\cdots,N) \tag{4.50}$$

利用理想约束条件

$$\sum_i F_{Ri} \cdot \delta r_i = 0 \ (i=1,2,3,\cdots,N) \tag{4.51}$$

可以得到

$$\sum_i (F_i - m_i a_i) \cdot \delta r_i = 0 \ (i=1,2,3,\cdots,N) \tag{4.52}$$

这就是动力学普遍方程。

基于达朗贝尔原理，牛顿运动定律将动力学普遍方程的应用，从单个自由质点扩展到受约束质点和质点系；欧拉又将牛顿运动定律扩展到刚体和理想流体。两者合称矢量动力学，又称为牛顿-欧拉动力学。用牛顿-欧拉法进行动力学分析需要先进行运动学分析，求得机器人各部分的角加速度和线加速度，并需要消去各关节的内力，对于多自由度系统，这种分析方法比较复杂。

拉格朗日将虚功原理和达朗贝尔原理相结合，建立了拉格朗日力学，即拉格朗日功能平衡法或拉格朗日第二类方程。这种分析方法不用求解运动副的内力，只需知道运动速度即可。

由于采用微元分析法将圆环分为多个单元，整个系统具有多个自由度，所以对弹性圆环的变形进行动力学分析时，采用拉格朗日方程法。而分析圆环在地面上的滚动过程时，采用逐时刻分析的方法，即在每个极短的时间段内对圆环进行动力学分析，在这段时间内假定圆环不变形，仅在地面上滚动。因此，在分析弹性圆环在地面上的滚动过程时，只有一个自由度，采用牛顿-欧拉法较为简便。

首先利用拉格朗日方程法对弹性圆环的变形过程进行动力学分析，得到圆环变形过程中各单元的运动方程。在此基础上，利用牛顿-欧拉法对弹性圆环在地面上的滚动过程进行动力学分析。

② 圆环变形过程的拉格朗日方程法分析

a. 拉格朗日方程概述　拉格朗日动力学方程是基于机械系统能量对系统变量（位移、速度等）以及时间的微分建立的。在机械系统结构比较简单、自由度比较少的情况下，拉格朗日方程法可能会比牛顿-欧拉法复杂，但是随着机械系统越来越复杂、自由度越来越多，用拉格朗日方程法对机械系统进行动力学建模与分析会

变得比牛顿-欧拉法更加简单。

假定受完整约束的刚体系统由 n 个质点组成，系统中所有质点都满足牛顿运动定律，设第 i 个质点的位置矢量为 $\boldsymbol{r}_l$，主动力为 $\boldsymbol{F}_l$ 和约束反力为 $\boldsymbol{R}_l$，则有

$$m_i \ddot{\boldsymbol{r}}_l = \boldsymbol{F}_l + \boldsymbol{R}_l \ (i = 1,2,3,\cdots,n) \tag{4.53}$$

$$-m_i \ddot{\boldsymbol{r}}_l + \boldsymbol{F}_l + \boldsymbol{R}_l = 0 (i = 1,2,3,\cdots,n) \tag{4.54}$$

式中，$-m_i \ddot{\boldsymbol{r}}_l$ 称为有效力。

对式（4.54）两边点乘 $\delta \boldsymbol{r}_l$ 之后，再对 i 取和，则有

$$\sum_{i=1}^{n} (-m_i \ddot{\boldsymbol{r}}_l + \boldsymbol{F}_l + \boldsymbol{R}_l) \cdot \delta \boldsymbol{r}_l = 0 \tag{4.55}$$

理想约束条件下有

$$\sum_{i=1}^{n} \boldsymbol{R}_l \delta \boldsymbol{r}_l = 0 \tag{4.56}$$

则

$$\sum_{i=1}^{n} (-m_i \ddot{\boldsymbol{r}}_l + \boldsymbol{F}_l) \cdot \delta \boldsymbol{r}_l = 0 \tag{4.57}$$

基于式（4.57），设广义坐标为 $q_\alpha (\alpha = 1,2,3,\cdots,s)$，利用该广义坐标将各个笛卡儿坐标系下的位移矢量 $\boldsymbol{r}_l$ 表达出来。

设 n 个质点受 k 个约束，因为是完整约束，系统的自由度数为 $s = 3n - k$。以广义坐标表述出位置矢量

$$\boldsymbol{r}_l = \boldsymbol{r}_l (q_1, q_2, q_3, \cdots, q_s) \tag{4.58}$$

则有

$$\delta \boldsymbol{r}_l = \frac{\partial \boldsymbol{r}_l}{\partial q_1} \delta q_1 + \frac{\partial \boldsymbol{r}_l}{\partial q_2} \delta q_2 + \cdots + \frac{\partial \boldsymbol{r}_l}{\partial q_s} \delta q_s = \sum_{\alpha=1}^{s} \frac{\partial \boldsymbol{r}_l}{\partial q_\alpha} \delta q_\alpha \tag{4.59}$$

将式（4.59）代入方程式（4.57），可得

$$\sum_{i=1}^{n} (-m_i \ddot{\boldsymbol{r}}_l + \boldsymbol{F}_l) \cdot \sum_{\alpha=1}^{s} \frac{\partial \boldsymbol{r}_l}{\partial q_\alpha} \delta q_\alpha = 0 \tag{4.60}$$

式（4.60）中两个求和号互不相关，故可以互换位置，则有

$$\sum_{\alpha=1}^{s} \left[-\sum_{i=1}^{n} \left(m_i \ddot{\boldsymbol{r}}_l \cdot \frac{\partial \boldsymbol{r}_l}{\partial q_\alpha} \right) + \sum_{i=1}^{n} \left(\boldsymbol{F}_l \cdot \frac{\partial \boldsymbol{r}_l}{\partial q_\alpha} \right) \right] \delta q_\alpha = 0 \tag{4.61}$$

令

$$\begin{cases} P_\alpha = \sum_{i=1}^{n} \left(m_i \ddot{\boldsymbol{r}}_l \cdot \frac{\partial \boldsymbol{r}_l}{\partial q_\alpha} \right) \\ Q_\alpha = \sum_{i=1}^{n} \left(\boldsymbol{F}_l \cdot \frac{\partial \boldsymbol{r}_l}{\partial q_\alpha} \right) （广义力） \end{cases} \tag{4.62}$$

则有

$$\sum_{\alpha=1}^{s} (-P_\alpha + Q_\alpha) \delta q_\alpha = 0 \tag{4.63}$$

因为各个广义坐标上的位移 δq_α 相互独立，所以 $P_\alpha = Q_\alpha$。

又有

$$P_\alpha = \sum_{i=1}^{n} m_i \ddot{\boldsymbol{r}}_l \cdot \frac{\partial \boldsymbol{r}_l}{\partial q_\alpha} = \frac{\mathrm{d}}{\mathrm{d}t} \sum_{i=1}^{n} m_i \left(\dot{\boldsymbol{r}}_l \frac{\partial \boldsymbol{r}_l}{\partial q_\alpha} \right) - \sum_{i=1}^{n} m_i \left(\dot{\boldsymbol{r}}_l \frac{\mathrm{d}}{\mathrm{d}t} \frac{\partial \boldsymbol{r}_l}{\partial q_\alpha} \right) \tag{4.64}$$

由 $\dfrac{\partial \boldsymbol{r}_l}{\partial q_\alpha} = \dfrac{\partial \dot{\boldsymbol{r}}_l}{\partial \dot{q}_\alpha}$，有 $\dfrac{\mathrm{d}}{\mathrm{d}t} \dfrac{\partial \boldsymbol{r}_l}{\partial q_\alpha} = \dfrac{\partial \dot{\boldsymbol{r}}_l}{\partial q_\alpha}$，则

$$P_\alpha = \frac{\mathrm{d}}{\mathrm{d}t} \sum_{i=1}^{n} \left(m_i \dot{\boldsymbol{r}}_l \cdot \frac{\partial \dot{\boldsymbol{r}}_l}{\partial \dot{q}_\alpha} \right) - \sum_{i=1}^{n} m_i \left(\dot{\boldsymbol{r}}_l \cdot \frac{\partial \dot{\boldsymbol{r}}_l}{\partial q_\alpha} \right) \tag{4.65}$$

$$= \frac{\mathrm{d}}{\mathrm{d}t} \sum_{i=1}^{n} \frac{\partial}{\partial \dot{q}_\alpha} \left(\frac{1}{2} m_i \dot{\boldsymbol{r}}_l^{\,2} \right) - \sum_{i=1}^{n} \frac{\partial}{\partial q_\alpha} \left(\frac{1}{2} m_i \dot{\boldsymbol{r}}_l^{\,2} \right) \tag{4.66}$$

令

$$T = \sum_{i=1}^{n} \left(\frac{1}{2} m_i \dot{\boldsymbol{r}}_l^{\,2} \right) \tag{4.67}$$

显然 T 为系统的动能，则有

$$P_\alpha = \frac{\mathrm{d}}{\mathrm{d}t} \left(\frac{\partial T}{\partial \dot{q}_\alpha} \right) - \frac{\partial T}{\partial q_\alpha} \tag{4.68}$$

即

$$\frac{\mathrm{d}}{\mathrm{d}t} \left(\frac{\partial T}{\partial \dot{q}_\alpha} \right) - \frac{\partial T}{\partial q_\alpha} = Q_\alpha \tag{4.69}$$

这就是著名的拉格朗日方程。

动能和动量有如下关系

$$\frac{\partial T}{\partial v_x} = \frac{\partial T}{\partial v_x} \left[\frac{1}{2} m (v_x^2 + v_y^2 + v_z^2) \right] = m v_x \tag{4.70}$$

根据式 (4.69)，令广义动量 $p_\alpha = \dfrac{\partial T}{\partial \dot{q}_\alpha}$。

令广义力为

$$Q_\alpha = \sum_{i=1}^{n} \left(\boldsymbol{F}_l \frac{\partial \boldsymbol{r}_l}{\partial q_\alpha} \right) \tag{4.71}$$

广义力既允许为直线量，即力，也允许为角量，即力矩，根据广义坐标的定义不同而不同。有两种方式能够求得广义力的表达式：根据定义计算和通过主动力所做的虚功表达式求得。

令主动力所做的虚功为

$$\delta W = \boldsymbol{F}_l \cdot \delta \boldsymbol{r}_l = \sum_{\alpha=1}^{s} \left(\sum_{i=1}^{n} \boldsymbol{F}_l \cdot \frac{\partial \boldsymbol{r}_l}{\partial q_\alpha} \right) \delta q_\alpha = \sum_{\alpha=1}^{s} Q_\alpha \delta q_\alpha \tag{4.72}$$

如果求解 Q_1，则令 $\delta q_2 = \delta q_3 = \cdots = \delta q_s = 0$，则有

$$\delta W_1 = \sum_{i=1}^{n} (\boldsymbol{F}_l \cdot \delta \boldsymbol{r}_l)_{\delta q_2 = \delta q_3 = \cdots = \delta q_s = 0} = Q_1 \delta q_1 \tag{4.73}$$

$$Q_1 = \frac{\delta W_1}{\delta q_1} = \frac{\sum_{i=1}^{n} (\boldsymbol{F}_l \cdot \delta \boldsymbol{r}_l)_{\delta q_2 = \delta q_3 = \cdots = \delta q_s = 0}}{\delta q_1} \tag{4.74}$$

求任意广义力 Q_α

$$Q_\alpha = \frac{\delta W_\alpha}{\delta q_\alpha} = \frac{\sum_{i=1}^{n} (\boldsymbol{F}_l \cdot \delta \boldsymbol{r}_l)_{\delta q_\beta = 0, \beta = 1,2,3,\cdots,s, \beta \neq \alpha}}{\delta q_\alpha} \tag{4.75}$$

b. 圆环变形的动力学分析　根据单环形软体机器人的尺寸，用微元分析法将圆环等分为 40 个单元，实际上等分分数不一定为 40，分的单元越多，计算结果越接近实际情况。不失一般性，设弹性圆环被等分为 n 个单元，如图 4.25 所示。和变形分析部分保持一致，每个单元的重心点记为 $P_i(i=1,2,\cdots,n)$，J_i 为单元 P_i 与单元 P_{i+1} 的连接点。任意时刻，假定通电加热的形状记忆合金弹簧执行器的拉力为 F_1 和 F_2，则指定 F_1 和 F_2 的作用点分别为第 1 个单元和第 $\frac{n}{2}+1$ 个单元的质心位置，并指定第 1 个单元与第 n 个单元的连接位置为坐标原点，记为 O_L，通电加热的执行器与地面的夹角为 θ，如图 4.25 所示。

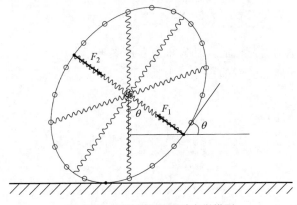

图 4.25　弹性圆环变形动力学模型

F_1 和 F_2 的大小有如下关系

$$F_1 = F_2 - G\cos\theta \tag{4.76}$$

式中，G 为中心板（包括控制系统板）的重力。

令单元 P_i 与单元 P_{i+1} 的夹角中的锐角为 φ_i，$i=1,2,3,\cdots,n$。

根据前述分析，整个系统的自由度数为 $n-1$。故对系统运用拉格朗日方程时共需选定 $n-1$ 个广义坐标，为了建模简单而又不失一般性，选择 φ_i（$i=1,2,3,\cdots,n-1$）作为广义坐标。

圆环上各单元质心位置用广义坐标表示为

$i=1,2,3,\cdots,n-1$ 时

$$\begin{cases} x_i = L \sum_{m=1}^{i-1} \left[\cos\left(\theta + \sum_{j=1}^{m} \varphi_j\right) \right] + \dfrac{L}{2} \cos\left(\theta + \sum_{m=1}^{i} \varphi_m\right) \\ y_i = L \sum_{m=1}^{i-1} \left[\sin\left(\theta + \sum_{j=1}^{m} \varphi_j\right) \right] + \dfrac{L}{2} \sin\left(\theta + \sum_{m=1}^{i} \varphi_m\right) \end{cases} \tag{4.77}$$

$i = n$ 时

$$\begin{cases} x_n = \dfrac{L}{2} \cos\left(2\pi - \theta - \sum_{j=1}^{n-1} \varphi_j\right) \\ y_n = \dfrac{L}{2} \sin\left(2\pi - \theta - \sum_{j=1}^{n-1} \varphi_j\right) \end{cases} \tag{4.78}$$

系统动能为

$$T = \frac{1}{2} \sum_{i=1}^{n} \left[J_i \dot{\varphi}_i^2 + m(v_{ix}^2 + v_{iy}^2) \right] \tag{4.79}$$

$$J_i = \frac{m(t^2 + L^2)}{12} \tag{4.80}$$

$$v_{ix} = -L \sum_{m=1}^{i-1} \left[\sin\left(\theta + \sum_{j=1}^{m} \varphi_j\right) \dot{\varphi}_m \right] - \frac{L}{2} \sin\left(\theta + \sum_{m=1}^{i} \varphi_m\right) \dot{\varphi}_i \tag{4.81}$$

$$v_{iy} = L \sum_{m=1}^{i-1} \left[\cos\left(\theta + \sum_{j=1}^{m} \varphi_j\right) \dot{\varphi}_m \right] + \frac{L}{2} \cos\left(\theta + \sum_{m=1}^{i} \varphi_m\right) \dot{\varphi}_i \tag{4.82}$$

接下来利用主动力所做的虚功来求解各广义坐标上的广义力。

圆环上各单元质心位置的虚位移为

$i = 1, 2, 3, \cdots, n-1$ 时：

$$\begin{cases} \delta x_i = -L \sum_{k=1}^{i-1} \left\{ \sum_{m=1}^{i-1} \left[\sin\left(\theta + \sum_{j=1}^{m} \varphi_j\right) \right] \right\} \delta \varphi_k \\ \qquad\quad - \dfrac{L}{2} \sum_{k=1}^{i} \left[\sin\left(\theta + \sum_{m=1}^{i} \varphi_m\right) \delta \varphi_k \right] \\ \delta y_i = L \sum_{k=1}^{i-1} \left\{ \sum_{m=1}^{i-1} \left[\cos\left(\theta + \sum_{j=1}^{m} \varphi_j\right) \right] \right\} \delta \varphi_k \\ \qquad\quad + \dfrac{L}{2} \sum_{k=1}^{i} \left[\cos\left(\theta + \sum_{m=1}^{i} \varphi_m\right) \delta \varphi_k \right] \end{cases} \tag{4.83}$$

$i = n$ 时：

$$\begin{cases} \delta x_n = \dfrac{L}{2} \sum_{i=1}^{n-1} \left[\sin\left(2\pi - \theta - \sum_{j=1}^{n-1} \varphi_j\right) \delta \varphi_i \right] \\ \delta y_n = -\dfrac{L}{2} \sum_{i=1}^{n-1} \left[\cos\left(2\pi - \theta - \sum_{j=1}^{n-1} \varphi_j\right) \delta \varphi_i \right] \end{cases} \tag{4.84}$$

则主动力所做的虚功为

$$\delta W = F_1 \sin\theta \delta x_1 + F_1 \cos\theta \delta y_1 + F_2 \sin\theta \delta x_{n/2+1} + F_2 \cos\theta \delta y_{n/2+1} - \sum_{i=1}^{n} mg \cdot \delta y_i$$

$$= \frac{F_1 L \delta\varphi_1}{2} \Big[F_1 \cos\theta \cos\big(\theta + \sum_{m=1}^{i} \varphi_m\big) - \sin\theta \sin\big(\theta + \sum_{m=1}^{i} \varphi_m\big) \Big]$$

$$- F_2 \sin\theta L \sum_{k=1}^{n/2} \Big\{ \sum_{m=1}^{i-1} \Big[\sin\big(\theta + \sum_{j=1}^{m} \varphi_j\big) \Big] \Big\} \delta\varphi_k$$

$$- \frac{F_2 \sin\theta L}{2} \sum_{k=1}^{n/2+1} \Big[\sin\big(\theta + \sum_{m=1}^{i} \varphi_m\big) \delta\varphi_k \Big]$$

$$+ F_2 \cos\theta L \sum_{k=1}^{n/2} \Big\{ \sum_{m=1}^{i-1} \Big[\cos\big(\theta + \sum_{j=1}^{m} \varphi_j\big) \Big] \Big\} \delta\varphi_k$$

$$+ \frac{F_2 \cos\theta L}{2} \sum_{k=1}^{n/2+1} \Big[\cos\big(\theta + \sum_{m=1}^{i} \varphi_m\big) \delta\varphi_k \Big]$$

$$- Lgm \sum_{i=1}^{n-1} \Big\{ \sum_{k=1}^{i-1} \Big[\sum_{m=1}^{i-1} \big(\cos\langle\theta + \sum_{j=1}^{m} \varphi_j\rangle\big) \delta\varphi_k \Big] \Big\}$$

$$- \frac{Lgm}{2} \sum_{i=1}^{n-1} \Big\{ \sum_{k=1}^{i} \big(\cos\langle\theta + \sum_{m=1}^{i} \varphi_m\rangle \delta\varphi_k\big) \Big\}$$

$$+ \frac{Lgm}{2} \sum_{i=1}^{n-1} \Big[\cos\big(2\pi - \theta - \sum_{j=1}^{n-1} \varphi_j\big) \delta\varphi_i \Big] \tag{4.85}$$

则各广义力为

$$Q_i = \frac{\delta W_i}{\delta\varphi_i} = \frac{\delta W_{\delta\varphi_j=0, j=1,2,3,\cdots,n, j\neq i}}{\delta\varphi_i} \tag{4.86}$$

应用拉格朗日方程

$$\frac{\mathrm{d}}{\mathrm{d}t}\Big(\frac{\partial T}{\partial \dot{\varphi}_i}\Big) - \frac{\partial T}{\partial \varphi_i} = Q_i \ (i=1,2,3,\cdots,n-1) \tag{4.87}$$

$$\frac{\partial T}{\partial \dot{\varphi}_j} = \sum_{i=1}^{n-1} J_i \dot{\varphi}_i + J_j \dot{\varphi}_j + m \sum_{i=1}^{n} \Big(v_{ix} \frac{\partial v_{ix}}{\partial \dot{\varphi}_j} + v_{iy} \frac{\partial v_{iy}}{\partial \dot{\varphi}_j} \Big) \tag{4.88}$$

$$\frac{\partial T}{\partial \varphi_j} = m \sum_{i=1}^{n} \Big(v_{ix} \frac{\partial v_{ix}}{\partial \varphi_j} + v_{iy} \frac{\partial v_{iy}}{\partial \varphi_j} \Big) \tag{4.89}$$

根据 v_{ix} 和 v_{iy} 的表达式，有

$$\frac{\partial v_{ix}}{\partial \dot{\varphi}_j} = \begin{cases} -L \sin\big(\theta + \sum_{k=1}^{j} \varphi_k\big) & j < i \\ -\dfrac{L}{2} \sin\big(\theta + \sum_{k=1}^{j} \varphi_k\big) & j = i \\ 0 & j > i \end{cases} \tag{4.90}$$

$$\frac{\partial v_{iy}}{\partial \dot{\varphi}_j} = \begin{cases} L\cos\left(\theta + \sum\limits_{k=1}^{j} \varphi_k\right) & j < i \\ \dfrac{L}{2}\cos\left(\theta + \sum\limits_{k=1}^{j} \varphi_k\right) & j = i \\ 0 & j > i \end{cases} \tag{4.91}$$

$$\frac{\partial v_{ix}}{\partial \varphi_j} = \begin{cases} -L\sum\limits_{m=j}^{i-1} \left[\cos\left(\theta + \sum\limits_{l=1}^{m} \varphi_l\right)\dot{\varphi}_m\right] & j < i \\ -\dfrac{L}{2}\cos\left(\theta + \sum\limits_{m=1}^{i} \varphi_m\right)\dot{\varphi}_i & j = i \\ 0 & j > i \end{cases} \tag{4.92}$$

$$\frac{\partial v_{iy}}{\partial \varphi_j} = \begin{cases} -L\sum\limits_{m=j}^{i-1} \left[\sin\left(\theta + \sum\limits_{l=1}^{m} \varphi_l\right)\dot{\varphi}_m\right] & j < i \\ -\dfrac{L}{2}\sin\left(\theta + \sum\limits_{m=1}^{i} \varphi_m\right)\dot{\varphi}_i & j = i \\ 0 & j > i \end{cases} \tag{4.93}$$

求解微分方程组，即可得到圆环变形的运动方程。

③ 圆环变形过程的牛顿-欧拉法分析　由拉格朗日方程法求得圆环变形的运动方程后，接下来研究 t 时刻环形软体机器人在地面上的滚动过程。

首先，根据弹性圆环变形的运动方程，找出 t 时刻弹性圆环上位置最低的点，即为与地面的接触点，令其为坐标原点，记为 O。根据假设条件，Δt 时刻内圆环将绕 O 点转动。

由于整个环形软体机器人系统所受主动力只有重力，所以首先求解整个机器人重心的位置。

机器人系统的重力主要由两部分组成：弹性外环和中心板（包括控制系统板），两者均为均匀质量体。

故弹性外环的中心位置为

$$\begin{cases} x_c = \dfrac{1}{n}\sum\limits_{i=1}^{n} x_i \\ y_c = \dfrac{1}{n}\sum\limits_{i=1}^{n} y_i \end{cases} \tag{4.94}$$

中心板的重心位置为

$$\begin{cases} x_b = \dfrac{x_1 + x_{n/2+1}}{2} \\ y_b = \dfrac{y_1 + y_{n/2+1}}{2} \end{cases} \tag{4.95}$$

整个系统重心位置为

$$\begin{cases} x_g = \dfrac{nmx_c + Gx_b}{nm + G} \\[3mm] y_g = \dfrac{nmy_c + Gy_b}{nm + G} \end{cases} \tag{4.96}$$

重力力矩为唯一的主动力矩，大小为

$$M_g = (nmg + G)x_g \tag{4.97}$$

惯性力矩为

$$I\ddot{\varphi} \tag{4.98}$$

则有

$$(nmg + G)x_g = I\ddot{\varphi} \tag{4.99}$$

解得角加速度为 $\ddot{\varphi}$。

④ 动力学仿真　在得到机器人系统的动力学模型之后，利用动力学仿真软件 ADAMS 对环形软体机器人进行动力学仿真。

在 ADAMS 软件中进行环形软体机器人的动力学仿真，首先需要建立机器人的结构模型。在 ADAMS 软件中建立结构模型主要有两种方式：

• 直接利用 ADAMS 软件的结构建模功能建立结构模型。这种结构建模方式的优点主要在于，在建立结构模型的过程中就可以同时加入并配置其他必要元素，如运动副、驱动等，所建立的结构模型与 ADAMS 的动力分析模块兼容性好。缺点在于，ADAMS 毕竟是一款动力学分析与仿真软件，三维建模功能不够完善与强大，在对形状复杂的结构进行三维建模时工作难度较大。

• 先在其他三维建模软件（UG、Pro/E、SolidWorks 等）中进行结构建模，然后将结构模型导入 ADAMS 软件进行动力学分析与仿真。这种方式的优点是可以借助专业三维建模软件强大的结构建模能力，建立复杂的结构模型。缺点是 ADAMS 软件无法识别导入的三维模型中各部分之间的连接、约束、驱动等关系，需要重新在 ADAMS 软件中进行配置。

本书研究的环形软体机器人形状规则且对称，可以直接在 ADAMS 软件中进行结构建模，故选择第一种三维建模方式。环形软体机器人结构建模过程如下：

a. 建立第一个弹性圆环微元仿真模型。将弹性圆环划分为 40 个微元，每个微元长度为 $L/40$。所以在 ADAMS 中用长度为 $L/40$ 的连杆作为弹性圆环微元的模型。

b. 建立第二个连杆模型，并建立两个连杆之间的运动副连接。在弹性圆环的变形分析部分，将两个相邻圆环微元之间的连接方式视为弹性铰链，并且推导出连接处转矩与转角的关系式（4.36）。首先建立第二个连杆模型，然后用铰链副将第一个连杆末端和第二个连杆前端连接在一起，如图 4.26（a）所示。最后在铰链副上施加参数化力矩，该力矩值随两连杆间角度变化而变化。

　　c. 重复以上过程，建立 40 个连杆，将最后一个连杆的末端与第一个连杆的前端用铰链副连接并设置参数化关节力矩，如此，便完成了弹性圆环的结构建模与约束、运动、力设置。

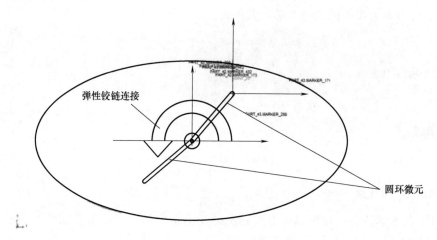

(a) 微元连接处视为弹性铰链

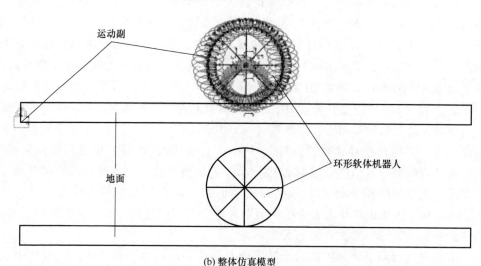

(b) 整体仿真模型

图 4.26 ADAMS 中的机器人模型

　　d. 建立形状记忆合金弹簧执行器仿真模型。形状记忆合金弹簧执行器在环形软体机器人系统中最重要的作用是提供变形驱动力，其本身的质量很小，可以忽略，所以在 ADAMS 软件仿真中，形状记忆合金弹簧执行器结构建模的关键是执行器与弹性圆环连接处拉力的配置，其形状和质量并不重要。由此，以两个无质量圆柱体作为形状记忆合金弹簧执行器的仿真模型，两个圆柱体之间以圆柱副连接，可以沿轴向相互运动，以模仿形状记忆合金弹簧执行器的变形动作。

e. 重复上一步的过程，建立 8 个形状记忆合金弹簧执行器的动力学仿真模型。每个执行器模型一端与弹性圆环连接，另一端在圆环中心处连接到一起。进行仿真时，周期性地在圆柱体与弹性外环连接处施加等效于形状记忆合金弹簧变形回复力的拉力，即式（4.76）中的 F_1 和 F_2。

f. 建立中心板系统的仿真模型。由于中心板系统不参与变形运动，其形状特性可以不考虑，只考虑质量特性。在弹性圆环中心形状记忆合金弹簧执行器连接处添加一个固定质量点，作为中心板系统的仿真模型。

g. 建立地面的仿真模型。地面的结构建模比较简单，直接采用长方体结构，并添加固定约束，使之成为固定参考系。在地面和每个弹性圆环微元之间定义接触和碰撞，以便圆环可以在地面上滚动。

h. 为整个系统定义重力。

完成的环形软体机器人动力学模型如图 4.26（b）所示。

图 4.27 为软件仿真的环形软体机器人运动过程。图 4.28 为软件仿真过程中圆环中心的水平位移量随时间变化的曲线。从位移曲线中可以看出，除几个特殊时间段之外，环形软体机器人在仿真过程中的滚动大体呈现周期性。

图 4.27（a）中，机器人处于初始状态，形状记忆合金弹簧执行器没有被通电加热，机器人还未开始运动。

在位移曲线中的①段，出现了负位移，说明环形软体机器人向相反方向运动，这是由于第一个运动周期开始时，在初始状态下对执行器加热，使其收缩导致弹性圆环变形，机器人本体与地面接触点向右移动产生的，如图 4.27（b）所示。

在位移曲线中的②段，出现了位移急剧变大的现象。这是由于上一步中接触点偏移产生的重力翻转力矩达到临界值，环形软体机器人在翻转力矩及重力势能转化的动能作用下快速翻滚，如图 4.27（c）所示。

在位移曲线中的③段，位移出现往复振荡现象，这是由于第一周期的滚动中环形软体机器人会有较大幅度的重心下降，重力势能转化成的动能使得机器人在达到下一周期的平衡点之后继续翻转一定角度，造成机器人绕平衡点来回摆动，就出现了位移曲线的往复振荡。

在位移曲线的④段，不再对机器人系统施加驱动力，机器人停止运动，位移不再增加。

在曲线的其他部分，环形软体机器人在地面上周期性滚动。

4.1.4 SMA 变形与运动分析总结

为了分析形状记忆合金的运动学与动力学特性，从形状记忆合金的变形入手，

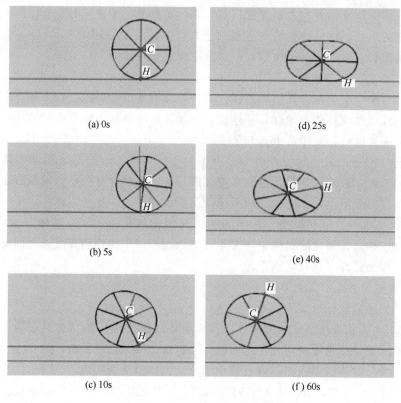

(a) 0s

(d) 25s

(b) 5s

(e) 40s

(c) 10s

(f) 60s

图 4.27 环形软体机器人运动仿真

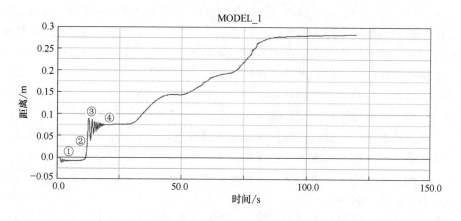

图 4.28 环形软体机器人运动仿真曲线

建立基于 Brinson 的形状记忆合金一维本构模型，利用泰勒展开式和 Clausius-Clap-eyron 方程，结合螺旋弹簧形状特性，建立了形状记忆合金弹簧执行器的变形模型，描述了形状记忆合金弹簧的变形量、负载和温度之间的非线性关系。

为了搭建 SMA 的控制系统，采用热平衡方程，建立了固定电压加热情况下形状记忆合金弹簧执行器温度变化模型，该模型描述了通电加热时间与形状记忆合金弹簧温度的关系。将变形模型和温度变化模型相结合，得到形状记忆合金弹簧执行器的控制模型。

用实验方法对以上模型进行了验证。首先用自由变形实验和插值法取得形状记忆合金弹簧执行器的待定参数值，然后分别在固定变形量和固定负载的情况下对执行器的控制模型进行验证，仿真曲线和实验结果吻合较好。

接着，介绍了课题组研制的基于形状记忆合金驱动的单环形软体机器人，为了了解单环形软体机器人的变形情况，利用材料力学中的梁弯曲理论分析了圆环的变形情况，建立其数学模型，并与形状记忆合金弹簧执行器的变形模型相结合，以执行器加热变形过程中的负载作为弹性圆环变形的驱动力，建立了单环形软体机器人的执行器加热时间与机器人相应变形量之间关系的变形模型，并对上述模型进行了实验验证。最后对单环形软体机器人进行动力学建模与仿真。将单环形软体机器人变形运动过程分为了两部分：弹性圆环在形状记忆合金弹簧驱动下的变形和绕与地面接触点的转动，然后根据这两个过程的动力学特性，分别用拉格朗日方程和牛顿-欧拉法进行了动力学分析。弹性圆环的变形过程基于微元假设，涉及自由度的数量很多，采用拉格朗日方程法较为简便。选取了前 $n-1$ 个圆环微元的转角作为广义坐标，推导出每个微元质心直角坐标的广义坐标表达式，并在此基础上得到系统动能表达式，根据虚功原理求得各广义坐标下的广义力矩，建立了弹性圆环变形过程的拉格朗日方程。在单环形软体机器人本体绕与地面接触点转动过程的动力学分析中，将机器人视为一个整体，仅需要分析一个转动自由度，最后利用动力学仿真软件 ADAMS 对单环形软体机器人在地面上的滚动过程进行了仿真。

4.2 气压驱动膨胀变形建模

气压驱动软体驱动器由于其具有变形快、变形量大以及安全环保的特点，受到科研人员的广泛关注。2013 年，哈佛大学的研究人员率先将气动软体驱动器用于软体手套的设计上，进行病人手指的康复训练。紧接着，国内外的研究人员陆陆续续把气动软体驱动器用于夹持器的制作中，相比于刚性夹持器，软体夹持器能在同一驱动量下夹持各种物体。此外，对于夹持水果、鸡蛋等易损害、易脆物体上，软体夹持器有其独特的优势。目前，还有许多其他用途的气动软体驱动器问世，本节基于课题组研制的多模块软体爬行机器人讨论气压驱动、膨胀变形软体机器人的变形运动建模问题。

4.2.1 软体驱动器结构

(1) 软体驱动器模型选择

不同的软体驱动器模型对机器人运动能力的影响不相同。在单向弯曲气压软体驱动器中,有两种驱动器模型:快气囊驱动器(fPN 驱动器)和慢气囊驱动器(sPN 驱动器)。

两种类型的驱动器主要由两部分构成:可延展的多气囊结构和不可延展但是柔性的底层。多气囊结构的每个气腔都由底部的气道串成一体,当任何一个气腔有气体充入时,气体会随着气道充满每一个气腔。底板均是由三层结构做成:上层硅胶、中层纸张以及下层硅胶,在底板中嵌入纸张层是整个驱动器具有良好弯曲性能的基础,纸张的目的是让底板不可延展但是可以弯曲,顶层多气囊结构和底层底板由硅胶粘接为一体,当气腔的膨胀受到不可延展的底板的限制时,整个驱动器产生弯曲。在充气状态下,各个气囊膨胀,气囊间相互挤压产生变形。图 4.29 是快气囊驱动器(fPN)和慢气囊驱动器(sPN)的结构,可以看出二者的变形机理有一定的区别:其中 sPN 驱动器充气后依赖于气压对顶层的膨胀作用,使顶层伸长,sPN 的底层不会伸长,依赖于顶层和底层的长度差异进行弯曲;而 fPN 驱动器的各个小气囊的顶层没有相连,充气后驱动器依赖相邻气囊的膨胀挤压而变形。图 4.30 所示是 sPN 驱动器和 fPN 驱动器在不同气压下的膨胀弯曲效果,可以看出在相同的气压作用下,fPN 驱动器的弯曲效果远大于 sPN 驱动器。慢气囊驱动器具有结构简单、制作简单、外形平滑的优点,快气囊驱动器具有变形速度快、变形量大、耐用性强的优点。本多模块软体爬行机器人采用 fPN 驱动器,变形速度快,有利于提升机器人的移动速度,驱动器耐用性强,有助于提升机器人的使用次数。

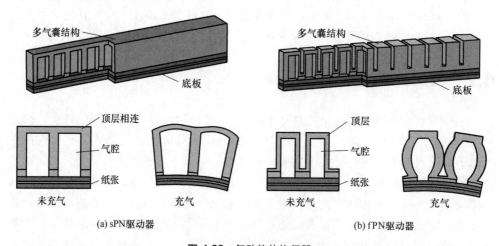

图 4.29 气动软体执行器

通过利用有限元仿真来验证两种气动软体驱动器的弯曲性能,图 4.31 是在相同外形尺寸、材料以及内部气压(50kPa)的条件下有限元仿真的结果。由仿真结果可以看出,在同等充气压强下,fPN 驱动器的弯曲角度大于 sPN 驱动器。

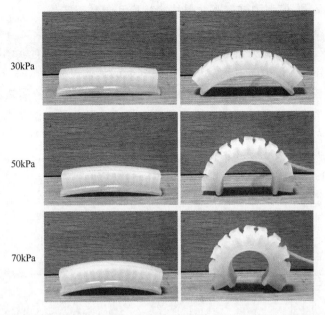

图 4.30 sPN 驱动器（左）和 fPN 驱动器（右）在不同气压下膨胀弯曲变形

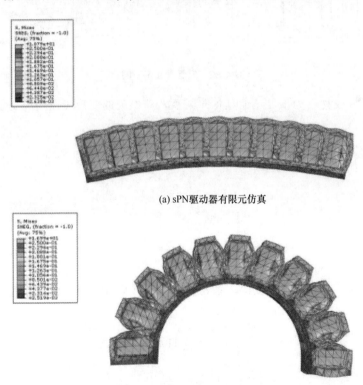

(a) sPN驱动器有限元仿真

(b) fPN驱动器有限元仿真

图 4.31 sPN 驱动器与 fPN 驱动器的有限元仿真

（2）基于 Yeoh 模型的软体驱动器结构建模和参数确定

在选取 fPN 作为软体驱动器后，驱动器气囊的具体尺寸决定着驱动器的弯曲性能，从而影响软体机器人的爬行性能。本节基于 Yeoh 模型对软体驱动器气囊的膨胀特性进行分析，以确定气动软体驱动器气囊的具体尺寸。

可能影响 fPN 驱动器性能的因素有：气囊的个数、气囊的间隙以及气囊的尺寸。以同等长度的软体驱动器，在同等腔体内压下，软体驱动器的弯曲角度作为衡量标准。首先依据经验可知，越多的气囊个数和越薄的气囊壁厚有利于驱动器在更低压力下的变形。然而，这些条件受到了材料性质和制造的影响。由于浇铸软体驱动器使用的模具是由 3D 打印机打印，3D 打印机的打印精度直接影响了气囊的壁厚以及气囊的个数（同等驱动器长度下），因此气囊的壁厚和气囊的个数需要设定在合适的加工制造范围内。图 4.32 为气囊界面示意图。

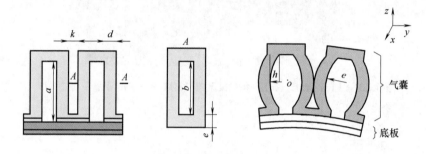

图 4.32　气囊界面示意图

假设硅橡胶材料为不可压缩且各向同性，硅橡胶的变形可以用应变能量密度函数来进行分析。

$$W = W(I_1, I_2, I_3) \tag{4.100}$$

其中，I_1、I_2、I_3 为主不变量。

$$\begin{cases} I_1 = \lambda_1^2 + \lambda_2^2 + \lambda_3^2 \\ I_2 = \lambda_1^{-2} + \lambda_2^{-2} + \lambda_3^{-2} \\ I_3 = \lambda_1^2 \lambda_2^2 \lambda_3^2 = 1 \end{cases} \tag{4.101}$$

式中　λ_i——三个方向上的主伸长比。

根据硅橡胶材料应力应变的关系，可以得到硅橡胶材料主应力与主伸长比之间的关系：

$$\sigma_1 = \frac{2}{\lambda_2} \left(\lambda_1^2 - \frac{1}{\lambda_1^2 \lambda_2^2} \right) \left(\frac{\partial W}{\partial I_1} + \lambda_2^2 \frac{\partial W}{\partial I_2} \right) \tag{4.102}$$

$$\sigma_2 = \frac{2}{\lambda_2} \left(\lambda_2^2 - \frac{1}{\lambda_1^2 \lambda_2^2} \right) \left(\frac{\partial W}{\partial I_1} + \lambda_1^2 \frac{\partial W}{\partial I_2} \right) \tag{4.103}$$

式中　σ_1，σ_2——拉伸平面上两个方向上的主应力。

驱动器采用硅橡胶制作而成，硅橡胶材料是一种高分子的非线性超弹性材料，它能根据施加于自身的应力产生形变，应力越大，形变越大，当应力消失后，能恢复到施加应力前的状态。从 20 世纪至今，研究人员对硅橡胶材料做了广泛的研究，其中 Yeoh 模型是应用较为广泛的一种应变能密度函数模型，该模型的优点在于可以利用单向拉、压试验预测材料的剪切、伸缩等行为，在研究硅橡胶的不可压缩性及软材料的非线性中，该模型在多项参数形式下的应变能密度函数模型如下：

$$W = \sum_{i=1}^{N} C_i (I_1 - 3)^i + \sum_{k=1}^{N} \frac{1}{d_k} (J - 1)^{2k} \qquad (4.104)$$

而应用较为广泛的二项参数形式为：

$$W = C_1 (I_1 - 3) + C_2 (I_1 - 3)^2 \qquad (4.105)$$

式中 C_1，C_2——材料参数，由材料实验所决定。

对于材料参数 C_1、C_2，目前使用较为广泛的测量方法为：单向拉伸实验、等双轴向拉伸实验、平面拉伸实验等。

单向拉伸实验有：

$$\lambda_2^2 = \lambda_3^2 = \frac{1}{\lambda_1} \qquad (4.106)$$

等双轴向拉伸实验有：

$$\lambda_3 = \frac{1}{\lambda_1^2} = \frac{1}{\lambda_2^2} \qquad (4.107)$$

依据 ASTMD412 标准实验方法，用橡胶试验机（Byes2005，5000N，700mm）进行实验，最后曲线拟合得到 $C_1 = 0.112$，$C_2 = 0.019$。

对整个气囊进行积分，得到其对应的应变能函数为：

$$E = \int W \mathrm{d}v = \int_0^d \int_0^b \int_0^a C_1 (I_1 - 3) + C_2 (I_1 - 3)^2 \mathrm{d}x \mathrm{d}y \mathrm{d}z \qquad (4.108)$$

$$I_1 = \mathrm{tr} \left[\left(\boldsymbol{I} + \frac{\partial u}{\partial (x, y, z)} \right) \left(\boldsymbol{I} + \frac{\partial u}{\partial (x, y, z)} \right)^{\mathrm{T}} \right] \qquad (4.109)$$

$$u = (u_x, u_y, u_z) \qquad (4.110)$$

式中 v——单个气囊壁的体积；

$\boldsymbol{I}$——3×3 的单位矩阵；

u——气囊膨胀壁的位移；

a——气囊内腔的高度；

b——气囊内腔的宽度；

d——气囊壁厚度。

现以一个气囊作为研究对象来分析驱动器的变形特性，进而得出驱动器设计的合适尺寸。图 4.32 是两个气囊的横截面简图，设 h 是气囊膨胀壁的最大位移，o 作为坐标原点设在单个气囊的正中心，y 方向为气囊壁的膨胀方向。仅对单个气囊研究而言，在充气膨胀过程中，气囊壁上任意一点向 y 方向移动而 x 坐标和 z 坐标保持不变，y 位移可以表示为：$hf\left(\dfrac{2z}{a}\right)f\left(\dfrac{2x}{b}\right)$，$f(\tau)$ 为待定的单调递减函数。则气囊膨胀壁上任意一点的位移可以表示为：

$$(u_x,u_y,u_z)=\left[0,hf\left(\frac{2z}{a}\right)f\left(\frac{2x}{b}\right),0\right] \tag{4.111}$$

根据以上公式可得应变能：

$$E=4C_2\left[A_0A_1\left(\frac{a^2}{b^2}+\frac{b^2}{a^2}\right)+2C^2\right]\frac{h^2d}{ab}+4C_1B_0B_1\left(\frac{a}{b}+\frac{b}{a}\right)h^2d \tag{4.112}$$

式中 A_0，A_1，B_0，B_1，C——常数，由函数 $f(\tau)$ 决定，且：

$$\begin{cases}
A_0=\displaystyle\int_0^1\left[f(\tau)\right]^4\mathrm{d}\tau\\[2mm]
A_1=\displaystyle\int_0^1\left[f'(\tau)\right]^4\mathrm{d}\tau\\[2mm]
B_0=\displaystyle\int_0^1\left[f(\tau)\right]^2\mathrm{d}\tau\\[2mm]
B_1=\displaystyle\int_0^1\left[f'(\tau)\right]^2\mathrm{d}\tau\\[2mm]
C=\displaystyle\int_0^1\left[f(\tau)\right]^2\left[f'(\tau)\right]^2\mathrm{d}\tau
\end{cases} \tag{4.113}$$

$f(\tau)$ 是单调函数，函数的范围在 $0\sim1$ 之间，且 $f(\tau)$ 满足以下的限定条件：

$$f(0)=1,f(1)=0,f(0)'=0 \tag{4.114}$$

为了简化方程，本书设定单调递减函数为满足以上限定条件的最简函数：

$$f(\tau)=1-\tau^2 \tag{4.115}$$

将 A_0、A_1、B_0、B_1 以及 C 代入公式（4.113），可以得到应变能 E。

根据虚功原理可以得到气腔的压力 P 与气囊膨胀壁上任意一点的位移 h 的函数关系。式（4.116）左侧是气囊膨胀壁的应变能等于右侧气压在驱动器纵向 y 轴方向的做功。

$$\frac{\mathrm{d}E(h)}{\mathrm{d}h}\delta h=P\frac{\mathrm{d}V(h)}{\mathrm{d}h}\delta h \tag{4.116}$$

$$V(h)=hab\int_0^1 f(x)\mathrm{d}x \tag{4.117}$$

式中 $V(h)$——气囊内部增加的体积。

根据式（4.112）~式（4.117），可以得到气囊内部压强 P 与气囊膨胀壁位移量 h 之间的函数关系式（4.118），其对应的曲线如图 4.33 所示

$$P=\left[0.2340\left(\frac{a^2}{b^2}+\frac{b^2}{a^2}+0.0334\right)\right]\frac{h^3d}{a^2b^2} \tag{4.118}$$

从图 4.33 曲线可以看出，气囊壁的膨胀量随着气囊内部压强增加而增加，且

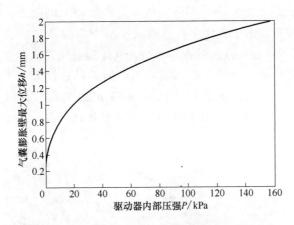

图 4.33 驱动器内部压强与气囊壁最大位移函数曲线

随着气囊内压强增加，曲线斜率逐渐降低，气囊的膨胀速度减慢。

设计分析的目的是让气囊在较小的内腔压力下获得较大的变形。根据式 (4.118)，在同等内腔压强下，减少气囊膨胀壁厚度 d 有利于提高气囊的变形量。然而，受到材料强度的影响，减少壁厚会降低驱动器的强度，同样，太小的壁厚会受到制作精度的影响不易实现。最终我们选择厚度 2mm，满足一定的变形要求。

同样，由式（4.118）可以得出增加高度 a 和宽度 b 能提升气囊在相同压强下的变形量，但是增加宽度和高度对驱动器整体的质量和外形尺寸影响较大，为了控制驱动器的整体质量和外形大小，最终选择高度尺寸为 12mm，宽度尺寸为 20mm。

每个气囊的变形叠加在一起引起驱动器的变形，减小每个气囊间的间距 k 有利于整个驱动器的变形，考虑到模具 3D 打印精度的影响，选取间距为 1mm。最终设计驱动器的尺寸如表 4.3 所示。

表 4.3　软体驱动器气囊参数

参数	数值	参数	数值
气囊内腔高度 a	12mm	气囊间距 k	1mm
气囊内腔宽度 b	20mm	一个驱动器气囊数量	11
气囊壁厚 d	2mm		

(3) 软体驱动器的材料选择

软体驱动器的材料对于驱动器的形变有着至关重要的影响，不同的材料适用于不同的软体驱动器。目前使用较为广泛的硅橡胶有 Dragon Skin 20、Ecoflex 00-30 等。Dragon Skin 20 的邵氏硬度为 20A，固化后的 Dragon Skin 弹性佳、强韧、不收缩，经过多次拉伸扭曲也不会撕裂。Ecoflex 00-30 是超级柔软的铂催化硅橡胶，具有 900% 的伸长率，邵氏硬度为 00-30。

对于制作软体爬行机器人，两种硅橡胶各有优缺点。相比 Dragon Skin 20，

Ecoflex 00-30 固化后更为柔软，在低气压下能产生较大的变形，但是耐气压强度有限，负载能力较差。由于软体爬行机器人机身上需要负载机载控制板，Ecoflex 00-30 负载能力有限，在负载机载控制板后，软体爬行机器人的变形受到影响，具体表现在：软体爬行机器人的底板偏离标准的圆弧形态，影响了机器人的运动性能。因此我们选用固化后硬度较大的 Dragon Skin 20 硅橡胶，制作流程如图 4.34 所示。图 4.35 是由 Dragon Skin 20 制作的单个软体执行器。

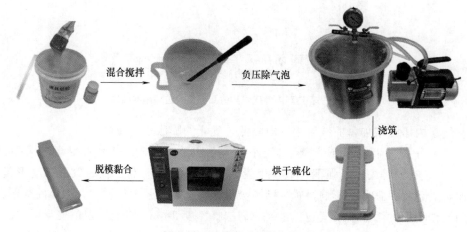

图 4.34　软体驱动器制作流程

图 4.35　软体执行器

4.2.2　软体驱动器的变形建模

软体驱动器的变形建模是软体爬行机器人运动分析的基础，为软体爬行机器人的控制提供了理论依据。由于驱动器的弯曲速度直接影响机器人的爬行速度，本节的目的是找到充气时间与软体驱动器弯曲角度之间的关系，为了简化计算，假设在弯曲过程中驱动器底板保持标准的圆弧形态，在充、放气过程中气囊内部温度保持不变。

(1) 气囊膨胀与软体驱动器弯曲角度模型

在未充气状态下，软体驱动器的纵向长度为

$$L=(f+2d)N+(N-1)k \tag{4.119}$$

式中　f——气囊内腔纵向宽度；

N——一个软体驱动器中包含的气囊个数。

充气后软体驱动器膨胀壁接触点连成的最大弧长为：

$$L_1=(R+c+a/2)\alpha \tag{4.120}$$

$$L = R\alpha \tag{4.121}$$

式中 R——软体驱动器充气后，底板圆弧的半径；

c——底板上层的厚度，$c = 2\text{mm}$。

在充气后原始的驱动器由直线变成了弧线，每个膨胀后的气囊壁与气囊壁相接触，多个接触点连成一条近似的弧线。驱动器膨胀壁接触点连成的圆弧长度为：

$$L_1 = L + 2(N-1)h - (N-1)k \tag{4.122}$$

由上述式（4.119）～式（4.122）可以得到驱动器的弯曲角度 α 与气囊膨胀壁的位移 h 之间的函数关系式：

$$\alpha = \frac{2(h-k/2)(N-1)}{c+\alpha/2} \tag{4.123}$$

图 4.36 是气囊膨胀壁的最大位移与驱动器弯曲角度间的关系，从图 4.36 可以看出，在满足假设条件下两者呈线性关系，软体驱动器的弯曲角度随着气囊壁的膨胀而增大。

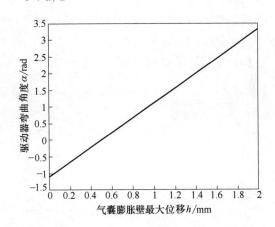

图 4.36 气囊壁最大位移与软体驱动器弯曲角度曲线

（2）充气时间与气囊内部压强模型

由于气囊内部可以当作是独立且封闭的空间，本节使用理想气体状态方程来求取气囊内部气压与气囊内部气体摩尔量之间的关系。由于充气泵设定为恒流量充气，充气时间与气囊内气体物质的量成正比，进一步可以推导出气囊内部压强与充气时间之间的关系。

在整个充、放气过程中，每个气囊内部气压相同，由理想气体状态方程：

$$PV = nRT \tag{4.124}$$

$$V = b\left[\frac{\theta\alpha^2}{4\left(\sin\frac{\theta}{2}\right)^2} - \frac{\alpha^2}{2\tan\frac{\theta}{2}} + af\right] \tag{4.125}$$

$$n = n_0 + \frac{qt}{V_{\text{m}}} \tag{4.126}$$

式中 θ——气囊的弯曲弧度；

V——一个气囊内部的体积；

n——气体的物质的量；

n_0——在未充气的状态下气囊内部气体物质的量；

t——充气时间；

V_m——气体的摩尔体积，在常温（20℃）下为24L/mol；

q——泵的充气流量，本实验采用的流量为30L/min；

R——理想气体常数，$R=8.314J/(K·mol)$；

T——开氏温度，在零度下为273.15℃。

根据公式（4.124）～公式（4.126），可以得到充气时间与气囊内部压强间的关系，根据公式（4.119）～公式（4.123）可以得到气囊内部压强与软体驱动器弯曲角度间的关系。根据以上各公式，利用Matlab的拟合功能化简函数，最终得到充气时间与软体驱动器弯曲角度之间的函数关系$\alpha=g(t)$。

图4.37是充气时间与驱动器弯曲角度之间的关系曲线，图中虚线为实验数据，实线为理论数据。由图4.37可见，随着充气时间的增加，驱动器的弯曲角度增加，且曲线斜率逐渐降低，驱动器弯曲角度增加速度减慢，充气时间在0.5s内理论数据和实验数据的误差较为平稳。

（3）软体驱动器的制备和实验研究

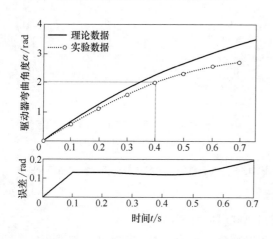

图4.37 软体驱动器弯曲角度与充气时间曲线

由图4.35可见，软体驱动器由多气囊结构和底板构成，其中底板是由上、中、下层合成。底板的上层和下层均采用和气囊相同的硅橡胶（Dragon Skin 20）制作而成，底板的中间层采用的是不可延展材料（纸张），嵌于上层硅胶和下层硅胶之间，目的是让整个底板柔性、可以弯曲，但是不能伸展。当气囊充气膨胀后，底板不会随着气囊的膨胀而膨胀，多气囊结构的膨胀驱使底板弯曲，最终驱使软体驱动器弯曲。

为了验证软体驱动器的弯曲性能，对软体驱动器进行充气弯曲实验，在实验过程中用Matlab采集软体驱动器的弯曲角度和气囊内压力。本实验使用了弯曲传感器Flex4.5″（Sparkfun公司）和气压传感器XGZP6847200KP（压力范围0～0.2MPa）。

图4.38（a）是Flex4.5″弯曲传感器，本质上该传感器是一个可变电阻，呈高阻抗状态，在平直状态下电阻为10kΩ，电阻阻值随弯曲角度的增加而增加，弯曲阻值的变化范围为60～110kΩ。由于弯曲传感器Flex4.5″的具体参数未知，需要用到现有的运算放大电路模块进行标定［图4.38（b）］。为了得到上位机接收到的电压信号与弯曲传感器的弯曲角度关系，本书利用3D打印技术打印出不同曲率的弯曲传感器嵌套模具，如图4.38（c）所示，该模具中部留有凹槽用于插入弯曲传感

器，使弯曲传感器固定在该曲率下。通过多次实验将弯曲传感器的各个曲率与放大电路模块的各个电压进行对应，以此得到曲率

$$k = \frac{0.1227}{u} - 0.04331 \tag{4.127}$$

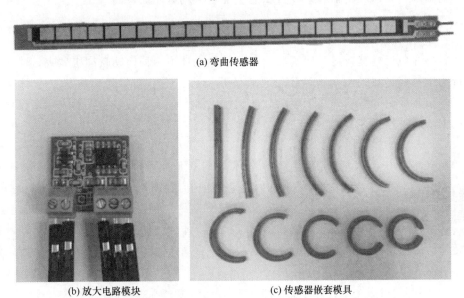

(a) 弯曲传感器

(b) 放大电路模块　　　　　　　(c) 传感器嵌套模具

图 4.38 软体执行器实验装置

利用气泵、电磁阀、控制板、弯曲传感器、气压传感器、上位机以及软体驱动器等搭建实验平台，将弯曲传感器贴在软体驱动器的底板下，弯曲传感器随着驱动器的弯曲而产生相应的弯曲，获取实验数据，如图 4.39 所示。

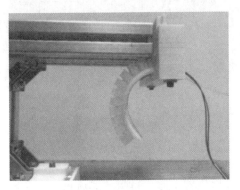
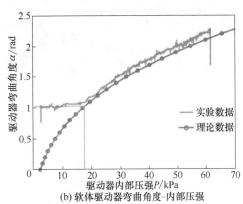

(a) 软体驱动器弯曲实验装置　　　　(b) 软体驱动器弯曲角度-内部压强

图 4.39 软体执行器弯曲实验

从实验中可以看出，随着气压的升高，驱动器的弯曲角度也逐渐增加，图 4.39（b）为在充气状态下气压与弯曲角度之间的关系，图中实验数据和理论数

据具有较小的误差。随着气囊内部气压的增加，执行器的弯曲角度增速变慢。内部气压很低的情况下（0~18kPa），软体驱动器保持在 1 弧度的弯曲角度，与理论情况差距较大，从图 4.39（a）的实验平台可以看出，该 1 弧度左右的弯曲角度来自重力的影响，软体驱动器在未充气状态下受重力的影响而弯曲。

4.2.3 差动式气压驱动软体爬行机器人

本书在仿尺蠖爬行运动的基础上创新性地设计了一种差动软体机器人，并仿照爬行类生物前进波式运动，基于差动软体机器人，进一步设计出多模块软体机器人。本章节介绍的差动式气压驱动软体爬行机器人包括差动软体机器人和多模块软体机器人两种构型。

（1）差动软体机器人

在自然界中，尺蠖利用自己的身体与前后脚间的协调运动实现爬行。如图 4.40（a）所示，当尺蠖身体弯曲时，它的前脚当作锚勾住地面，让后脚和身体的重心前移；当尺蠖身体伸张时，它将后脚作为锚，勾住地面，让前脚松开地面，伴随着身体的伸展，重心继续前移。基于尺蠖身体的一伸一缩，完成爬行运动。在尺蠖爬行运动的启发下，本章节在上章节软体驱动器的基础上设计了前、后脚，使软体机器人可以完成直线爬行运动。

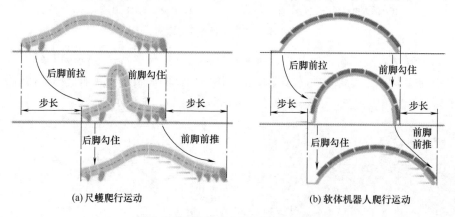

(a) 尺蠖爬行运动   (b) 软体机器人爬行运动

图 4.40 软体机器人爬行运动示意图

从图 4.40（b）中可以看出，软体驱动器作为软体机器人身体的主要部分，当驱动器充气弯曲时，软体机器人弯曲；当驱动器放气伸展时，软体机器人伸展。在软体驱动器的基础上添加了前后脚，由于前后脚作为摩擦片与驱动器底板间的角度不同，软体机器人在弯曲过程中前脚摩擦片与地面完全接触，锚住地面；后脚与地面只有线性接触，摩擦较小。由于前脚摩擦力大于后脚摩擦力，软体机器人重心前移。同样，在软体机器人放气伸展的过程中，随着底板的变形，前后脚与地面的相对位置也随之改变。在软体机器人伸展过程中，软体机器人后脚与地面完全接触，锚住地面；前脚变成和地面线性接触，前脚摩擦力小于后脚摩擦力，外力差使软体机器人的重心进一步前移，完成了一个直线运动的周期。从图 4.40 可以看出，机器人直线爬行一个周期，前进了一个步长。

由以上软体驱动器组成的气动软体机器人只能实现直线运动，由于自然界中动物几乎是左右对称的结构，本书将两个软体驱动器并联放置在同一块底板上面设计了一种新颖的差动软体机器人，如图 4.41 所示。差动软体机器人是由两个多气囊结构、前脚、后脚以及底板组成。两边软体驱动器充气量的不同可以使差动软体机器人实现差速运动，当左侧驱动器充气量大于右侧时，差动软体机器人可以进行右转弯，反之则进行左转弯，当两侧充气量相同时，差动软体机器人进行直线运动。为了减少差动软体机器人的充气时间，提高运动速度，通常情况下机器人采用单侧充气的方法，通过控制单侧充气量的大小来实现差速运动。

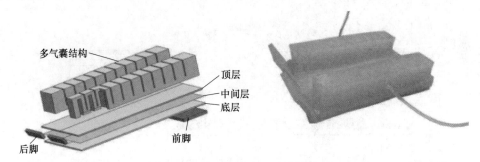

图 4.41 差动软体机器人三维结构图

(2) 多模块软体机器人

在生物界中，许多生物（蚯蚓、蛇等）根据身体变形产生类似于前进波的运动模式，仿照这种运动模式，本节在差动软体机器人的基础上将三个差动软体机器人的主体部分进行串联，设计出一种新颖的多模块软体机器人。如图 4.42 所示，多模块软体机器人的主体部分由六个气动软体驱动器（构成了模块 1、模块 2、模块 3）、底板以及后脚组成。

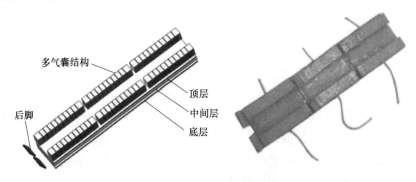

图 4.42 多模块软体机器人的结构

多模块软体机器人是利用类似前进波的模式前进，软体驱动器从后往前依次充、放气，每传送一个波即运动一个周期。多模块软体机器人的直线运动如图 4.43 所示，尾部驱动器在第一阶段充气，然后中间驱动器充气，同时尾部驱动器放气，最终头部驱动器再进行充气、放气，这样，多模块软体机器人将一个前进波由尾部传到头部。

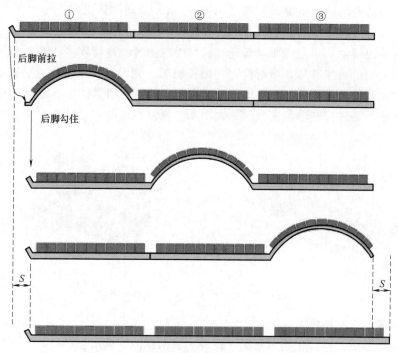

图 4.43　多模块软体机器人的直线运动示意图

多模块软体机器人前后脚的设计：在第一步充气（尾部模块①充气）过程中，模块②与模块③在重力的作用下贴近地面，提供了足够的摩擦力，所以多模块软体机器人不再需要前脚来锚住地面。在多模块软体机器人运动的第一步，尾部模块①最先充气，此时模块②和模块③受重力的影响保持位移不变，模块①重心前移。在波形由模块①传送到模块②的过程中，需要由后脚锚住地面，保持后脚的位移不变，在波形传送的同时将位移量由后传送到前。后脚与底板的角度设计同差动软体机器人类似。理想情况下，在第一个充气阶段，后脚向前跨的步长为机器人一个周期下的移动距离 S，该距离等于最后一个放气阶段模块③的头部移动距离。

多模块软体机器人转弯过程的运动序列与直线运动相似，也是依靠波形的传递，只是软体机器人左右两侧以不同的充气量进行传递。同差动软体机器人一样，多模块软体机器人也能进行差速运动，在转弯运动过程中，机器人向充气量小的一侧偏转。通常为了减少充气时间，提高转弯效率，多模块软体机器人同样采用单侧充气的方式，通过控制单侧充气量的大小达到差速的目的。在转弯过程中，单侧的驱动器以类前进波的形式传递波形，每传递一个波形即完成一个转弯运动周期。

4.2.4 差动式气压驱动软体爬行机器人运动建模

(1) 差动软体机器人的运动

差动软体机器人的结构简单，为了简化运动模型，假设每个驱动器底部在充、放气过程中是标准的圆弧，则差动软体机器人的运动研究即可简化为两段并联圆弧的运动研究。差动软体机器人的运动研究包括直线运动研究和转弯运动研究。

① 差动软体机器人的直线运动分析　由前面的分析可以得到软体驱动器的弯曲角度与时间的关系式：$\alpha = g(t)$，差动软体机器人直线运动过程中，两个驱动器的充气量相同，弯曲角度相同。图 4.44 是差动软体机器人直线运动简图，将固定坐标系原点 o 固定在工作台上面，运动坐标系原点 o' 建立在机器人的尾部中点位置。以此来研究差动软体机器人所在位置姿态的变换。由于两个驱动器以相同的角度弯曲，差动软体机器人的底板可以近似为标准的圆弧状弯曲，机器人在一个直线运动周期下前进距离为 S。

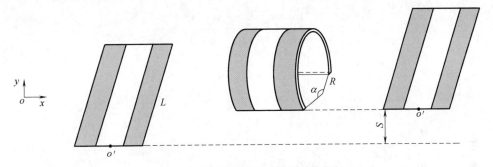

图 4.44　差动软体机器人直线运动简图

差动软体机器人的运动可以分为两个过程：充气过程以及放气过程。从图4.44 中可以得到机器人在充气过程中驱动器弯曲角度与机器人一个周期 T 下运动距离的关系：

$$S = L - 2\frac{L}{\alpha}\sin\frac{\alpha}{2} \tag{4.128}$$

式中，L 为差动软体机器人底板的长度。

由于在直线运动中两个驱动器弯曲角度相同，即 $\alpha_1 = \alpha_2 = g(t)$，可得：

$$S(t) = L - 2\frac{L}{\alpha g(t)}\sin\frac{g(t)}{2} \tag{4.129}$$

在一个运动周期内，机器人尾部坐标系位移与时间的关系为：

$$\begin{cases} S(t) = L - 2\dfrac{L}{\alpha g(t)}\sin\dfrac{g(t)}{2}, & t \leqslant t' \\ \quad S(t) = S, & t' < t \leqslant T \end{cases} \tag{4.130}$$

根据一个直线运动周期的运动距离可以得到机器人尾端中点移动坐标的位置：

$$\begin{cases} x_1(t)=x_0 \\ y_1(t)=y_0+S(t) \end{cases} \tag{4.131}$$

② 差动软体机器人的转弯运动分析　在转弯运动过程中，差动软体机器人底板的变形是一个复杂的过程，根据差动软体机器人的转弯实验，为了简化分析，将较大弯曲量的驱动器（图 4.45 中左侧驱动器）在充气过程中近似为 yoz 平面上的运动，在此假设下左侧驱动器在 yox 平面上无偏转。图 4.45 是差动软体机器人右转弯运动简图，移动坐标系 o' 的原点建立在机器人尾部的中点。图 4.45（a）是差动软体机器人的初始状态，图 4.45（b）是驱动器充气后的状态，左右两侧驱动器的弯曲角度分别为 α_1 与 α_2，且 α_1 大于 α_2，图 4.45（c）是机器人左右两侧驱动弯曲后在平面上的投影简图，投影步长分别为 L_1 和 L_2，图 4.45（d）是一个转弯周期后的位置。差动软体机器人在一个转弯周期下的转弯角度为 φ，满足如下的关系：

$$\begin{cases} B\cos\varphi+L_2\sin\beta=B \\ B\sin\varphi+L_1=L_2\cos\beta \\ L_1=2\dfrac{L}{\alpha_1}\sin\dfrac{\alpha_1}{2} \\ L_2=2\dfrac{L}{\alpha_2}\sin\dfrac{\alpha_2}{2} \end{cases} \tag{4.132}$$

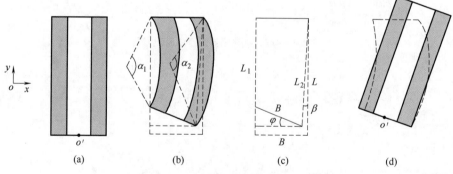

图 4.45　差动软体机器人右转弯运动简图

在转弯过程中，两个软体驱动器的弯曲角度由各自的充气时间决定，在此转弯模型下：$t_1 > t_2$。可以得到：

$$\alpha_1=g(t_1),\alpha_2=g(t_2) \tag{4.133}$$

在放气阶段，两个软体驱动器同时放气，由于充气阶段两个软体驱动器充气时间不同，充气时间短的驱动器等待充气时间长的驱动器充气完成后再同时放气，可得：

$$\begin{cases} L_1(t) = 2\dfrac{L}{\alpha_1}\sin\dfrac{g(t)}{2}, t \leqslant t_1 \\[2mm] L_2(t) = 2\dfrac{L}{\alpha_2}\sin\dfrac{g(t)}{2}, t \leqslant t_2 \\[2mm] L_2(t) = 2\dfrac{L}{\alpha_2}\sin\dfrac{g(t_2)}{2}, t_2 \leqslant t \leqslant t_1 \end{cases} \tag{4.134}$$

差动软体机器人一个转弯运动周期为 T，根据运动后偏转的角度和距离可以得到差动软体机器人在充气过程中的位置 (x_1, y_1)：

$$\begin{cases} x_1(t) = x_0 + \dfrac{B}{2}\cos\varphi(t) - \dfrac{B}{2} \\[2mm] y_1(t) = y_0 + L - \dfrac{B}{2}\sin\varphi(t) - L_1(t) \end{cases} \tag{4.135}$$

式中　L_1, L_2——左右两个驱动器充气后底边在底板上投影的长度；

　　　　B——机器人底板的宽度；

　　　　β——机器人在充气状态下机器人侧边偏转角度。

图 4.46 是差动软体机器人直线运动的理论数据和实验数据，理论数据和实验数据的误差较小，但是存在持续增加的趋势，这是由于在实验过程中，差动软体机器人在放气阶段后脚有略微的滑动，每个周期的滑动导致了和理论数据间的累积误差。

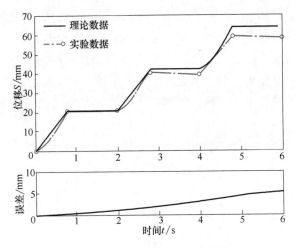

图 4.46　差动软体机器人直线运动数据曲线

图 4.47 是差动软体机器人转弯运动的理论数据和实验数据，在实验曲线中可以看出，在转弯运动过程中，差动软体机器人后脚在放气阶段具有较大的滑动，以致转弯角度在放气后得到减少。理论数据与实验数据的误差主要来自理论模型忽略了放气阶段的滑动。

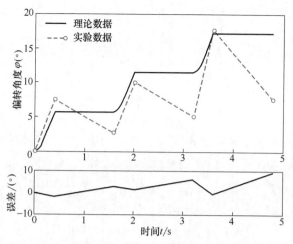

图 4.47 差动软体机器人转弯运动数据曲线

③ 差动软体机器人的有限元分析 差动软体机器人的转弯运动是一个复杂的过程，一侧软体驱动器的充气弯曲会通过底板带动另一侧软体驱动器的弯曲，两侧软体驱动器弯曲角度的影响涉及底板的材料属性，因此，本节通过有限元仿真来模拟差动软体机器人的转弯变形特性，而得到机器人在一个转弯周期下的转弯角度。

在有限元仿真中，设置差动软体机器人为单驱动器充气，模拟该软体机器人右转弯的情况。设定气囊内的相对气压为 50kPa，添加模拟环境下的重力，并且在软体机器人前端设置好约束，可以得到图 4.48 所示的分析结果。图中将差动软体机器人充气前与充气后的状态进行对比，点 M 和点 N 是机器人在未充气变形情况下底板前端中点与末端中点的位置，点 N' 是底板末端中点在充气变形后的位置。通过有限元仿真，可以得到模型上两点的坐标和位移，进而得出差动软体机器人仿真的转弯结果。通过仿真可以得到，差动软体机器人在充气压强为 50kPa 的情况下，转弯角度为 3.9°。

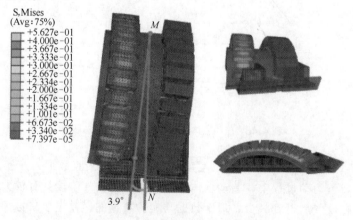

图 4.48 差动软体机器人有限元仿真

(2) 多模块软体机器人的波形运动

不同于差动软体机器人，多模块软体机器人具有较多的驱动器，运动分析更为复杂。本节采用了连续体机器人的分段常曲率研究方法。为了简化计算，假设多模块软体机器人的每个驱动器在放气过程中是标准的圆弧，将多模块软体机器人的运动研究简化为多段圆弧的协同运动研究。下面分别对三模块软体机器人和六模块软体机器人进行运动建模。

① 三模块软体机器人运动建模　三模块软体机器人的运动分析简图如图 4.49 所示，图中①～⑥代表了三模块软体机器人从后到前的 6 个驱动器。为了分析多模块软体机器人，本书为机器人设置了固定坐标系和移动坐标系，其中固定坐标系 o 设置在固定的工作台上，移动坐标系 o' 设立在机器人的尾部，用于确认机器人在运动过程中的位置和姿态。为了简化分析，我们将机器人在运动过程中与地面接触简化为点接触，每个模块提供 4 点接触，三模块软体机器人一共提供了与地面的 8 点接触。

根据每个软体驱动器的弯曲角度 α_i $(i=1,2,\cdots,12)$，可以得到三模块软体机器人与地面每个接触点的正压力：

$$n_i = n_i(\alpha_1,\alpha_2,\cdots,\alpha_{12}),i=1,2,\cdots,8 \tag{4.136}$$

$$\alpha_i = g(t_i),i=1,2,\cdots,6 \tag{4.137}$$

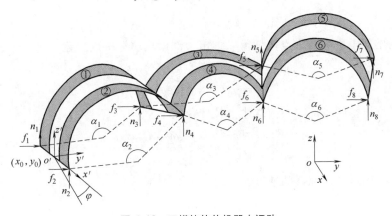

图 4.49 三模块软体机器人运动

根据库仑摩擦定律，可以得到在每个接触点的摩擦力

$$f_i = -\mu n_i \frac{\boldsymbol{v}_i}{\|\boldsymbol{v}_i\|},i=1,2,\cdots,8 \tag{4.138}$$

式中　μ——软体机器人和地面的摩擦因数；

　　　$\boldsymbol{v}_i$——每个接触点的滑动速度矢量，$i=1,2,\cdots,8$。

三模块软体机器人与地面的每个接触点的滑动速度可以表示为：

$$v_i = v_i(x_0,y_0,\varphi,\alpha,\alpha_1,\alpha_2,\cdots,\alpha_6,\dot{x}_0,\dot{y}_0,\dot{\alpha},\dot{\alpha}_1,\dot{\alpha}_2,\cdots,\dot{\alpha}_6) \tag{4.139}$$

$$i = 1, 2, \cdots, 8$$

$$\dot{\alpha}_i = \dot{g}(t_i), i = 1, 2, \cdots, 6 \tag{4.140}$$

式中　x_0，y_0——移动坐标系相对于固定坐标系的初始位置；

　　　　φ——运动坐标系沿着 z 轴的旋转角度。

三模块软体机器人在前进过程中克服摩擦力做功为：

$$w_f = -\sum_{i=1}^{8} f_i v_i = \sum_{i=1}^{8} \mu n_i \| v_i \| \tag{4.141}$$

为了最小化摩擦力做功：

$$\min_{\dot{x}_0, \dot{y}_0, \dot{\alpha}} w_f \tag{4.142}$$

运动坐标系（x_0，y_0）的位置为：

$$\begin{cases} x_0 = x_0(\alpha_1, \alpha_2, \cdots, \alpha_6) \\ y_0 = y_0(\alpha_1, \alpha_2, \cdots, \alpha_6) \\ \varphi = \varphi(\alpha_1, \alpha_2, \cdots, \alpha_6) \end{cases} \tag{4.143}$$

根据运动坐标系的位置以及模块间每个端点的位置可以得到每个软体模块头部位置，尾部模块的前端中点位置为：

$$\begin{cases} x_1 = x_1(x_0, y_0, \alpha_1, \alpha_3, \varphi) \\ y_1 = y_1(x_0, y_0, \alpha_1, \alpha_3, \varphi) \end{cases} \tag{4.144}$$

根据尾部模块前端中点位置可以推出中部模块前端中点位置：

$$\begin{cases} x_2 = x_2(x_1, y_1, \alpha_3, \alpha_4, \varphi) \\ y_2 = y_2(x_1, y_1, \alpha_3, \alpha_4, \varphi) \end{cases} \tag{4.145}$$

同理可以得到头部模块前端中点位置：

$$\begin{cases} x_3 = x_3(x_2, y_2, \alpha_5, \alpha_6, \varphi) \\ y_3 = y_3(x_2, y_2, \alpha_5, \alpha_6, \varphi) \end{cases} \tag{4.146}$$

可以得到运动坐标系的速度：

$$\dot{x}_0 = \dot{x}_0(x_0, y_0, \alpha, \alpha_1, \alpha_2, \cdots, \alpha_{12}, \dot{\alpha}, \dot{\alpha}_1, \dot{\alpha}_2, \cdots, \dot{\alpha}_{12}) \tag{4.147}$$

$$\dot{y}_0 = \dot{y}_0(x_0, y_0, \alpha, \alpha_1, \alpha_2, \cdots, \alpha_{12}, \dot{\alpha}_1, \dot{\alpha}_2, \cdots, \dot{\alpha}_{12}) \tag{4.148}$$

$$\dot{\varphi} = \dot{\varphi}(x_0, y_0, \alpha, \alpha_1, \alpha_2, \cdots, \alpha_{12}, \dot{\alpha}_1, \dot{\alpha}_2, \cdots, \dot{\alpha}_{12}) \tag{4.149}$$

由此可以建立状态空间模型：

状态变量：

$$\boldsymbol{x} = (x_0, y_0, \alpha)^{\mathrm{T}} \tag{4.150}$$

输入变量：

$$\boldsymbol{u} = (\alpha_1, \alpha_2, \cdots, \alpha_{12}, \dot{\alpha}, \dot{\alpha}_1, \dot{\alpha}_2, \cdots, \dot{\alpha}_{12})^{\mathrm{T}} \tag{4.151}$$

系统的状态方程为：

$$\dot{\boldsymbol{x}} = \dot{\boldsymbol{x}}[\boldsymbol{x}, \boldsymbol{u}(t)] \tag{4.152}$$

式中 $\boldsymbol{u}(t)$——驱动器的弯曲角度 α_i 和弯曲角速度 $\dot{\alpha}_i$ 与时间的关系。

在多模块软体机器人的类前进波传递过程中波幅保持不变，即在运动过程中各个驱动器在最大弯曲角度时满足：

$$\begin{cases} \max(\alpha_1) = \max(\alpha_3) = \max(\alpha_5) \\ \max(\alpha_2) = \max(\alpha_4) = \max(\alpha_6) \end{cases} \tag{4.153}$$

② 六模块软体机器人运动建模

a. 动态位置关系建模　六模块软体机器人运动简图如图 4.50 所示，图中Ⅰ、Ⅱ、…、Ⅵ分别代表六个软体模块，六模块软体机器人一共有 12 个软体驱动器。图中设置了固定坐标系 $o\text{-}xyz$ 和地面相接，移动坐标系 $o'\text{-}x'y'z'$ 在模块Ⅰ上，o' 位于尾部模块后边中点上，并以尾部模块的姿态和位置作为六模块软体机器人的参考。为了简化，将机器人的质量根据机器人形态的变化分布到机器人前后边的两端处，机器人和地面一共有 14 个接触点。六模块软体机器人在移动过程中克服滑动摩擦力做功，因此在分析中建立最小化摩擦力做功的优化函数来了解前进波传递过程中机器人的运动过程。

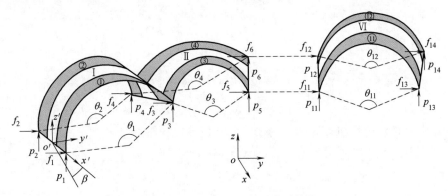

图 4.50　六模块软体机器人运动简图

在控制前进波传递的过程中，需要对每个软体驱动器施加驱动信号，以驱动器的弯曲角度 $\theta_i(i=1,2,\cdots,12)$ 为输入

$$\theta_i = k(t), \quad i = 1, 2, \cdots, 12 \tag{4.154}$$

软体模块弯曲变化的角速度为：

$$\dot{\theta}_i = \dot{k}(t) \tag{4.155}$$

软体驱动器充气后软体模块形态发生改变，则每个接触点与地面之间的正压力也会发生变化，可以表示为：

$$p_i = p_i(\theta_1, \theta_2, \cdots, \theta_{12}), \quad i = 1, 2, \cdots, 14 \tag{4.156}$$

假设移动坐标系在固定坐标系中的位置为 (x_0, y_0, β_0)，将机器人接触点在

固定坐标系中 xoy 平面内的速度矢量表示为 $\boldsymbol{v}_i$，其中

$$\boldsymbol{v}_i = v_i(x_0, y_0, \beta, \theta_1, \theta_2, \cdots, \theta_{12}, \dot{x}_0, \dot{y}_0, \dot{\theta}_1, \dot{\theta}_2, \cdots, \dot{\theta}_{12}), i = 1, 2, \cdots, 14$$
$$(4.157)$$

假设硅胶材料和地面之间的摩擦因数为 μ，那么每个接触点的摩擦力为：

$$f_i = \mu p_i \frac{-v_i}{\parallel v_i \parallel}, i = 1, 2, \cdots, 14 \tag{4.158}$$

运动过程中摩擦力做功为：

$$\boldsymbol{Q}_f = -\sum_{i=1}^{14} f_i v_i = \sum_{i=1}^{14} \mu p_i \parallel v_i \parallel \tag{4.159}$$

滑动摩擦力做功最小模型进行优化求解：

$$\min_{x_0, y_0, \beta_0} \boldsymbol{Q}_f \tag{4.160}$$

软体机器人运动过程中位置和姿态变化可以表示为：

$$\begin{cases} x_0 = x_0(\theta_1, \theta_2, \cdots, \theta_{12}) \\ y_0 = y_0(\theta_1, \theta_2, \cdots, \theta_{12}) \\ \beta_0 = \beta_0(\theta_1, \theta_2, \cdots, \theta_{12}) \end{cases} \tag{4.161}$$

软体机器人的速度变化可以表示为：

$$\begin{cases} \dot{x}_0 = \dot{x}_0(x_0, y_0, \beta, \theta_1, \theta_2, \cdots, \theta_{12}, \dot{\theta}_1, \dot{\theta}_2, \cdots, \dot{\theta}_{12}) \\ \dot{y}_0 = \dot{y}_0(x_0, y_0, \beta, \theta_1, \theta_2, \cdots, \theta_{12}, \dot{\theta}_1, \dot{\theta}_2, \cdots, \dot{\theta}_{12}) \\ \dot{\beta}_0 = \dot{\beta}_0(x_0, y_0, \beta, \theta_1, \theta_2, \cdots, \theta_{12}, \dot{\theta}_1, \dot{\theta}_2, \cdots, \dot{\theta}_{12}) \end{cases} \tag{4.162}$$

建立六模块软体机器人运动的状态空间模型，状态变量为：

$$\boldsymbol{x} = (x_0, y_0, \beta) \tag{4.163}$$

输入变量为：

$$k(t) = (\theta_1, \theta_2, \cdots, \theta_{12}, \dot{\theta}_1, \dot{\theta}_2, \cdots, \dot{\theta}_{12}) \tag{4.164}$$

运动的状态方程为：

$$\dot{\boldsymbol{x}} = \dot{\boldsymbol{x}}[\boldsymbol{x}, k(t)] \tag{4.165}$$

其中 $\boldsymbol{u}(t)$ 通过系统输入 $\theta = k(t)$ 和 $\dot{\theta} = \dot{k}(t)$ 得出。

b. 运动仿真　在 Matlab 软件中建立上述状态空间模型的仿真模型，实现六模块软体机器人的直线运动和转向运动，图 4.51 所示为六模块软体机器人的直线运动仿真过程，机器人的各个软体模块的两个软体驱动器均采用同一气压驱动。图 4.51（a）为机器人运动开始前的初始位置，图 4.51（b）为软体机器人尾部模块 1 完成充气，即将向下一个模块 2 传递前进波，图 4.51（c）中可以看出，在模块 2 的拉动下，前进波从尾部模块 1 向模块 2 传递。当一个前进波完成一个周期的传递后，机器人所处的位置 [图 4.51（d）] 和初始位置不同，实现了前进运动，一个周

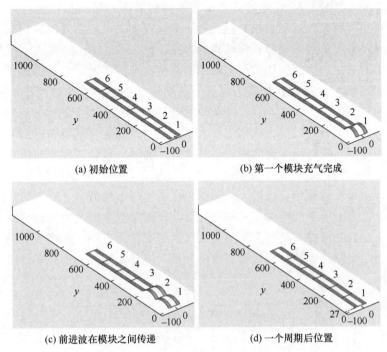

(a) 初始位置   (b) 第一个模块充气完成

(c) 前进波在模块之间传递   (d) 一个周期后位置

图 4.51 六模块软体机器人直线运动仿真

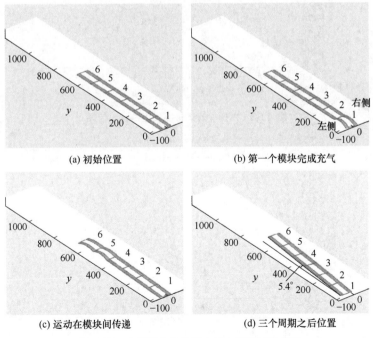

(a) 初始位置   (b) 第一个模块完成充气

(c) 运动在模块间传递   (d) 三个周期之后位置

图 4.52 六模块软体机器人转向运动过程仿真

期前进了 27mm。图 4.52 描述的是六模块软体机器人的转向运动过程。当机器人各软体模块左右两侧的运动量相差越大时，软体机器人可以实现的转角越大，因此在转向运动时采用单侧驱动器充气驱动的方式，图 4.52（b）中模块 1 的左侧的驱动器获得了前进波，按照模块编号递增的顺序依次向前传递，直到传递到头部模块 6，由图 4.52（d）可见，在机器人进行了三个周期的前进波传递之后，六模块软体机器人向右侧偏转了 5.4°，即一个周期可使机器人发生 1.7° 的偏转运动。

依据仿真结果，可以得出软体机器人的位姿（即固定在机器人尾部模块上的移动坐标系的位姿）随时间变化的曲线，直线运动和转向运动的实验和仿真结果分别展示在图 4.53 和图 4.54 中。图中显示仿真结果和实验结果误差较小。从图 4.54 可以看出，在每个周期中，机器人的转向角度产生一个峰值，之后再回归到实际的转向角度，这是由于尾部模块 1 单侧充气时会使模块产生很大的偏转角度，但是由于尾部模块 1 的摩擦力不足以及单侧充气气囊的支撑力有限，机器人的尾部模块 1 会发生滑动，当模块 1 的左侧气囊完成放气后，机器人的转向角会恢复到一个周期的转角大小。

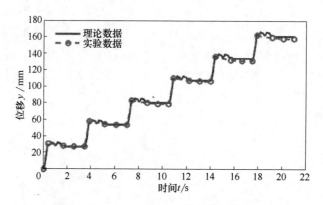

图 4.53 六模块软体机器人直线运动结果

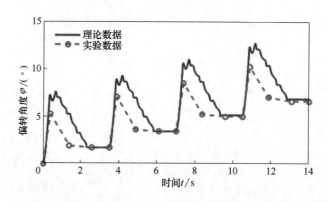

图 4.54 六模块软体机器人转向运动结果

4.3 小结

第 4 章介绍了软体机器人的运动建模。软体机器人的运动方式分为两大类，一是 SMA 变形驱动运动，二是充气变形驱动运动。SMA 变形驱动运动中针对本课题组开发的 SMA 变形驱动环形软体机器人的运动机理进行了深入的阐述，对于充气变形驱动运动，介绍了 fPN 驱动器（快气囊驱动器）的运动机理，针对本课题组的创新研究成果，详细分析了差动软体机器人直线和转向运动建模及多模块软体机器人的运动建模，并完成了仿真和实验。

第 **5** 章

软体机器人的控制

本章主要介绍软体机器人的控制原理及其控制系统设计方法，并引入了一些具体案例去分析这些方法。软体机器人的控制方法主要包括 PID 控制、神经网络控制、模糊控制等基本控制方法，及其相互组合的自适应模糊 PID 控制、神经网络 PID 控制、模糊神经网络控制等复杂控制方法，本章先详细介绍这些控制方法的原理，随后介绍两种软体机器人控制系统的设计实例，分别是差动式气压驱动软体爬行机器人（包含差动软体机器人和多模块软体机器人）和 SMA 驱动环形机器人，详细介绍它们的控制系统设计、控制方法及相应的实验以检验控制效果。

5.1 控制系统

控制系统是软体机器人的大脑，控制系统设计得合理与否直接决定着软体机器人能否正常运动，本节将对软体机器人控制系统的设计原理做简要介绍。

5.1.1 气动控制系统设计

对于气动软体机器人，其气路的有效控制是实现软体机器人运动控制的关键。通常气路控制包括以下几个部分：气源切换系统、管道系统、调压系统、用气点等。不同的气路根据不同的功能和使用场景通常不尽相同。中国科学技术大学的郑俊君为气动静压软体机器人设计了如图 5.1 所示的气路控制系统，主要由气泵、真空发生器、继电器模块和无线模块等组成。上位机发送控制信息，机器人通过无线模块对控制信息进行分析并解码后，由控制中心产生 PWM 控制信号，对继电器模块的开合进行控制。继电器模块的开合实现对气泵以及真空发生器的控制，从而实现对机器人多单元的控制，驱使机器人产生驱动力，实现运动。另外，控制中心通过读取传感器的反馈信息，对环境变量进行采集，从而依据不同的环境情况采用不同的控制策略。

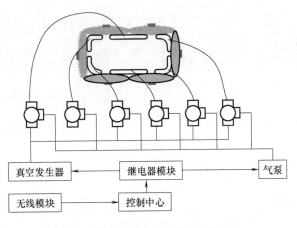

图 5.1 软体机器人气路控制系统结构

5.1.2 电动控制系统设计

不同于气动软体机器人，有些软体机器人，如形状记忆合金驱动软体机器人和线驱动软体机器人不使用气体对机器人进行控制，因而没有气路控制部分。上海交通大学的邓韬设计了线驱动手术机器人的控制系统（图 5.2），主要包括上位机和底层的控制板，上位机主要接收来自输入设备的操作指令和手术机器人反馈的信息。

图 5.2 手术机器人控制系统

上位机接收的操作指令将转化为电机的位置与速度指令，下发给底层控制器；手术机器人反馈的信息，如图像信息、舵机状态信息等，将通过人机交互界面实时显示，供操作者观察。底层控制器主要接收上位机下发的电机指令，并将其按照各自通信协议下发给对应的电机，如图 5.3 所示。

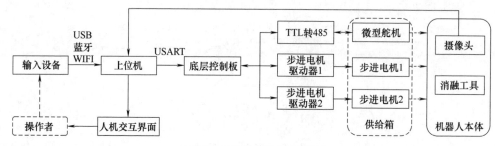

图 5.3 手术机器人控制框架

5.2 控制方法

经过多年的发展，刚体机器人的控制方法已经非常成熟，在经济允许的范围内，刚体机器人的控制能够做到稳、准、快及高鲁棒性。随着软体机器人理论的不断完善，很多刚体机器人的控制方法可以应用到软体机器人上。本节将介绍一些应用于软体机器人上的控制方法及应用实例。

5.2.1 PID 控制

PID 控制是当前工业界应用最为广泛的控制算法之一，具有控制稳定、方便可靠、结构相对简单等特点。PID 发展至今已经相当成熟，广泛应用于刚体机器人的控制系统中。PID 之所以能够被广泛运用，得益于其简单有效的控制思想，即便使用 PID 控制以外的其他控制方式，也通常包含着 PID 控制中的控制思想。具体算法为调节 P（比例）、I（积分）、D（微分）三项系数，通过调节这三个系数，能够获得很好的闭环调节性能和控制效果。比例系数直接反映输入和输出误差的线性关系，比例系数越大，误差对输入的影响越大；积分常数纠正误差的累计效果；微分常数根据误差变化快慢修改输入。如图 5.4 所示。

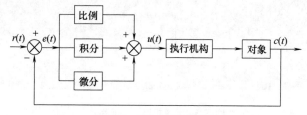

图 5.4 PID 控制原理图

(1) 位置式 PID 控制算法

通用的 PID 算法公式为：

$$u(t) = K_p \left[e(t) + \frac{T}{T_i} \int_0^t e(t) \, dt + \frac{T_d}{T} \times \frac{de(t)}{dt} \right] \tag{5.1}$$

式中，$u(t)$ 为控制系统的输出；$e(t)$ 为控制系统的输入，一般为参考量和被控量的差，即 $e(t)=r(t)-c(t)$；K_p 为控制器的比例系数；T_i 为控制器的积分时间；T_d 为控制系统的微分时间；T 为控制系统的采样周期。

离散化公式：

$$u(k)=K_p\left\{e(k)+\frac{T}{T_i}\sum_{i=0}^{k}e(i)+\frac{T_d}{T}[e(k)-e(k-1)]\right\} \qquad (5.2)$$

由上式可以看出，位置式 PID 控制算法，执行器的动作位置与其输入信号呈一一对应的关系，比例部分只与当前的偏差有关，而积分部分则是系统过去所有偏差的累积。控制器根据第 k 次被控变量采样结果与设定值之间的偏差 $e(k)$ 计算出第 k 次采样之后所输出的控制变量。

位置式 PID 控制算法的不足：采样的输出量和以前的任何状态都有关联，运算时要用累加器累计 $e(k)$ 的量，计算量非常大；在系统出现错误的情况下，容易使系统失控，积分饱和。

(2) 增量式 PID 控制算法

增量式 PID 控制算法，即输出量为控制量的增量 $[\Delta u(k)=u(k)-u(k-1)]$ 的控制算法。算法在应用时，输出的控制量 $\Delta u(k)$ 相对的是本次实行设备的位置增量，并非相对实行设备的现实位置，所以该算法需要实行设备对控制量增量进行累积，才能实现对被控系统的控制。增量式 PID 更加容易使用编程语言进行编程实现，也可以使用逻辑电路实现。

增量式 PID 控制算法的离散化公式为：

$$u(k-1)=K_p\left\{e(k-1)+\frac{T}{T_i}\sum_{i=0}^{k-1}e(i)+\frac{T_d}{T}[e(k-1)-e(k-2)]\right\} \quad (5.3)$$

$$\Delta u(k)=K_p\left\{e(k)-e(k-1)+\frac{T}{T_i}e(k)+\frac{T_d}{T}[e(k)-2e(k-1)+e(k-1)]\right\}$$

$$=Ae(k)-Be(k-1)+Ce(k-2) \qquad (5.4)$$

上式中：

$$A=K_p\left(1+\frac{T}{T_i}+\frac{T_d}{T}\right)$$

$$B=K_p\left(1+\frac{2T_d}{T}\right)$$

$$C=\frac{K_p T_d}{T}$$

A、B、C 是和系统的采样频率、比例系数、积分参数、微分参数有关的系数。

由上式可以看出，增量式 PID 算法没有累加环节，计算量相对较小，控制增量 $\Delta u(k)$ 与系统最近的三次采样值有关，计算机每次只输出控制增量，即对应执行机构位置的变化量，故机器发生故障的影响范围小。当控制从手动向自动切换时，可以做到无扰动切换。

增量式 PID 无积分作用，适用于执行机构带积分部件的对象，如步进电机等。而位置式 PID 控制适用于执行机构不带积分部件的对象，如电液伺服阀。位置式的缺点是积分饱和，也就是当控制量已经达到最大时，误差仍然在积分作用下累积，一旦误差开始反向变化，则系统需要较长时间从那个饱和区退出。当 $u(k)$ 达到最大和最小时，需要停止积分作用，否则进入饱和时，则难以对误差的变化有快速的反应。增量式 PID 可以消除这个问题。

从上述内容可以看出，PID 控制的主要难点在于比例系数、积分系数、微分系数三个系数的选择。三个系数通过调节得到，可以大大减小系统的稳态误差，加快系统响应时间，提高控制系统的准确性，使系统性能优良。在实际应用中，通常采用实验试错法进行调节。可以根据控制器的参数与系统动态性能和稳态性能之间的定性关系，用实验的方法来调节控制器的参数。有经验的调试人员一般可以较快地得到较为满意的调试结果。在调试中最重要的问题是在系统性能不令人满意时，知道应该调节哪一个参数，该参数应该增大还是减小。为了减少需要整定的参数，首先可以采用 PID 控制器。为了保证系统的安全，在调试开始时应设置比较保守的参数，例如比例系数不要太大，积分时间不要太小，以避免出现系统不稳定或超调量过大的异常情况。给出一个阶跃给定信号，根据被控量的输出波形可以获得系统性能的信息，例如超调量和调节时间。应根据 PID 参数与系统性能的关系，反复调节 PID 的参数。如果阶跃响应的超调量太大，经过多次振荡才能稳定或者根本不稳定，应减小比例系数、增大积分时间。如果阶跃响应没有超调量，但是被控量上升过于缓慢，过渡过程时间太长，应按相反的方向调整参数。如果消除误差的速度较慢，可以适当减少积分时间，增强积分作用。反复调节比例系数和积分时间，如果超调量仍然较大，可以加入微分控制，微分时间从零逐渐增大，反复调节控制器的比例、积分和微分部分的参数。总之，PID 参数的调试是一个综合的、各参数互相影响的过程，实际调试过程中的多次尝试是非常重要的，也是必需的。本书后面章节将会介绍自适应 PID，其能够有效地减小 PID 参数整定困难的问题。

(3) PID 控制技术在软体机器人中的应用

PID 控制的最大特点在于它直接调整输入和输出误差之间的关系，而不用了解被控对象的模型参数，即将被控对象作为"黑箱"进行控制。由于 PID 控制不需要具体的被控对象模型，所以对于模型不容易建立的软体机器人而言是比较适用的。但是，PID 参数的整定过程却是漫长而艰辛的，想要优化 PID 参数使得控制效果较好并不容易。虽然 PID 本身不需要被控对象模型，但是如果知道具体的被控对象模型，参数整定的过程可以变得比较简单。

如图 5.5 所示的是一种利用气压驱动的软体驱动器，要对它进行定量的建模比较困难。使用 PID 控制可以避开建模的过程，但是整定参数也不容易。因此，在实际控制的过程中，先根据简单的控制结果辨识系统的模型，再利用辨识得到的模型进行 PID 参数的优化。

辨识的对象是输入的气压值和输出的弯曲角度，根据实验过程的气压和弯曲角度的对应关系和变化规律可以辨识所需要的模型。辨识的结果表明：一个二阶系统更加符合实际模型的响应结果，因此可以确定用一个二阶模型替代辨识的模型，如图 5.6 所示。

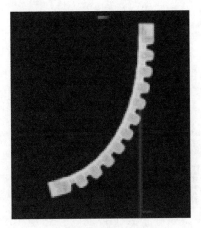

图 5.5 软体驱动器

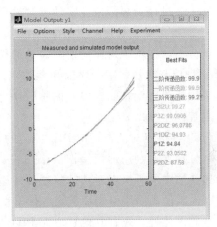

图 5.6 软体模型辨识

根据辨识到的模型可以进行 PID 参数的仿真优化，再运用到实际的软体机器人控制中。

为使 PID 的参数可以随着环境的变化而改变，诞生了很多变参数的 PID 控制方法。这些方法在一定程度上使控制器的适应性得到了提高，但是对于软体机器人这类多输入多输出的问题还是有一定的局限性。

(4) 自适应 PID 控制算法

自适应 PID 控制，是指自适应控制思想与常规 PID 控制器相结合形成的自适应 PID 控制或自校正 PID 控制技术，人们统称为自适应 PID 控制。在 PID 控制中，一个关键的问题便是 PID 参数的整定，传统的方法是在获取对象数学模型的基础上，根据某一整定原则来确定 PID 参数，然而在实际的工业过程控制中，许多被控过程机理较复杂，具有高度非线性、时变不确定性和纯滞后等特点。在噪声、负载扰动等因素的影响下，过程参数，甚至模型结构，均会发生变化。这就要求在 PID 控制中，不仅 PID 参数的整定不依赖于对象数学模型，并且 PID 参数能在线调整，以满足实时控制的要求。自适应 PID 控制是解决这一问题的有效途径。

自适应 PID 控制器可分为两大类：一类基于被控过程参数辨识，统称为参数自适应 PID 控制器；另一类基于被控过程中的某些特征参数，称为"非参数自适应 PID 控制器"。如果按控制器参数设计的原理来分，自适应 PID 控制器又可分为五大类，它们是：极点配置自适应 PID 控制器、相消原理自适应 PID 控制器、基于经验规则的自适应 PID 控制器、基于二次型性能指标的自适应控制器和智能或专家自适应 PID 控制器。

最常用的自适应控制算法有：最小方差自适应 PID 控制、极点配置自适应 PID 控制和零极点对消自适应 PID 控制。

① 最小方差自适应 PID 控制的基本思想是：在每个采样周期，以系统偏差的最小方差极小化为性能指标进行系统品质评价，通过引入在线辨识的最小二乘算法估计未知过程参数，依此来计算各采样时刻的自适应 PID 控制量 $u(t)$。

② 极点配置自适应 PID 控制的基本思想是：按照某种优化策略选择期望闭环极点分布，在每个采样周期，通过加权递推最小二乘法显式地估计过程参数，并结合 PID 控制规律，求得含未知参数 A、B 和 C 的系统闭环方程，然后利用系统特征多项式与期望特征多项式的恒等关系即可在线求得 PID 控制参数，进而求得各时刻控制器输出 $u(t)$。

③ 零极点对消自适应 PID 控制的基本思想是：当被控过程参数未知时，在每个采样周期，利用加权递推最小二乘算法显式地辨识过程模型，在以 PID 控制器传递函数中的零极点对消被控过程传递函数中的部分零极点，由此计算出各时刻的 PID 控制量，以使得闭环系统运行于良好的工作过程。

除上述外，还有其他自适应 PID 控制算法，如基于人工智能的自适应 PID 控制，已经成为如今控制领域研究的热点方向。

自适应控制一般基于状态方程的描述，因此无论数学模型是否是非线性的，都必须写出状态变量之间的约束条件，而这些条件是由实际系统的物理规律和几何参数决定的。这说明自适应控制通常还需要对被控对象建立本构方程，而本构方程的假设越符合实际情况，自适应控制的效果自然就会越好。因此，自适应控制器简化了参数整定环节，但使得设计和校验控制器模型变得复杂。

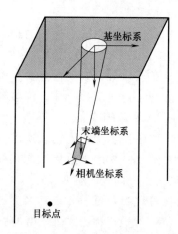

图 5.7　软体机械臂的基本结构

譬如，在对线驱动的软体机械臂末端进行视觉伺服控制时，就可以采用自适应控制的方法。图 5.7 显示了软体机械臂的基本结构，相机安装在软体机械臂的末端，通过相机所拍摄到的照片反馈目标点的信息构成反馈。

控制的目的是使得机械臂末端达到目标点，而输入的变量是线驱动的移动速度。在控制之前应该先对相机进行标定，使得二维相片上的像素可以映射到相机坐标系下的目标点控件坐标。而由于基坐标系和软体机械臂末端是柔性的，所以无法准确预知基坐标系下的机械臂末端坐标，因此该坐标主要通过线驱动状态变量的状态和相片上目标点的二维坐标来估计。这就是自适应环境的主要部分。

通过对软体机械臂的物理规律描述可以得到输出、状态和输入的关系，见式（5.5）。

$$\dot{q}(t) = -\boldsymbol{J}^{\mathrm{T}}(q(t))\hat{\boldsymbol{A}}^{\mathrm{T}}(y(t), q(t))K_1\Delta\boldsymbol{y}(t)$$
$$-\frac{1}{2}\boldsymbol{J}^{\mathrm{T}}(q(t))\hat{\boldsymbol{b}}^{\mathrm{T}}(q(t))\Delta\boldsymbol{y}^{\mathrm{T}}(t)K_1\Delta\boldsymbol{y}(t) \quad (5.5)$$

其中，等式左边表示输入的线速度，等式右边各项的意义阐释如下：

第一项表示图像反馈，其中 $\boldsymbol{J}$ 表示雅可比矩阵，K_1 为控制参数，已知目标点在基座坐标系下位置的估计值可计算与深度无关的图像雅可比矩阵的估计值 A。

第二项表示深度补偿，估计值 b 也可由位置估计值计算得到。

为了在线估计未知位置，依据 Slotine-Li 算法，可设计自适应率，见式（5.6）。

$$\hat{\boldsymbol{x}}(t) = -\boldsymbol{\gamma}^{-1}\boldsymbol{Y}^{\mathrm{T}}(y(t), q(t))\dot{q}(t) \quad (5.6)$$

其中，$\boldsymbol{\gamma}$ 是一个正定的增益矩阵；$\boldsymbol{Y}$ 是一个与未知位置无关的退化矩阵。在选定了自适应率后，再选择李雅普诺夫函数〔式（5.7）〕来验证控制器的稳定性。所选择的李雅普诺夫函数应该由输出的图像像素点误差和未知的基坐标系下目标点坐标估计误差两个变量构成函数。

$$V(t) = \frac{1}{2}\Delta\boldsymbol{y}^{\mathrm{T}}(t)K_1z(q(t))\Delta\boldsymbol{y}(t) + \frac{1}{2}\Delta^b\boldsymbol{x}^{\mathrm{T}}(t)\gamma\Delta^b\boldsymbol{x}(t) \quad (5.7)$$

通过计算可以得到李雅普诺夫函数满足正定和一阶导数负定的结果，因此控制器是稳定的，且输出误差和估计误差均会趋于 0。

按照上述自适应控制方法，采用视觉伺服，控制软体机械臂，在如图 5.8（a）的限制条件下，通过环境的辨识最终达到终点，如图 5.8（b）所示。

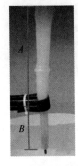 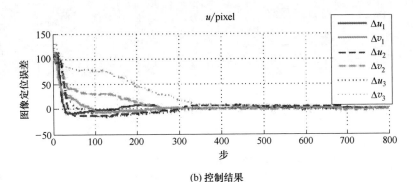

(a) 受限状态的机械臂   (b) 控制结果

图 5.8　机械臂进行视觉伺服

自适应控制方法具有较好的环境适应能力，但是其设计过程较为复杂，可供选择的自适应率相对有限。在某些场合下，控制性能提升还有待提高。

因此，对于软体机器人的控制方法，不论是经典的 PID 控制，还是有环境自适应能力的自适应控制，都有各自的难点和局限性。目前，对于软体机器人的控制方法还没有统一的结论指出哪一类控制方法更好，所以需要根据环境、工作任务和控制目标按照需求选择合适的控制方法。

5.2.2　神经网络控制算法

在很多年以前人类已经开始对生物大脑进行研究，经过长期的研究发现，大脑由 100 亿个生物神经元构成；每个生物神经元又与约 1 万～10 万个其他生物神经元相连接，从而构成一个庞大的三维空间的生物神经元网络。生物神经元不仅是组成大脑的基本单元，而且也是大脑进行信息处理的基础元件。生物神经元的结构如图 5.9 所示。对于神经元的研究由来已久，1904 年生物学家就已经知晓了神经元的组成结构。一个神经元通常具有多个树突，主要用来接受传入信息；而轴突只有一条，轴突尾端有许多轴突末梢可以给其他多个神经元传递信息。轴突末梢跟其他神经元的树突产生连接，从而传递信号。这个连接的位置在生物学上叫作"突触"。

人脑中的神经元形状可以用图 5.9 做简单的说明：

树突——细胞体向外延伸的树枝状纤维体，它是神经元接受输入信息的通道；轴突——细胞体向外延伸得最长、最粗的一条树枝状纤维体，它是神经元的输出通道；突触——位于轴突的末端，它是神经元的输入/输出接口。随着对生物神经元的研究，人类开始思考能否人工模拟人脑的结构及生物神经元结构，从而利用人工的方法模拟人脑的思维。所以 20 世纪 80 年代以来，人工神经网络的研究得到了人们的极大关注。

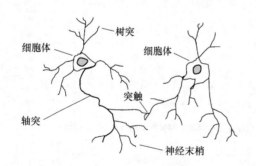

图 5.9　生物神经元的结构

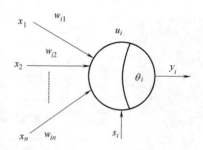

图 5.10　人工神经元模型

人工神经元模型是对生物神经元的简化和模拟，是人工神经网络的基本处理单元，结构如图 5.10 所示。一个人工神经网络的输入、输出关系为：

$$y_j = f(s_j) = f\left(\sum_{i=0}^{n} w_{ji} x_i\right) = f(\boldsymbol{W}_j \boldsymbol{X}) \tag{5.8}$$

式中，$\boldsymbol{X}$ 是神经元的输入向量；$\boldsymbol{W}_j$ 为第 j 个单元的连接权向量；f 为激活函数，常见的激活函数如图 5.11 所示，一般应是单调上升并且有界；y_j 为第 j 个神经元的输出。

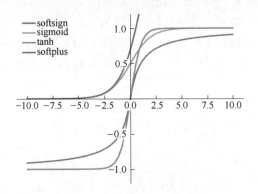

图 5.11　几种典型的激活函数

图 5.12 为一种典型的人工神经网络结构：多层感知机，每层神经元与下层神经元全互连，神经元之间不存在同层连接，也不存在跨层连接。这样的神经网络结构通常称为"多层前馈神经网络"。其中，输入层神经元接收外界输入，隐含层与输出层神经元对信号进行函数处理，最终结果由输出层神经元输出。神经网络的学习过程，就是根据训练数据来调整神经元之间的"连接权"以及每个功能神经元的阈值。

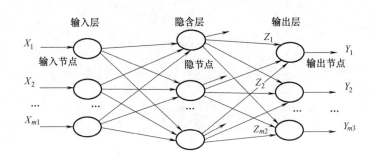

图 5.12　一种典型的人工神经网络结构

下面介绍一种经典的前馈神经网络：BP 网络。BP 是"back propagation"的缩写，是单向传播的多层前向网络，传统的神经网络一般采用 Sigmoid 型激活函数，现阶段在计算机视觉领域使用 Relu 激活函数的神经网络更多，可在任意希望的精度上实现任意的连续函数拟合。多层感知器的学习能力很强，误差逆传播算法是一种经典的神经网络训练算法，也是迄今为止最成功的学习算法。值得一提的是，现实任务中的大部分神经网络的训练算法都是在误差逆传播算法上的演变与改进。通常提到的"BP 网络"，一般是指用 BP 算法训练的多层前馈神经网络。

假设有个三层 BP 网络，设输入模式向量为 $\boldsymbol{A}_k = (a_1, a_2, \cdots, a_n)$，希望输出向量为 $\boldsymbol{Y}_k = (y_1, y_2, \cdots, y_q)$；中间层单元输入向量为 $\boldsymbol{S}_k = (s_1, s_2, \cdots, s_p)$，输出向量为 $\boldsymbol{B}_k = (b_1, b_2, \cdots, b_p)$；输出层单元输入向量为 $\boldsymbol{L}_k = (l_1, l_2, \cdots, l_q)$，输出向量为 $\boldsymbol{C}_k = (c_1, c_2, \cdots, c_q)$；输入层至中间层连接权为 $\{w_{ij}\}$，$i = 1, 2, \cdots, n, j = 1, 2, \cdots, p$；中间层至输出层连接权为 $\{v_{jt}\}$，$j = 1, 2, \cdots, p$，$t = 1, 2, \cdots, q$；中间层各单元输出阈值为 $\{\theta_j\}$，$j = 1, 2, \cdots, p$；输出层各单元输出阈值为 $\{r_t\}$，$t = 1, 2, \cdots, q, k = 1, 2, \cdots, m$。

设第 k 个学习模式网络希望输出与实际输出的偏差为：

$$\delta_t^k = (y_t^k - C_t^k), t = 1, 2, \cdots, q \tag{5.9}$$

δ_t^k 均方值为

$$E_k = \sum \frac{(y_t^k - C_t^k)^2}{2} = \sum (\delta_t^k)^2 / 2 \tag{5.10}$$

进而有：

$$\frac{\partial E_k}{\partial C_t^k} = -(y_t^k - C_t^k) = -\delta_t^k \tag{5.11}$$

$$L_t^k = \sum v_{jt} b_j - r_t, \quad t = 1, 2, \cdots, q \tag{5.12}$$

$$C_t^k = f(L_t^k), \quad t = 1, 2, \cdots, q \tag{5.13}$$

$$\frac{\partial C_t^k}{\partial v_{jt}} = \frac{\partial C_t^k}{\partial L_t^k} \frac{\partial L_t^k}{\partial v_{jt}} = f'(L_t^k) b_j = C_t^k (1 - C_t^k) b_j \tag{5.14}$$

$$t = 1, 2, \cdots, q; j = 1, 2, \cdots, p$$

则：

$$\frac{\partial E_k}{\partial v_{jt}} = \frac{\partial E_k}{\partial C_t^k} \frac{\partial C_t^k}{\partial v_{jt}} = -\delta_t^k C_t^k (1 - C_t^k) b_j \tag{5.15}$$

$$t = 1, 2, \cdots, q; j = 1, 2, \cdots, p$$

按照梯度下降原则，可得：

$$\Delta v_{jt} = -\alpha \left(\frac{\partial E}{\partial v_{jt}} \right) = \alpha \delta_t^k C_t^k (1 - C_t^k) b_j, 0 < \alpha < 1 \tag{5.16}$$

$$t = 1, 2, \cdots, q; j = 1, 2, \cdots, p$$

同理，可推导输入层至中间层连接权的调整量为：

$$\Delta w_{ij} = -\beta \frac{\partial E_k}{\partial w_{ij}} = -\beta \left(\sum \frac{\partial E_k}{\partial L_t^k} \frac{\partial L_t^k}{\partial b_j} \right) \frac{\partial b_j}{\partial s_j} \frac{\partial s_j}{\partial w_{ij}}$$

$$=\beta(\sum d_t^k v_{jt})b_j(1-b_j)a_i \tag{5.17}$$

$$t=1,2,\cdots,q;j=1,2,\cdots,p$$

设中间层各单元的一般化误差为：

$$e_j^k=(\sum d_t^k v_{jt})b_j(1-b_j) \tag{5.18}$$

$$j=1,2,\cdots,p;k=1,2,\cdots,m$$

所以得：

$$\Delta w_{ij}=\beta e_j^k a_i \tag{5.19}$$

$$i=1,2,\cdots,n;j=1,2,\cdots,p;k=1,2,\cdots,m$$

同理可推得各阈值的调整量为：

$$\Delta r_t=\alpha d_t^k,t=1,2,\cdots,q \tag{5.20}$$

$$\Delta\theta_j=\beta e_j^k,j=1,2,\cdots,p \tag{5.21}$$

网络的全局误差为：

$$E=\sum E_k=\sum\sum(\delta_t^k)^2/2 \tag{5.22}$$

注意：当各个连接权的调整量分别与各个学习模式对的误差函数 E_k 成比例变化时，则称这种方法为标准误差逆传播算法；当各个连接权的调整量分别按全局误差函数 E 来进行调整时，则称这种方法为累积误差逆传播算法。

实现步骤：

① 初始化。

② 随机选取模式对给网络。

③ 计算中间层各单元的输入 s_j；然后用 $\{s_j\}$ 通过 S 函数计算中间层各单元的输出 $\{b_j\}$。

$$s_j=\sum w_{ij}a_i-\theta_j,j=1,2,\cdots,p \tag{5.23}$$

$$b_j=f(s_j),j=1,2,\cdots,p \tag{5.24}$$

④ 用中间层的输出 $\{b_j\}$、连接权 $\{v_{jt}\}$ 和阈值 $\{\gamma_t\}$ 计算输出层各单元的输入 $\{L_t\}$，然后用 $\{L_t\}$ 通过 S 函数计算输出层各单元的响应 $\{C_t\}$。

⑤ 用希望输出模式 L_k、网络实际输出 $\{C_t\}$，计算输出层各单元的一般化误差 $\{d_t^k\}$。

⑥ 用连接权 $\{v_{jt}\}$、输出层的一般化误差 $\{d_t^k\}$、中间层的输出 $\{b_j\}$，计算中间层各单元的一般化误差 $\{e_j^k\}$。

⑦ 用输出层各单元的一般化误差 $\{d_t^k\}$、中间层的输出 $\{b_j\}$，修正连接权 $\{v_{jt}\}$ 和阈值 $\{\gamma_t\}$。

$$v_{jt}(N+1)=v_{jt}(N)+\alpha d_t^k b_j \qquad (5.25)$$

$$\gamma_{jt}(N+1)=\gamma_{jt}(N)+\alpha d_t^k \qquad (5.26)$$

⑧ 用中间层各单元的一般化误差 $\{e_j^k\}$、输入层各单元的输入 A_k，修正连接权 $\{w_{ij}\}$ 和阈值 $\{\theta_j\}$。

$$w_{ij}(N+1)=w_{ij}(N)+\beta e_j^k a_j \qquad (5.27)$$

$$\theta_j(N+1)=\theta_j(N)+\beta e_j^k \qquad (5.28)$$

⑨ 随机选取下一个学习模式给网络，返回到步骤③，直至 m 个模式对训练完毕。

⑩ 重新从 m 个模式对中随机选取一个学习模式对，返回到步骤③，直至全局误差函数 E 小于预先设定的一个极小值，则网络收敛，结束学习；或学习回数大于预先设定的值，则网络无法收敛，结束学习。

标准 BP 算法的缺陷主要有：学习效率低，收敛速度慢；易陷于局部极小状态；网络的泛化及适应能力较差。

改进的方法主要有：采用自适应调整的学习速率；采用变动量因子改善学习效果；引入新的学习算法。

(1) RBF 神经网络

软体机器人系统通常难以获得具体的模型，因此很多时候需要对软体机器人系统进行辨识，利用人工神经网络辨识是一个不错的选择。所谓系统辨识，就是在输入和输出数据的基础上，从一组给定的模型类中，确定一个与所测系统等价的模型。以上定义含有三个重要信息，即系统辨识与合适的模型集、合适的观测数据、合适的评价准则。利用人工神经网络辨识非线性动态系统，即指在知道系统模型结构的假设下，用人工神经网络代替模型中的非线性函数，然后根据辨识模型的输出和系统的输出来调整网络的参数，使网络的映射和对应的非线性函数相同。下面介绍如何利用 RBF 神经网络进行系统辨识。

RBF 神经网络是一种具有单隐层的三层前馈网络；能够模拟人脑的局部调整、相互覆盖的感受，是一种局部逼近的神经网络；能够以任意精度逼近任意连续函数；由输入到输出的映射是非线性的，而隐层到输出的映射是线性的（图 5.13）。

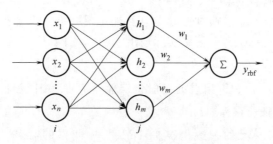

图 5.13 RBF 神经网络拓扑结构

在 RBF 神经网络中，$\boldsymbol{X}=[x_1,x_2,\cdots,x_n]^{\mathrm{T}}$ 为神经网络的输入向量，采用 3-6-1 的结构，则 $\boldsymbol{X}=[\Delta u(t),y(t),y(t-1)]^{\mathrm{T}}$，$\Delta u(t)$ 为 PID 输出增量，$y(t)$、$y(t-1)$ 为系统输出。

$\boldsymbol{H}=[h_1,h_2,\cdots,h_m]^{\mathrm{T}}$ 为网络的径向基向量，$\boldsymbol{W}=[w_1,w_2,\cdots,w_m]^{\mathrm{T}}$ 为网络的权向量，神经网络的输出为 $y_m(t)=w_1h_1+w_2h_2+\cdots+w_mh_m$。

根据梯度下降法，即可得到输出权值、节点中心以及节点基宽函数的迭代算法：

$$
\begin{aligned}
w_j(t)=&w_j(t-1)+\mu(y(t)-y_m(t))h_j+\\
&\alpha(w_j(t-1)-w_j(t-2))+\beta(w_j(t-2)-w_j(t-3))
\end{aligned}
\tag{5.29}
$$

$$
\begin{aligned}
b_j(t)=&b_j(t-1)+\mu(y(t)-y_m(t))h_jw_j\frac{\lVert X-C_j\rVert^2}{b_j^3}+\\
&\alpha(b_j(t-1)-b_j(t-2))+\beta(b_j(t-2)-b_j(t-3))
\end{aligned}
\tag{5.30}
$$

$$
\begin{aligned}
c_j(t)=&c_j(t-1)+\mu(y(t)-y_m(t))h_jw_j\frac{x_j-c_{ji}}{b_j^3}+\\
&\alpha(c_j(t-1)-c_j(t-2))+\beta(c_j(t-2)-c_j(t-3))
\end{aligned}
\tag{5.31}
$$

式中，μ 为 RBF 神经网络的学习速率；α、β 为动量因子。

根据迭代算法，就可以求出系统的雅可比矩阵：

$$
\frac{\partial y(t)}{\partial u(t)}\approx\frac{\partial y_m(t)}{\partial u(t)}=\sum_{j=1}^{m}w_jh_j\frac{c_{ji}-x_1}{b_j^2}
\tag{5.32}
$$

式中，x_1 为 $\Delta u(t)$。

至此，有了软体机器人系统的雅可比矩阵，就可以利用 PID 进行参数调节了。

对于仿章鱼软体机器人，在模仿章鱼触须的运动中，需要对不同环境下章鱼触须运动的模式进行切换。因此，通过位移和力觉传感器对环境进行感知，再将感知的参数和对应期望的运动模式一起输入网络训练，就可以得到简单的神经网络控制下的章鱼触须运动。图 5.14 显示了使用的网络，使用的网络为回声状态网络

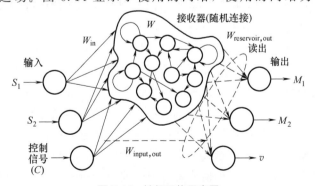

图 5.14　神经网络示意图

（Echo State Network），输入参数为传感器的读数和人为所给的控制信号，输出为电机轴的旋转方向和速度。

首先人为规定电机轴的旋转方向和速度，并使得软体触须感受环境反馈，将得到的一组组数据输入网络训练。训练之后的网络就会按照之前训练的模式，通过感受真实状态下的外部环境来切换控制所需的电机旋转方向和速度。

（2）卷积神经网络 CNN

卷积神经网络是一种多层神经网络，擅长处理大图像的机器学习问题。

卷积网络通过一系列方法，成功将数据量庞大的图像识别问题不断降维，最终使其能够被训练。CNN 最早由 Yann LeCun 提出并应用在手写字体识别上（MINST）。LeCun 提出的网络称为 LeNet，其网络结构如图 5.15 所示。

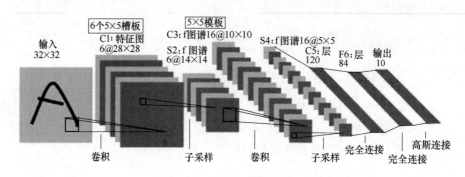

图 5.15　一种典型的卷积神经网络

这是一个最典型的卷积网络，由卷积层、池化层、全连接层组成。其中卷积层与池化层配合，组成多个卷积组，逐层提取特征，最终通过若干个全连接层完成分类。卷积层完成的操作，可以认为是受局部感受野概念的启发，而池化层，主要是为了降低数据维度。综合起来说，CNN 通过卷积来模拟特征区分，并且通过卷积的权值共享及池化，来降低网络参数的数量级，最后通过传统神经网络完成分类等任务。卷积神经网络相比于传统神经网络能够极大地减小计算量，并且对训练精度影响较小，因此广泛应用在机器视觉与图像识别领域，在软体机器人中也能有较好应用，下面将简要介绍卷积神经网络的原理。

卷积神经网络能够在计算机视觉中得到极为广泛的应用，其中一个原因在于它相比于传统分类方法能够极大地减小计算量。其概念最早由科学家于 19 世纪 60 年代提出，当时的科学家通过对猫的视觉皮层细胞研究发现，每一个视觉神经元只会处理一小块区域的视觉图像。前面提到的神经网络的每两层之间的所有节点都是有边相连的，所以被称为全连接层神经网络结构。使用全连接神经网络进行图像识别时的最大问题在于全连接层的参数太多，计算量巨大，参数增多除了导致计算机训练速度变慢，还会产生局部最小值或者过拟合问题，所以对于神经网络结构的改善势在必行，卷积神经网络应运而生。

在本书前文提到的一些软体机器人中，如软体章鱼机器人、软体移动机器人，随着研究深入需要加入视觉伺服控制，使得机器人能够在移动中对环境进行实时判断。卷积神经网络是一个很好的选择，因为它对于图像识别、场景分类有着极好的适应性与准确性，而软体机器人的工作环境通常是比较窄小的洞穴或者是其他刚体机器人难以通过的窄小环境，因为环境比较复杂，数据量比较大，卷积神经网络能够发挥它独到的作用。

对图像进行卷积操作，可以理解为有一个滑动窗口，把卷积核与对应的图像做乘积然后求和，也可以理解为使用一个过滤器来过滤图像上的各个小区域，从而得到这些小区域的特征值，就可以将一个 5×5 图像转换为一个 3×3 图像。卷积操作如图 5.16 所示。在实际训练过程中，卷积核的值也是需要通过学习得到的。假设输入层矩阵的维度为 $32\times32\times3$，过滤器大小为 5×5，深度为 16，那么这个卷积层需要训练的参数数量为 $5\times5\times3\times16+16=1216$ 个，比起之前提到的使用 500 个全连接层的 150 万的参数大大减小。而且卷积层的参数个数和图像大小无关，只和过滤器的尺寸、深度以及当前节点矩阵的深度有关，这使得卷积神经网络能够很好地拓展到更大的数据集上。

在完成了卷积运算后，数据量依然很大，为了降低运算量，就需要进行池化操作。池化运算如图 5.17 所示，原始矩阵大小为 20×20，对其采样，采样窗口为 10×10，最终将其采样为一个 2×2 大小的数据集。之所以能这么做，是因为即使减少了许多数据，特征的统计属性仍能够描述图像，而且由于降低了数据维度，有效地避免了过拟合情况的发生。

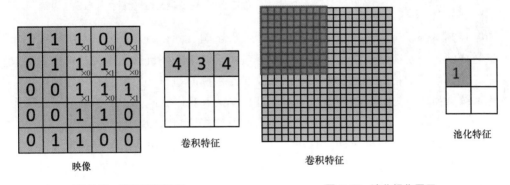

映像　　　　　　　　卷积特征　　　　　　　　卷积特征　　　　　　　池化特征

图 5.16　卷积操作图示　　　　　　**图 5.17**　池化操作图示

卷积神经网络的训练过程与传统神经网络相似，主要可以分为两个阶段：

第一阶段为前向传播阶段：任意取一个初始条件，从数据集中取一个样本 (X,Y_p)，将 X 输入网络，进行前向传播计算，计算一个实际输出 O_p。

第二阶段为反向传播阶段：计算实际输出 O_p 与期望输出 Y_p 之差，按照相应的训练方法进行训练，一般采用最小化误差训练法计算反向传播矩阵，具体过程这里不再赘述。

（3）神经网络控制

神经网络在控制系统中的作用有：充当系统的模型；直接用作控制器；在控制系统中起优化计算的作用。具有代表性的控制结构有：神经网络监督控制；神经网络直接逆动态控制；神经网络参数估计自适应控制；神经网络模型参考自适应控制；神经网络内模控制等。神经网络直接控制系统结构如图 5.18 所示，间接控制系统结构如图 5.19 所示，参数估计自适应控制系统结构如图 5.20 所示。

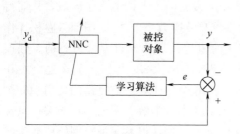

图 5.18 人工神经网络直接控制系统结构

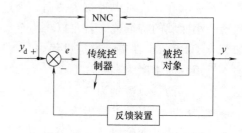

图 5.19 人工神经网络间接控制系统结构

利用人工神经网络控制的系统适合软体机器人系统，具有良好的自学习能力和自适应能力。

5.2.3 模糊控制

（1）简单模糊控制

在刚体机器人系统的控制过程

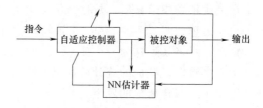

图 5.20 人工神经网络参数估计自适应控制

中，控制系统动态模式的精确与否对控制效果影响极大，通常来说，系统动态的信息越详细，则越能达到精确控制的目的。然而，对于软体机器人系统，由于变量太多，建立系统的精确模型较为困难，难以捕捉系统的动态。传统的控制理论对于明确系统有强而有力的控制能力，但对于过于复杂或难以精确描述的系统，则显得无能为力。因此人们便尝试着以模糊数学来处理这些控制问题。

模糊逻辑控制简称模糊控制，是以模糊集合论、模糊语言变量和模糊逻辑推理为基础的一种计算机数字控制技术。1965 年，美国的 L. A. Zadeh 创立了模糊集合论；1973 年，他给出了模糊逻辑控制的定义和相关的定理。1974 年，英国的 E. H. Mamdani 首次根据模糊控制语句组成模糊控制器，并将它应用于锅炉和蒸汽机的控制，获得了实验室的成功。这一开拓性的工作标志着模糊控制论的诞生。1975 年，L. A. Zadeh 教授给出了如下的语言变量定义：语言变量由一个五元体 $(N, U, T(N), G, M)$ 来表征，其中，N 是语言变量名称；U 是 N 的论域；$T(N)$ 是语言变量值 X 的集合；G 是语法规则；M 是语义规则。

从结构（图 5.21）可以看出：模糊控制系统是个负反馈控制系统；模糊控制

器采用的是双输入单输出结构；模糊控制器位于系统的前向通道上；模糊控制器的功能类似于传统 PD 控制器。模糊控制器由四个部分组成：知识库；模糊逻辑推理机；模糊化机；去模糊化机。下面对模糊控制器的原理及设计方法做简要介绍。

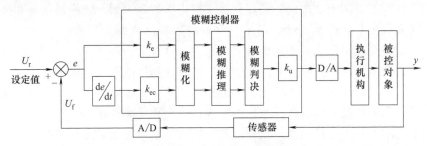

图 5.21　模糊控制结构图

模糊推理由三部分组成，分别是条件聚合、推断和累加。条件聚合是指计算控制率中每条规则条件的满足程度。推断是指依据条件的满足程度推算出单一规则输出的大小。累加是指求所有规则的输出累加，得到总的模糊输出。常用的模糊推理方法有最大最小法和最大乘积法（图 5.22）。

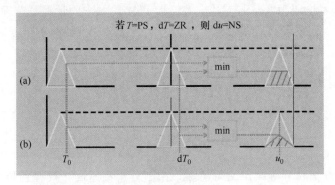

图 5.22　模糊推理图示

模糊控制器的去模糊化是指将由模糊推理得出的模糊输出转换为非模糊值输出。常见的非模糊化方法有两种：面积重心法、平均最大值法。

面积重心法：

$$CU^* = \int CU\mu_{CU}(cu)\mathrm{d}CU / \mu_{CU}(cu)\mathrm{d}CU \tag{5.33}$$

面积重心法的所有有效规则都体现在最终结果中；随着输入量的变化其输出过程呈连续变化；硬件实现复杂；输出不能覆盖整个输出范围。

平均最大值法：

$$CU^* = \frac{1}{N}\sum_{j}^{n} CU_{\max} \tag{5.34}$$

平均最大值法的所有具有最大满足度的规则都包括在结果中；有效规则非模糊

集的算术平均确定了非模糊输入；可以使用内插法；输出值与有效规则的满足度无关；在输入呈连续变化时，输出呈跳跃变化。

相对于传统控制器，模糊控制系统不需要被控对象的精确数学模型；快速性和鲁棒性等控制效果优于常规控制器；直接采用人类语言规则，使控制机理和控制策略易于理解和接受，控制器设计简单；可以将人类已有的知识和经验用于控制器中。因此，模糊控制系统对于软体机器人系统非常合适。

模糊控制器的设计步骤一般为：①选定模糊控制器的输入、输出变量；②确定输入、输出变量的语言值域及其相应的隶属度函数；③建立控制率；④模糊推理和去模糊化；⑤模糊控制器的软件与硬件实现；⑥优化模糊控制器。

系统的输入输出变量的选择比较困难，输入输出语言变量选择得过多，控制过程就复杂，实时性差；输入、输出语言变量选择过少，不易对复杂的过程进行有效的控制。根据模糊控制器的输入、输出变量的类型，可以把模糊控制器分为一维模糊控制器、二维模糊控制器和多维模糊控制器。

输入、输出语言变量选定以后，需要确定它们相应的论域。误差 E 的基本论域为 $[-e_{max}, +e_{max}]$，误差变化率 $\dot{E}$ 的基本论域为 $[-ec_{max}, +ec_{max}]$，输出控制量 U 的基本论域为 $[-u_{max}, +u_{max}]$。基本论域中的量都是精确量。

为了便于工程实现，通常把输入范围人为地定义成离散的若干等级。定义级数的多少取决于所需输入量的分辨率，一般情况下定义的级数为 3~9 级。输入输出语言变量的模糊语言名称可以用以下术语来表示，如"正大"（PL）、"正中"（PM）、"正小"（PS）、"零"（ZO）、"负小"（NS）、"负中"（NM）、"负大"（NL），可写作 {PL，PM，PS，ZO，NS，NM，NL} 7 个档次。其中字母含义分别为：P—positive、N—negative、L—large、M—middle、S—small、ZO—zero。输入、输出变量等级定义的多少决定了模糊控制精细化的程度，同时也决定了模糊控制规则的最大数目。等级定义得越多，控制分辨率越高，模糊控制规则数增加；减少等级数，模糊控制规则数减少，但控制分辨率降低。一般情况下，等级数目取6 或 7。

假如误差、误差变化率和控制量在对称区间的一半内分成的档数分别为：n、m、l，则误差语言变量 E 所取的模糊集合的论域为

$$E = \{-n, -n+1, \cdots, 0, \cdots, n-1, n\}$$

误差变化率语言变量 EC 所取的模糊集合的论域为：

$$EC = \{-m, -m+1, \cdots, 0, \cdots, m-1, m\}$$

输出控制量语言变量 U 所取的模糊集合的论域为：

$$U = \{-l, -l+1, \cdots, 0, \cdots, l-1, l\}$$

为了对输入量进行模糊化处理，必须把输入变量从基本论域转换到对应的语言变量模糊集论域，这就引入了量化因子的概念。误差和误差变化率的量化因子分别用以下两式确定：

$$k_e = \frac{n}{e_{\max}} \qquad\qquad (5.35)$$

$$k_{ec} = \frac{m}{ec_{\max}} \qquad\qquad (5.36)$$

输出控制量的量化因子由下式决定：

$$k_u = u_{\max}/l \qquad\qquad (5.37)$$

在实际工作中，精确输入量的范围一般不在对称区间范围内，如果其范围是在 $[a, b]$ 之间，则可以通过下式将精确量 x 转换为 $[-n, n]$ 对称区间内的离散量，即为：

$$y = 2n\left[x - \frac{a+b}{2}\right]/(b-a) \qquad\qquad (5.38)$$

在实际应用中，量化因子 k_e、k_{ec} 和比例因子 k_u 的选择是一个非常关键的问题，它们对模糊控制系统的动、静态特性有较大影响。

模糊语言值实际上是一个模糊子集，而语言值最终是通过隶属度函数来描述的。隶属度函数的定义方法通常有正态分布法和三角形公式表示法。图 5.23 为常见的隶属度函数形状，图 5.24 为隶属度函数的分布。

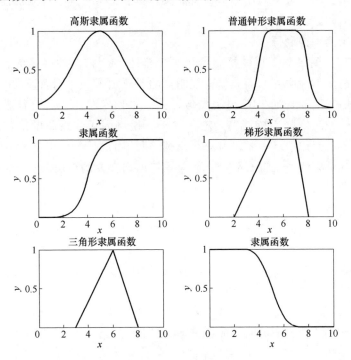

图 5.23 常见的隶属度函数形状

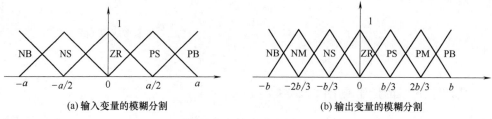

(a) 输入变量的模糊分割　　　　　　　(b) 输出变量的模糊分割

图 5.24　隶属度函数的分布

三角形公式法求隶属度数学公式如下：

$$u = \begin{cases} 1, x=b \\ 0, x \leqslant a, x \geqslant c \\ \dfrac{x-a}{b-a}, a<x<b \\ -\dfrac{x-c}{c-b}, b<x<c \end{cases} \tag{5.39}$$

定义隶属度函数时应注意：论域中的每一个元素属于至少一个隶属度函数的区域，同时它一般应该属于至多不超过两个隶属度函数的区域。对同一个输入变量值没有两个隶属度函数会同时有最大隶属度。当两个隶属度函数重叠时，重叠部分对两个隶属度函数的最大隶属度不应该有交叉，重叠部分任何点的隶属度函数和应该小于等于 1。

(2) 复杂模糊控制器

前面章节提到了简单模糊控制器相对于普通 PID 控制的诸多优点，但这种控制方法也有诸多不足之处。简单模糊控制器的量化因子、比例因子难以确定，这几个系数的整定方法和普通 PID 控制类似，主要采用实验法，有时很难整定出满意的结果。模糊控制规则不能调整，量化因子、比例因子、隶属度函数形状不能改变，难以对复杂变化的环境做出应对。模糊控制器的本质为 PD 控制，缺少积分环节，并不适合所有的系统，有时需要针对系统做出必要的结构调整。

复杂模糊控制器是将简单模糊控制器与其他线性控制器组合，或引入学习机制使简单模糊控制器的结构、规则或参数等能够在线调整的一类控制器。主要有混合模糊控制器、自组织模糊控制器、自适应模糊控制器。下面将对这几种复杂模糊控制器做简要介绍。

混合模糊控制器是将多个简单模糊控制器组合或与其他线性控制器组合在一起所形成的一类控制器。

图 5.25～图 5.27 展示了三种混合模糊控制器的设计结构。如图所示，第一种为几个模糊控制器串联而成的模糊控制器，第二种为模糊控制器与普通 PID 串联而成的控制器结构，第三种为简单模糊控制器和普通 PID 并联而成的控制器结构。

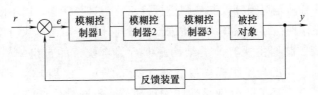

图 5.25 一种混合模糊控制器的结构（1）

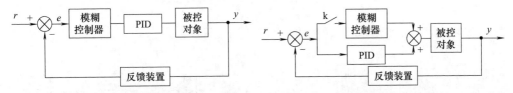

图 5.26 一种混合模糊控制器的结构（2）　　**图 5.27** 一种混合模糊控制器的结构（3）

混合模糊控制器的特点体现在：

① 简单模糊控制器与其他线性控制器的有机结合；

② 更能适应系统的复杂性和非线性；

③ 控制器的结构相对复杂。

现以图 5.27 所示的模糊控制器与 PID 并联混合的控制器为例，解析混合模糊控制器的设计方法与步骤。该混合模糊控制器的设计主要包括：PID 控制器的设计；简单模糊控制器的设计；切换开关 k 的设计。

该混合模糊控制器的控制输出为：

$$u = u_{\mathrm{PID}} + u_{\mathrm{F}} \tag{5.40}$$

PID 控制器的设计：

位移式：

$$u_{n\mathrm{PID}} = K_{\mathrm{p}}e_n + K_{\mathrm{I}}\sum e_n + K_{\mathrm{D}}(e_n - e_{n-1}) \tag{5.41}$$

增量式：

$$\Delta u_{n\mathrm{PID}} = K_{\mathrm{p}}(e_n - e_{n-1}) + K_{\mathrm{I}}e_n + K_{\mathrm{D}}(e_n - 2e_{n-1} + e_{n-2}) \tag{5.42}$$

简单模糊控制器的设计：对于简单模糊控制器的设计，该控制器为双输入单输出结构，重点是：语言变量的选择与分级；模糊规则的建立；模糊逻辑推理；去模糊化。

切换开关 k 的设计：当切换开关 k 断开时，该闭环控制系统的控制器仅为 PID 控制器；当切换开关 k 合上时，该闭环控制系统在 PID 控制器和模糊控制器的联合作用下得到更好的调节。此时，可以遵循下述的规则设计切换开关：当误差小于等于某个固定值，且误差变化率趋于零时，k 断开；否则，k 闭合。

(3) 自组织模糊控制器

何谓自组织模糊控制器？自组织，其含义为进化。自组织系统就是指可以自发地形成具有充分自组织性的有序结构。所谓自组织模糊控制器就是一种可进化的模糊控制器，它能够自动地对模糊控制规则进行修正、改进与完善，以不断提高控制系统的性能。其功能体现在：对系统的品质进行测量与评估；对系统执行模糊控制。

自组织模糊控制器主要有两类结构，即行为自校正的自组织模糊控制器（图5.28）和参数自整定的自组织模糊控制器（图5.29）。在结构上，都是在简单模糊控制器上增加了三个环节，分别是性能测量环节，控制量校正环节，控制规则修正环节或参数整定环节。

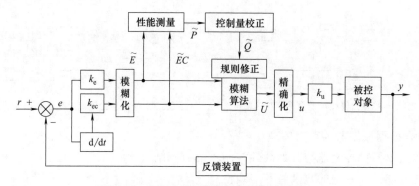

图 5.28　行为自校正的自组织模糊控制器结构

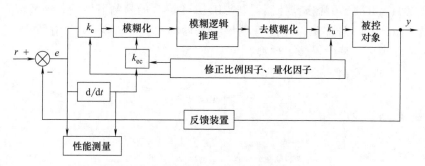

图 5.29　参数自整定的自组织模糊控制器结构

图 5.28 所示的行为自校正的自组织模糊控制器的设计方法如下：

① 性能测量　其目的就是通过对系统输出特性进行测量，并与设定值进行比较，以判断出系统运行的偏差。这里对于模糊控制而言，主要是得到偏差 E 及偏差变化率 EC，从而给出相应的控制校正量 P。

假设预期的输出为单位阶跃信号，即：

$$r(t) = \begin{cases} 1, t \geqslant 0 \\ 0, t < 0 \end{cases} \qquad (5.43)$$

实际输出如图 5.30 所示。

a. 当输出位于图 5.30 曲线的（Ⅰ）处时，因为此时实际输出小于给定值，可得该处对应的偏差语言变量值为 $E = $ 负中（NM），偏差变

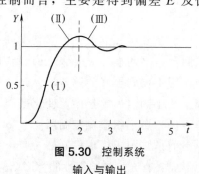

图 5.30　控制系统
输入与输出

化率语言变量值为 $EC=$ 正小（PS），则对应的校正量应为 $P=$ 正小（PS）。

b. 当输出位于图 5.30 曲线的（Ⅱ）处时，因为实际输出大于给定值，可得该处对应的偏差语言变量值为 $E=$ 正小（PS），偏差变化率语言变量值为 $EC=$ 正小（PS），则对应的校正量应为 $P=$ 负小（NS）。

c. 当输出位于图 5.30 曲线的（Ⅲ）处时，因为此时实际输出大于给定值，可得该处对应的偏差语言变量值为 $E=$ 正小（PS），偏差变化率语言变量值为 $EC=$ 负小（NS），则对应的校正量应为 $P=$ 零（0），即表明实际输出将接近设定值，这时可以不需要校正。

可见，当输出位于图 5.30 上不同区域时，控制校正量是不同的，为此，可以得到如表 5.1 所示的输出校正规则。

表 5.1　输出校正规则

$\tilde{EC}$ ＼ $\tilde{P}$　$\tilde{E}$	NB	NM	NS	N0	P0	PS	PM	PB
NB	PB	PB	PB	PM	0	0	0	0
NM	PB	PB	PM	PS	0	0	0	0
NS	PB	PM	PS	0	0	0	NS	0
0	PM	PM	PS	0	0	NS	NM	0
PS	0	PS	0	0	0	NS	NM	NB
PM	0	0	0	0	NS	NM	NB	NB
PB	0	0	0	0	NM	NB	NB	NB

② 控制量校正　即根据性能测量部分得到的校正量 p，计算出相应的控制量校正值 q，并对原未校正的控制量 u 进行校正，以改善系统的输出特性。对于时滞不大的单输入单输出系统，一般取：

$$q=p \tag{5.44}$$

对于时滞较大的系统，需要对控制量提前校正，提前量则要根据被控过程或对象的实际情况来定。

③ 控制规则校正　即根据控制量校正部分得到的控制校正量 q，则可以得到实时的控制量 V：

$$V=u+r \tag{5.45}$$

这里，u 为未校正的控制量。对于模糊控制，一般未经校正的规则为：若 $E=A_l$，$EC=A_l$，则 $u=C_{ij}$。

对应模糊关系为：$R_{ij}=(A_l \times B_l) \times C_{ij}$。

采用校正量 q 进行修正后的规则为：若 $E=A_l$，$EC=B_l$，则 $V=D_{ij}$。

其中，D_{ij} 为精确量 $V=u+q$ 经模糊化所得到的模糊量，它不同于 C_{ij}。

修正后的新模糊关系为：

$$R_{ij} = (A_l \times B_l)^{T_1} \times D_{ij} \tag{5.46}$$

至此，当总的新模糊关系 R 得到后，就可以利用得到的偏差 E 和偏差变化率 EC 经模糊推理合成计算，即求得校正后的模糊控制量 U，最后经过去模糊化，便得到以精确量表示的控制量 u。此时，当已知 A_l 和 B_l，则有关系：

$$R = \bigcup (A_l \times B_l)^{T_1} \times D_{ij} \tag{5.47}$$

$$U = (A_l \times B_l)^{T_1} R \tag{5.48}$$

所以，将 U 去模糊化就得到精确控制量 u。

还有一种典型的自组织模糊控制器为参数自整定的自组织模糊控制器，结构如图 5.29 所示。自调整比例、量化因子的自组织模糊控制器，即希望通过比例、量化因子的自调整，以实现各语言变量论域等级粗细的调整，直到使控制系统性能满足预定的要求为止。量化因子 k_e 和 k_{ec} 越大，系统的精度越高，但过大的 k_e 和 k_{ec}，可能导致系统过量超调，调节时间变长，动态特性变差；增大比例因子 k_u，能减少稳态误差，提高调节精度，但过大则会引起系统超调。

参数自调整的思想如下：

① 当偏差或偏差变化率较大时，缩小 k_e 和 k_{ec}，以降低大偏差范围的分辨率，获得较平缓的控制特性，保证系统的稳定性，同时增大 k_u，以提高系统的快速性，改善系统的动态品质。

② 当偏差或偏差变化率较小时，增大 k_e 和 k_{ec}，以提高系统对小偏差的分辨率，提高控制的灵敏度，同时缩小 k_u，以避免系统振荡和超调，使其能快速进入稳态精度范围。

（4）自适应模糊控制器

自适应控制是现代控制理论的一个重要分支，随着被控对象或过程的参数变化、环境变化，以及经常受到的干扰等，都使得利用传统控制理论和方法的控制效果越来越差，因此，希望控制系统具有自适应能力就显得越发重要。因为这种自适应能力将使系统的动态特性得到改善，并减小系统对参数变化的灵敏度。

自适应控制器的功能特点：

① 可对被控对象或过程的动态特性进行识别；

② 可在性能指标的基础上进行决策；

③ 可在决策基础上进行修改或调节。

自适应模糊控制系统的基本结构如图 5.31 所示。

自适应模糊控制系统是具有学习算法的模糊逻辑系统，也被认为是能够通过学习自动产生其模糊规则的模糊逻辑系统。其中，学习算法是依据数据信息来对模糊逻辑系统的参数、规则等进行调整。而模糊逻辑系统在构成时也要利用专家信息，即利用专家信息构造初始的模糊逻辑系统。所以，一个自适应模糊逻辑系统首先要利用专家信息构造初始的模糊逻辑系统，然后再依据数据信息来调整这个初始的模

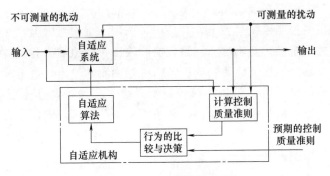

图 5.31 自适应模糊控制系统

糊逻辑系统的参数等。

自适应控制系统主要分为直接自适应控制系统和间接自适应控制系统。直接自适应控制系统通过对被控对象性能的观察，由所设计的一个自适应机构直接调整控制器的参数以适应对象的变化，保持被控对象达到既定的性能指标。其特点是：在控制过程中不需要对被控对象的参数进行辨识或估计。直接自适应模糊控制系统如图 5.32 所示。

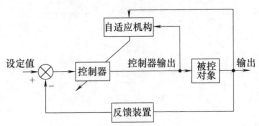

图 5.32 直接自适应模糊控制系统

间接自适应控制系统：首先对被控对象进行辨识或对其参数进行估计，然后依据辨识或估计的结果，利用自适应算法调整控制器的输出，从而使被控对象运行在最佳状态。其特点是：在控制过程中需要对被控对象进行辨识或对参数进行估计。其结构如图 5.33 所示。

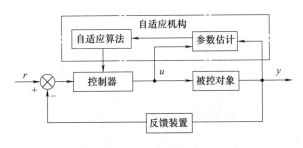

图 5.33 间接自适应模糊控制系统

模糊模型参考学习控制（fuzzy model reference learning control，FMRLC）也是一种自适应模糊控制系统。在 FMRLC 中，选用一个参考模型，并用该参考模型的输出作为被控系统的理想输出，当系统实际输出与理想输出有误差时，则所设计的自适应机构就依据该误差大小自动调节模糊控制器的输出，直至被控系统的性能达到最优。自适应机构可以是一个模糊逻辑系统。这种控制器主要由四个部分构成：被控对象、可调整的模糊控制器、参考模型、学习机，即自适应机。学习机可以根据参考模型与被控对象的实际差值去调整模糊控制器，以满足所给定的性能指标。控制器结构如图 5.34 所示。

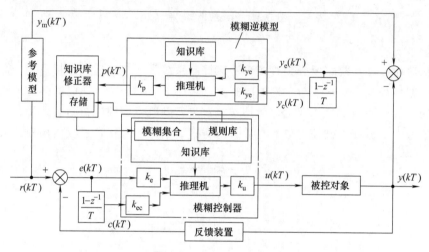

图 5.34　FMRLC 结构图

(5) 模糊神经网络

模糊系统基于专家经验建立规则，并进行推理，可以描述一般的非线性系统，但其本身不具有学习能力和自适应能力。人工神经网络是基于特殊的结构，完成非线性的映射，其优点就是具有自学习和自适应能力，但其网络结构的设置具有随机性，能否将两者的优点结合，发挥各自的特点则引起研究者的兴趣。

模糊神经网络正是将模糊逻辑系统与人工神经网络进行有机结合的产物，即可以在人工神经网络基础上将模糊逻辑系统引入，使人工神经网络在完成自学习的同时，又能很好地利用模糊逻辑系统表达知识及实现推理，从而发挥出模糊逻辑系统和人工神经网络的各自优点。模糊神经网络的典型结构主要有两种：基于 Mamdani 模型（标准模型）的模糊神经网络和基于 Takagi-Sugeno 模型的模糊神经网络，这两个模型是模糊逻辑系统的两个最常用的推理模型。基于 Mamdani 模型的模糊神经网络如图 5.35 所示。

第一层：为输入层，节点总数 $N_1 = n$。

第二层：节点总数 $N_2 = \sum_{i=1}^{n} m_i$。每个节点代表一个语言变量值，其作用是计

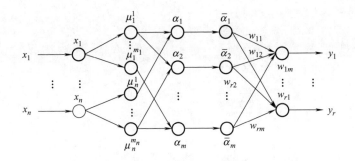

第一层　　　第二层　　　第三层　　　第四层　　　第五层

图 5.35 基于 Mamdani 模型的模糊神经网络

算各输入分量属于各语言变量值模糊集合的隶属度函数 u_i^j：

$$u_i^j = u_{A_i^j}(x_i) \tag{5.49}$$

其中，$i=1,\cdots,n$；$j=1,\cdots,m_i$，n 是输入量的维数，m_i 是模糊分割数。

第三层：节点总数 $N_3 = m$。每个节点代表一条模糊规则，其作用是用来匹配模糊规则的前件，计算出每条规则的适应度，即：

$$a_j = \min\{u_1^{i_1},\cdots,u_n^{i_n}\} \tag{5.50}$$

第四层：节点总数与第三层的相同，$N_4 = N_3 = m$。其作用是实现归一化计算，即

$$\bar{a}_J = \frac{a_j}{\sum a_j}, \quad j=1,2,\cdots,m \tag{5.51}$$

第五层：是输出层，其实现的是清晰化计算，即

$$y_i = \sum w_{ij}\bar{a}_J, \quad i=1,2,\cdots,r \tag{5.52}$$

注意：w_{ij} 相当于 y_i 的第 j 个语言值隶属度函数的中心值。

模糊神经网络有逻辑模糊神经网络、算术模糊神经网络和混合模糊神经网络。模糊神经网络就是具有模糊权系数或者输入信号是模糊量的神经网络。上面三种形式的模糊神经网络中所执行的运算方法不同。模糊神经网络无论作为逼近器，还是模式存储器，都是需要学习和优化权系数的。学习算法是模糊神经网络优化权系数的关键。对于逻辑模糊神经网络，可采用基于误差的学习算法，也即是监视学习算法。对于算术模糊神经网络，则有模糊 BP 算法、遗传算法等。对于混合模糊神经网络，目前尚未有合理的算法；不过，混合模糊神经网络一般是用于计算而不是用于学习的。模糊神经网络的训练流程如图 5.36 所示。

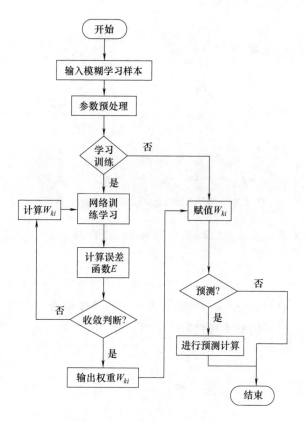

图 5.36　模糊神经网络训练流程

5.3　控制实例及实验

本书结合课题组研制的软体爬行机器人和环形软体机器人，详细介绍软体机器人控制系统的设计实例。

5.3.1　软体爬行机器人的控制策略

在软体爬行机器人闭环控制系统中，机器人需要根据方位角传感器的信息来获取自身的姿态，而自身姿态的调整是根据左右两侧驱动器充气时间的不同，因此在软体爬行机器人神经网络系统中需要通过已知方位角来得到相应的充气时间，输入层包括机器人自身的偏转角，输出层包括驱动器的充气时间。由于软体机器人的运动状态极大地受到环境因素的影响，把对软体爬行机器人运动最具有影响的环境因素——地面静摩擦因数加入神经网络的输入层，最终构建出两输入（偏转角、静摩擦因数）、一输出（充气时间）的 RBF 神经网络，如图 5.37 所示。

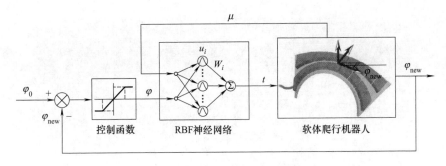

图 5.37　RBF 神经网络控制示意图

在此闭环控制系统下，软体爬行机器人在接收到传感器检测的偏转角以及不同的地面静摩擦因数后便可以根据神经网络计算出相应的充气时间。神经网络算法需要采集大量的数据作为样本支撑，为了采集多种地面的静摩擦因数，本机器人选用三种不同的材料作为软体机器人爬行的地板，分别是：木板、ABS 塑料板以及白色 KT 板（主要材料：聚苯乙烯），如图 5.38 所示。

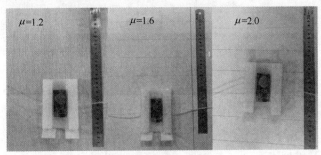

图 5.38　软体爬行机器人在三种地板上的实验

在进行神经网络实验数据采集前，需要对三种地板材料进行静摩擦因数测定，采用二力平衡方法来测试软体爬行机器人摩擦脚和不同地板的静摩擦因数。如图 5.39 所示，利用弹簧测力计测出不同砝码下拉动摩擦片的临界拉力。图 5.39 中摩擦片质量为 10g，材料同软体爬行机器人摩擦脚，实验数据如表 5.2 所示，表中第一栏表示负重砝码的重量，表中数据是在不同砝码和不同的地板上面弹簧测力计的示数。最终拟合得到三种材料的静摩擦因数 μ：木板为 1.2、ABS 塑料板为 1.6、KT 板为 2.0。

表 5.2　静摩擦因数测试数据

项目	50g	100g	200g	500g
木板	0.8N	1.3N	2.6N	6.1N
ABS 板	1.0N	1.8N	3.4N	8.1N
KT 板	1.3N	2.3N	4.2N	10.2N

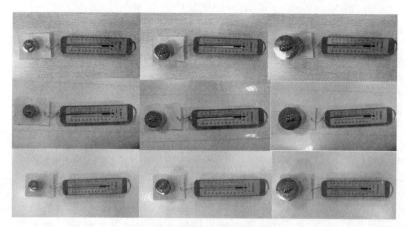

图 5.39　静摩擦因数测试实验

　　尽管软体爬行机器人的左右侧驱动器采用相同的设计尺寸，但是由于制作工艺的影响，可能导致软体爬行机器人在同一充气时间下，左右侧驱动器的偏转角度有细微的差别，为了保证神经网络的准确性，在不同地板以及不同驱动侧的实验条件下，采集软体爬行机器人充气时间与偏转角度关系的实验数据。将采集的实验样本放入 RBF 神经网络进行拟合学习，最终得到实验数据与拟合数据的对比实验图。图 5.40 和图 5.41 是软体爬行机器人单侧充气实验图，图中"圆圈"代表部分实验数据，将其与 RBF 神经网络拟合结果进行对比，曲面部分是 RBF 神经网络在学习大量实验样本后产生的结果。由于在单侧充气量小的情况下，软体爬行机器人的转弯角度小，难以测量，为了减小实验误差，本次实验采用累积法测量，即测量软体爬行机器人在 20 个周期后的转弯角度，然后将结果除以 20 放入实验样本。图中 X 轴与 Y 轴代表两个输入量，分别是静摩擦因数 μ 与偏转角度 φ，Z 轴代表输出量，其对应的是充气时间 t。在此神经网络下，软体爬行机器人可以根据已知的地板静摩擦因数和偏转角度得到下一步运动的充气时间。

　　图 5.40（a）是差动软体机器人左转弯运动实验数据图，图 5.40（b）是差动软体机器人右转弯实验数据图。从图中可以看出，神经网络学习具有很好的准确度，实验数据和学习结果能很好地重合。在同一充气时间和同一静摩擦因数地板下，左转弯和右转弯实验数据接近，但左转弯的偏转角度略微高于右转弯，误差可能来源于左右结构的制造工艺。

　　图 5.41（a）是多模块软体机器人左转弯运动实验数据图，图 5.41（b）是多模块软体机器人右转弯运动实验数据图。图中充气时间指单个驱动器充气时间，在一个转弯周期下，单侧的三个软体驱动器都将分别完成一个充气时间。同图 5.40 一样，多模块软体机器人神经网络的学习结果与实验数据接近，学习精度高。多模块软体机器人单次偏转的左转弯角度略高于右转弯。对比图 5.40 和图 5.41 可以发现，多模块软体机器人的单次转弯角度略高于差动软体机器人。

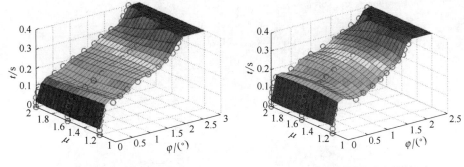

(a) 差动软体机器人左转弯运动　　　　　　　(b) 差动软体机器人右转弯运动

图 5.40　差动软体机器人单侧充气实验图

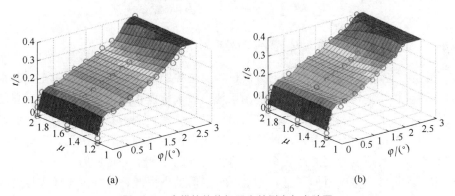

(a)　　　　　　　　　　　　　　　　　(b)

图 5.41　多模块软体机器人单侧充气实验图

(1) 控制系统设计

软体爬行机器人控制系统需要满足如下要求：

① 由于软体爬行机器人具有两种结构形态：差动软体机器人和多模块软体机器人，因此控制系统需要满足两种机器人构型的运动控制要求。

② 为了达到软体机器人的闭环控制，控制系统需要有机载传感器（搭载在软体机器人机身上面的传感器）模块，以便能实时采集机器人的方位状况，并能实时返回上位机，同时能接收上位机信息，形成闭环控制系统。

③ 为了减少软体爬行机器人对于线绳的拖载，且增加方位角传感器信息传递的准确性，控制系统需要有针对软体爬行机器人设计的机载控制系统，且机载控制系统与主控制系统之间需要采用无线通信。

④ 本软体爬行机器人的控制系统需要包含手动控制和自动控制两种模式，自动控制用于软体爬行机器人的智能闭环控制系统，手动控制用于操作者根据软体爬行机器人的运动情况手动让机器人实现各种运动轨迹。

针对以上要求，设计了如图 5.42 所示的软体爬行机器人控制系统。软体爬行机器人控制系统采用的是下位机控制板与上位机界面软件结合的方式，上位机界面

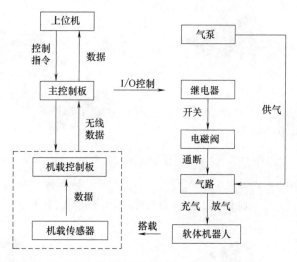

图 5.42 软体爬行机器人控制系统结构图

软件是人机交互层，操作者可以通过上位机向主控制板发送指令，通过主控制板程序自动控制软体爬行机器人运动，控制系统同时满足操作者手动控制和闭环自动控制两种模式。上位机和主控制板间采用串口通信。主控制板是整个控制系统的核心部件，用于直接控制继电器，以此控制软体爬行机器人的充气和放气，同时主控制板接收来自机载控制板的无线数据，并将接收到的无线信号传送回上位机。机载控制板用于采集机载传感器的信息，为机载传感器提供电源，并利用无线模块发送传感器信号到主控制板，机载传感器数据用来反映软体爬行机器人自身情况，是闭环控制系统的反馈环节，机载控制板和机载传感器均搭载在软体爬行机器人身上。

(2) 软体爬行机器人实验平台搭建

搭建软体爬行机器人实验平台，包括上位机、主控制板、电源、二位三通电磁阀、继电器、气泵、减压阀以及气管等。每根气管一头与软体爬行机器人驱动器相连，差动软体机器人和多模块软体机器人所需气管数量不同。

差动式气压驱动软体爬行机器人的驱动方式采用的是气泵与电磁阀构成的气动回路。每个软体驱动器有三种不同的工作状态，分别是：充气、保压和放气。气动控制回路通过控制气流方向需要满足每个软体驱动器的三种不同工作状态。在整个气动回路中，较为重要的是电磁阀的选取。由于软体气动驱动器在不同的气腔压力下有不同的弯曲表现，该机器人选用体积较小的微型电磁阀（Fa0520F，12V），由于整个实验的气压控制在 50kPa 下，该微型电磁阀满足实验使用的要求。

图 5.43 是软体爬行机器人的控制气路图，本实验气泵采用恒流量气泵，充气速度为 30L/min。气动回路需要外加一个总的电磁阀用于控制整个系统气路的通断。在气泵后面增加了一个调压阀，可以用来控制整个气路的压强，避免出现压强过高的情况。控制单个软体驱动器的两个电磁阀分别称为主电磁阀和辅电磁阀，两

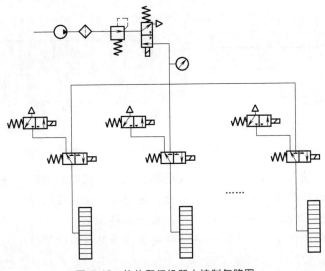

图 5.43 软体爬行机器人控制气路图

者的通断配合控制软体驱动器在三种状态间的切换。

差动软体机器人主体由两个软体驱动器组成，可以进行直线运动和差速转弯运动。由于不需要保压环节，每个软体驱动器只需要用到一个二位三通电磁阀便可以完成充气和放气，再加上一个气路总阀，差动软体机器人需要用到三个电磁阀以及相应的三个继电器。由软体驱动器的变形分析可以得到软体驱动器的弯曲角度与充气时间之间的关系，并且确定了单个驱动器的最大弯曲角度为 $120°$ 以及对应的充气时间为 0.4s。本实验采用恒流量气源，理想情况下，当同一气源同时给两个驱动器充气时需要 0.8s 的充气时间来达到 $120°$ 的弯曲角度。因此，在软体爬行机器人直线运动过程中，左右两侧驱动器同时充气，每个周期的最大充气时间为 0.8s；在转弯运动过程中，单侧驱动器充气，每个周期的最大充气时间为 0.4s。软体爬行机器人驱动器的放气时间由实验测定为 1.2s。

开环控制实验是由操作者利用上位机界面直接控制差动软体机器人的直线及转弯运动，由于每个周期的运动距离（角度）有限，主控制板程序设置为每接收一次上位机的指令（直线、左转、右转），控制差动软体机器人进行相应三个周期的运动。在开环控制实验中，为了让差动软体机器人具有最好的直线运动性能，两个软体驱动器在每个周期都同时充气 0.8s，使驱动器弯曲到设定的最大弯曲角度，如图 5.44（a）所示，图中"1"表示软体驱动器充气，"0"表示软体驱动器保持气压，"−1"表示软体驱动器放气。当左右两驱动器的弯曲量差值最大时，差动软体机器人具有最好的转弯性能，因此，在开环转弯实验中，采取单边充气为最大弯曲量的方式，如图 5.44（b）所示。

图 5.45 为机载控制板与差动软体机器人底板的连接示意图，机载控制板位于整个底板的正中央，介于两个驱动器间，位于整个底板正中央可以减少机载控制板

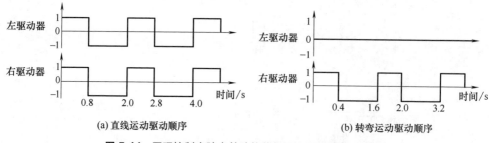

(a) 直线运动驱动顺序 | | | (b) 转弯运动驱动顺序

图 5.44　开环控制实验中差动软体机器人驱动器驱动序列

在水平面上的晃动。机载控制板与底板是利用硅橡胶胶黏剂（RTV 硅橡胶胶黏剂）粘接在一起，该硅橡胶胶黏剂具有耐老化、电绝缘、强黏性的特点，在固化后显示出同硅胶一样的柔性，为刚体的机载控制板与柔性的底板创造了一个柔性连接点，起到了很好的缓冲作用。为了防止刚体的机载控制板影响软体模块的变形，在粘接过程中只粘接机载控制板和底板的中部。在此条件下，当差动软体机器人充气发生变形，机载控制板除中间极小区域外都将与底板分离，不影响底板的变形。在直线运动过程中，机载控制板在充气和放气状态下都将与地面保持平行。

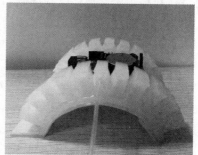

图 5.45　机载控制板与底板连接图

　　根据图 5.44（a）所示充气序列进行开环控制实验，选取差动软体机器人在 ABS 塑料板上的运动实验作为展示，其直线运动情况如图 5.46 所示。图 5.46（a）是差动软体机器人在初始状态下的位置。图 5.46（b）是差动软体机器人直线运动的充气阶段，左右两侧驱动器同时充气，机器人前脚锚住地面，后脚随驱动器的弯曲前移，机器人质心前移。图 5.46（c）是差动软体机器人直线运动的放气阶段，在放气时后脚锚住地面，前脚随驱动器的伸展前移，机器人的整个质心进一步前移，完成了一个直线运动周期，可以看出，机器人的一个步长大约为 20mm，图 5.46（d）是差动软体机器人在三个直线运动周期后的位置，从图中可以看出，机器人爬行了 60mm。差动软体机器人直线运动平均每周期运动 20mm，速度为 10.0mm/s。

　　图 5.47 为差动软体机器人在三种地板上转弯运动实验数据曲线，每个数据点

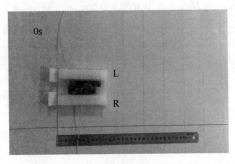

(a) 初始位置

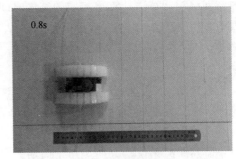

(b) 充气阶段

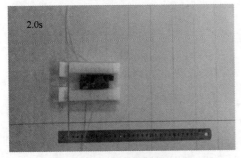

(c) 一个周期后位置

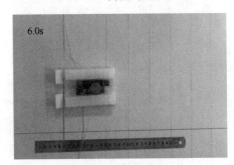

(d) 三个周期后位置

图 5.46 差动软体机器人直线运动实验图

代表每个周期后差动软体机器人的转弯角度，可以看出，差动软体机器人在摩擦性能更好的地板上转弯角度更大，曲线斜率变化小，差动软体机器人在转弯过程中运动较为稳定。

在直线运动过程中，由于差动软体机器人左右两侧驱动器差动的原因，差动软体机器人很难保证向同一方向直线运动。当差动软体机器人的两侧结构有细微差别时，直线运动中机器人便容易产生细微偏转，经过几个周期，误差不断累积，机器人可能相对最初的运动方向产生极大的偏转。

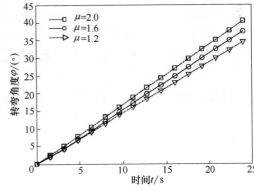

图 5.47 差动软体机器人转弯运动时间-角度曲线

针对软体爬行机器人直线运动偏离最初方向的问题，本节设计了闭环控制运动实验，由于软体爬行机器人一个直线爬行周期产生的偏差较小，同时也提高直线运动的整体效率，差动软体机器人直线运动的闭环控制采用"3+1"的策略，即 3 个直线运动周期和 1 个偏转纠正周期。机载传感器在每三个运动周期结束后检测方位角，当方位角产生偏差后，利用神经网络控制算法计算出相应的充气时间和对应的充气驱动器，对差动软体机器人进行方位角偏差纠正，最终保证机器人运动在同一方位角下。以下为具体程序步骤：

第一步：利用方位角传感器记录初始的方位角 φ_0。

第二步：将差动软体机器人左右驱动器按照 0.8s 的充气时间和 1.2s 的放气时间进行三个周期的直线运动，并在三个直线运动周期后记录最新方位角 φ_{new}。当最新方位角 $|\varphi_{new}-\varphi_0|>e$（$e$ 为设定的允许误差）时，将进行偏转纠正，并根据误差值判断纠正偏转方向，纠正周期的次数如下：

$$N=\text{floor}\left(\frac{|\varphi_{new}-\varphi_0|}{\varphi_{max}}+1\right) \tag{5.53}$$

式中，floor 为向下取整数；φ_{max} 是差动机器人在一个周期下的最大偏转角度，左转弯和右转弯的值不同。

计算每个偏转纠正周期的偏转角度：

$$\varphi=\frac{|\varphi_{new}-\varphi_0|}{N} \tag{5.54}$$

第三步：进行相应的偏转纠正周期，由于差动软体机器人在三个直线周期下的偏差角度小，正常情况下偏差角度小于一个周期的最大偏转角度，即只需要一个纠正周期。

第四步：重复第二步和第三步，使差动软体爬行机器人在不断纠正自身方位的过程中直线前行。

选用差动软体爬行机器人在 ABS 塑料板上的实验作为验证与展示，如图 5.48 所示。图 5.48（a）是机器人所在初始位置；图 5.48（b）是差动软体机器人直线运动第一步，两侧驱动器同时充气；图 5.48（c）是差动软体机器人在三个直线运动周期后的位置，从图中可以看出，此时机器人身体的纵轴线已经逐渐偏离最初方向，向左产生了较小的偏转；图 5.48（d）是主控制板检测到机器人偏离角度大于设定误差后的纠正周期，机器人左侧驱动器充气进行一个右转弯，对偏差的角度进行纠正；图 5.48（e）是差动软体机器人直线纠正后位置；图 5.48（f）是差动软体机器人开始下一个直线运动周期。

5.3.2 多模块软体机器人运动控制及实验

多模块软体机器人的主体包含六个软体驱动器，驱动器的编号从尾部到头部，从左侧到右侧，依次是驱动器 1 到驱动器 6。由于具有保压过程，多模块软体机器人每个驱动器需要 2 个电磁阀控制，机器人一共需要用到 13 个电磁阀和继电器。

多模块软体机器人的直线运动和转弯运动都是依靠类似于前进波的传递方式而进行，为了模仿波的传递方式，本实验中驱动器的充放气规则满足：驱动器的充气和放气都以从后向前的顺序进行，且靠前驱动器在靠后驱动器完全充气（放气）后

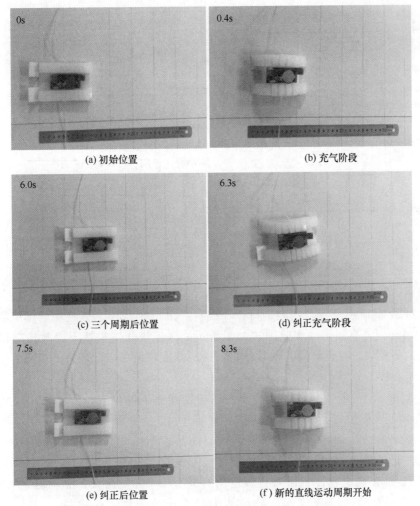

0s	0.4s
(a) 初始位置	(b) 充气阶段
6.0s	6.3s
(c) 三个周期后位置	(d) 纠正充气阶段
7.5s	8.3s
(e) 纠正后位置	(f) 新的直线运动周期开始

图 5.48　差动软体机器人在闭环控制系统下的直线运动实验图

再开始充气（放气）。

图 5.49 是开环控制运动实验中，一个周期内多模块软体机器人的驱动序列。与差动软体机器人的驱动序列不同，多模块软体机器人的驱动序列中增加了保压环节，如图中"0"对应。保压环节的出现是由于在波从后往前的传递过程中，软体驱动器的充气时间和放气时间不对等。驱动器的最快放气时间由实验测定为 1.2s，而充气时间小于放气时间，所以在尾部驱动器 1、2 放气过程中，中部驱动器 3、4 需要有保压过程，等待尾部驱动器的放气。图 5.49（a）为多模块软体机器人直线运动驱动序列，在直线运动过程中，并联的两个左右驱动器同时同量地进行充气、放气以及保压。图 5.49（b）为多模块软体机器人转弯运动驱动序列，同差动软体机器人一样，为了保证最大的转弯效果，转弯过程采用单侧充气和放气的方法，同

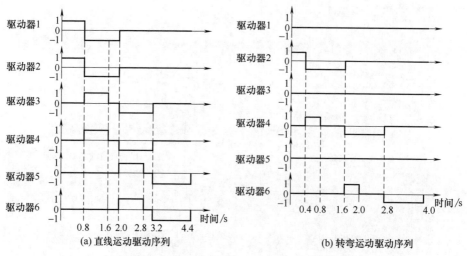

(a) 直线运动驱动序列　　　　　(b) 转弯运动驱动序列

图 5.49 开环控制中多模块软体机器人驱动序列

一侧的驱动器在一个周期内保持最大充气量相等。

根据图 5.49 所示充气序列进行开环控制实验，图 5.50 为多模块软体机器人在 ABS 塑料地板上直线运动实验图，如图所示，多模块软体机器人机载控制板位于机器人的头模块，其设计同差动软体机器人机载控制板一样，且采用相同的粘接工艺粘接于底板上。

图 5.50（a）是多模块软体机器人在初始状态下的位置。图 5.50（b）是多模块软体机器人直线运动的第一阶段，尾部的 1、2 号驱动器同时充气，机器人后脚随驱动器的弯曲前移，尾部模块质心前移。图 5.50（c）是驱动器 3、4 完成充气，驱动器 1、2 完成放气的阶段，波形从尾部模块传递到了中间模块。图 5.50（d）是多模块软体机器人直线运动的最后一个充气阶段，驱动器 5、6 完成充气，驱动器 3、4 完成放气，波形从中间模块传递到了头模块。图 5.50（e）是多模块软体机器人在一个直线运动周期后的位置，从图中可以看出，机器人爬行了大约 22mm。图 5.50（f）是多模块软体机器人在三个周期后的位置，从图中可以看出机器人在原始方位角上产生了较小的偏转，机器人的直线爬行距离为 66.0mm，可以计算出多模块软体机器人直线运动平均每周期运动 22mm，速度为 5.00mm/s。

图 5.51 为多模块软体机器人在三种不同静摩擦因数地板上直线运动数据图，以尾部中点位置为移动坐标原点，数据点代表多模块软体机器人在直线方向上的位移，按每个周期结束后采集。机器人在静摩擦因数大的地板上每个周期运动位移更大。相对差动软体机器人，多模块软体机器人每个周期的步长更大，运动更稳定，但是每个周期时间更长。

图 5.52 为开环控制下多模块软体机器人在 ABS 塑料板上左转弯运动实验图。

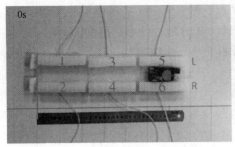

(a) 初始位置

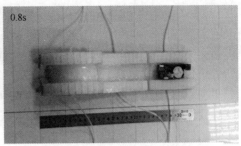

(b) 尾部驱动器同时完成充气

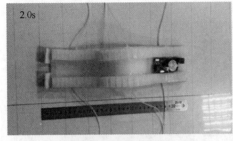

(c) 中部驱动器完成充气

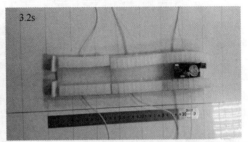

(d) 头部驱动器完成充气

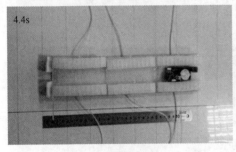

(e) 一个周期后的位置

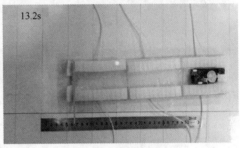

(f) 三个周期后的位置

图 5.50 多模块软体机器人直线运动实验图

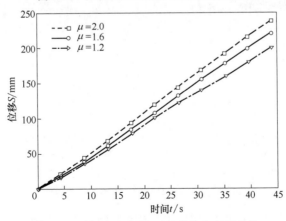

图 5.51 多模块软体机器人直线位移-时间曲线

图 5.52（a）为多模块软体机器人的初始状态，图 5.52（b）是多模块软体机器人尾部的 2 号驱动器充气，机器人右后脚随驱动器的弯曲前移，最终与地面完全接触。图 5.52（c）是驱动器 4 完成充气，驱动器 2 完全放气的阶段，右侧单波形从尾部模块传递到了中间模块。图 5.52（d）是多模块软体机器人驱动器 6 完成充气，驱动器 4 完成放气，右侧单波形从中间模块传递到了头模块。图 5.52（e）是多模块软体机器人在一个左转弯运动周期后的位置，从图中可以看出，机器人转动了大约 2.7°。图 5.52（f）是多模块软体机器人在三个周期后的位置，从图中可以看出机器人转弯角度为 8.1°，多模块软体机器人左转弯运动平均每周期转弯 2.7°，一个周期 4s，速度为 0.675°/s。

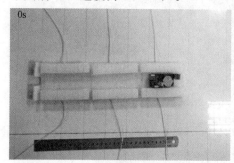

(a) 初始位置

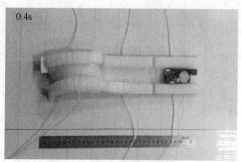

(b) 2 号驱动器重启完成

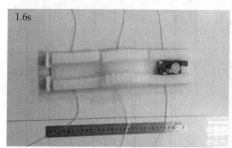

(c) 4 号驱动器充气完成

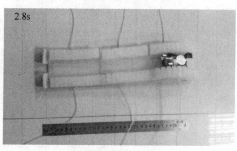

(d) 6 号驱动器充气完成

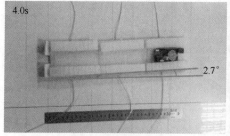

(e) 一个周期后的旋转角度

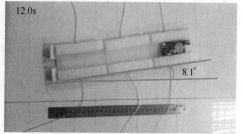

(f) 三个周期后的旋转角度

图 5.52　多模块软体机器人左转弯运动实验图

图 5.53 为多模块软体机器人在三种不同静摩擦因数地板上的转弯运动实验数

据，每个数据点代表每个周期后多模块软体机器人的转弯角度，相对差动软体机器人而言，地板的材料对多模块软体机器人的影响更小，在每个周期下，多模块软体机器人转弯角度更大，但每个周期时间更长。

多模块软体爬行机器人的直线运动同差动软体机器人一样，由于左右两侧驱动器制作工艺的原因，即使两侧驱动器采用相同的充气量，多模块软体机器人仍容易产生细微偏转，经过几个周期，误差不断累积，机器人可能相对最初的运动方向产生极大的偏转。多模块软体机器人直线运动的闭环控制策略同差动软体机器人一样，采用三个直线运动周期加上一个偏差纠正周期的

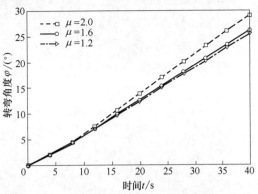

图 5.53　多模块软体机器人左转弯角度-时间曲线

方法：机载传感器在每三个运动周期结束后检测方位角，当方位角偏差超过设定误差值后，利用神经网络控制算法计算出相应的充气时间和对应的充气驱动器，对差动软体机器人进行方位角偏差纠正，最终保证机器人运动在同一方位角下。

图 5.54 为在 ABS 塑料板上进行的多模块软体机器人闭环控制实验图。图 5.54（a）是机器人所在初始位置；图 5.54（b）是多模块软体机器人直线运动第一步，尾部驱动器 1 和驱动器 2 同时充气；图 5.54（c）是多模块软体机器人在三个直线运动周期后的位置，在此时机器人身体的纵轴线已经逐渐偏离最初方向，向左产生了较小的偏转；图 5.54（d）是主控制板检测到机器人偏离角度大于设定误差后的纠正周期，机器人左侧驱动器依次充气进行一个右转弯，对偏差的角度进行纠正；图 5.54（e）是多模块软体机器人直线纠正后位置；图 5.54（f）是多模块软体机器人开始下一个直线运动周期。

(1) 硬件设计

① 机载传感器　为了搭建软体机器人闭环控制系统，机载传感器必不可少，本机器人选用的是 Honeywell 公司生产的方位角传感器 HMC5883L，如图 5.55（a）所示，用于实时检测软体机器人的方位角。HMC5883L 传感器通过检测传感器周围的三轴磁场来确定自身方位，也称之为三轴磁力传感器，该传感器支持 IIC 协议，具有体积小、功耗小的优点，广泛应用于手机等小型电子设备。由于整个机载系统是由电池独立供电，因此整个机载控制系统的部件都需要考虑功耗问题。基于 HMC5883L 体积小、功耗小的优点，它是理想的机载传感器选择。

② 无线模块　本机器人设计的差动软体机器人和多模块软体机器人作为爬行机器人需要较大的移动空间，传感器的信号若采用数据线的方式传回则需要较长的数据线，不利于保证数据的完整性，且拖载较长的数据线不利于运动。因此机载传

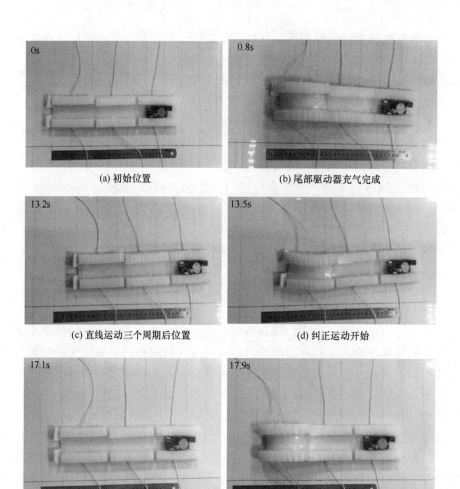

(a) 初始位置   (b) 尾部驱动器充气完成

(c) 直线运动三个周期后位置   (d) 纠正运动开始

(e) 纠正后的位置   (f) 新的直线运动周期开始

图 5.54 多模块软体机器人闭环控制实验图

感器的信号需要以无线通信的方式传送回主控制板，考虑到无线模块必须满足功耗低的要求，本机器人选用 NORDIC 公司生产的基于 2.4GHz 的 ISM 频段的 NRF24L01 无线通信模块，如图 5.55（b）所示，该模块工作电压为 1.9~3.6V，目前广泛应用于智能夹具、遥控遥测、机器人等领域。该模块相比 WIFI 模块和蓝牙模块具有工作电压低、功耗低的优点，可以通过 SPI 接口与单片机通信。

③ 电源单元　电源是整个机载控制板的能量来源，为机载传感器、无线模块和机载控制单片机提供电力。由于电源是搭载在机载控制板上，并随软体机器人一起运动，受到差动软体机器人和多模块软体机器人大小的限制，电源的体积和质量需要尽可能地小。根据以上要求，本机器人决定选用纽扣电池，经过实验验证，较小容量的纽扣电池难以负载整个机载控制板的电量，为了保证电池有较大容量，同

(a) 方位角传感器模块　　　(b) 无线通信模块　　　　　　　(c) 机载控制板

图 5.55 机载控制系统实物图

时也避免电池经常更换，最终选用最大型号的纽扣电池：CR2477。该信号纽扣电池直径 24mm，厚度 7.7mm，容量为 1050mA，提供电压为 3V，能满足机载控制板的供电要求。

④ 机载控制板　为了将机载传感器检测到的方位角信息无线传送回主控制板，并且为机载传感器提供电源，本机器人设计了机载控制板，如图 5.55（c）所示。机载控制板需要跟随软体机器人一起运动，由于软体机器人具有自身体积小且身体柔软的特点，机载控制板必须体积小。机载控制板必须满足几个条件：支持 IIC 协议；搭载无线通信模块；搭载电源；体积小。为了满足这些条件，软体爬行机器人控制系统的机载控制板由 AltiumDesigner 软件设计。微处理器是机载控制板中最为核心的部分，机载控制板采用 Atmega328P-AU 微控制器，该芯片是 ATMEL 公司设计的一款高效率的 8 位微控制器。该芯片支持 UART、IIC、SPI，最大尺寸仅有 7.5mm×7.5mm×1.6mm，能满足机载控制板的要求，此外该芯片支持 Arduino 操作系统，可以将 ArduinoUNO 的 Bootloader 写入芯片，方便使用。图 5.56（a）为基于 Atmega328P-AU 微控制器的最小控制系统图，图 5.56（b）中所示分别为 SPI、UART、IIC 接口图。

⑤ 主控制板　主控制板是软体机器人控制系统的核心控制部件，起到三个主要作用：与上位机相互通信；控制继电器，以此控制软体机器人的充放气；接收机载控制板的无线信号。主控制板选用 ArduinoMega2560 控制板，搭载 UART、SPI、IIC 以及 USB 接口，可以与 PC 进行 USB 串口通信；同时也可以利用 SPI 接口搭载无线模块与机载控制板通信；具有 16 路模拟输入，能将从传感器接收到的信号进行 A/D 转换；具有 54 路数字输入输出，用于需要大量 I/O 口的控制设备，由于每个驱动器需要两个电磁阀进行控制，54 路数字 I/O 口满足控制系统需要控制大量继电器的需求。处理器的核心是 ATmega2560，具有 86 个数字 I/O 口，4 路 UART 接口。

(2) 软件设计

软件设计包括上位机软件设计、主控制板软件设计以及机载控制板软件设计。

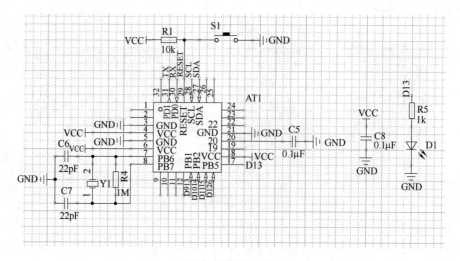

(a) 机载控制板最小控制系统

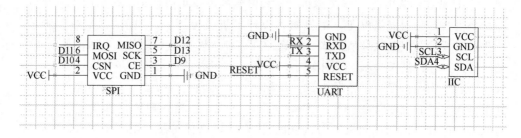

(b) SPI、UART、IIC接口

图 5.56 机载控制板电路图

在自动控制模式下，机载控制板程序在主控制板的索取下将机载传感器的信号发送给主控制板，主控制板将传感器信号经过处理后传送回上位机，上位机接收到方位角信息通过界面显示软体爬行机器人所在方位角，同时主控制板根据已经学习好的神经网络计算出下一周期的充气时间，主控制板自动控制软体机器人产生相应的动作。在这个模式下，整个系统自动采集数据、分析数据、处理数据、控制运动，无需人工干预。

在手动模式下，操作者可以通过上位机界面发送指令，指令通过串口到达主控制板，主控制板在接收到信号后控制继电器和电磁阀，最终控制机器人产生相应的动作。手动控制可以应用于复杂环境下，人为地控制差动软体机器人或者多模块软体机器人转弯到一定的角度或者运动到一定的距离，甚至绕过相应的障碍。

① 上位机软件设计　上位机软件设计的主要目的是与操作者进行人机交互、接收主控制板信号并发送控制指令给主控制板。本书利用 QTCompany 开

发的界面设计工具 QTCreator 开发上位机界面。利用 QT 开发上位机界面具有诸多优点：支持多种操作系统、面向对象编程、丰富的 API 函数、丰富的图形功能。

图 5.57 是软体机器人人机交互界面，界面主要包括：串口设置区、信息发送窗口、方位角接收窗口、运动控制区。

上位机界面的右上角是串口设置区，串口设置区的主要作用是选择串口端口以及设置数据传输的格式和速度。

上位机界面的下方是运动控制区，用来手动控制软体机器人的运动行为，三个按钮"左转弯""直行""右转弯"分别是软体机器人的三个运动方向。按下相应按钮后，上位机会向主控制板发送相应的指令，主控制板控制机器人本体产生相应的运动。自动控制用于软体爬行机器人的闭环控制。

方位角接收窗口用来显示方位角

图 5.57 软体机器人上位机界面图

传感器传送回的方位角信息，信息发送窗口可以根据需要的情况向主控制板发送特定的指令。

② 主控制板程序设计 图 5.58 为主控制板程序流程图，主控制板程序用来分辨上位机指令为手动模式还是自动模式。在手动模式下，根据上位机发送的控制命令：直行、左转或者右转，控制相应继电器的通断以控制软体爬行机器人完成相应的动作。

在判定上位机要求机器人为自动运动模式时，主控制板需要在机器人的每个运动周期结束后，向机载控制板索取机载传感器测量的方位角信息，将方位角信息返回上位机，并利用神经网络算法计算出对应软体驱动器的充气时间，并控制对应继电器的通断，以控制软体驱动器的充放气。整个过程中需要注意的是，机载传感器只会在每个运动周期结束后，机器人平躺于工作地面的情况下检测方位角。这是为了保证方位角信息的准确性，在测量方位角信息的时候，传感器需要平行于工作地面，当软体爬行机器人在未充气状态时，能保证机载传感器平行于工作地面。

③ 机载控制板程序设计 机载控制板的目的是采集机载传感器信息，接收主控制板的索取信息，计算方位角并利用无线模块将方位角信息发送给主控制板，如图 5.59 所示。其中，三轴磁场信息的采集在软体机器人完成运动的每个周期后，机器人身体平行于地面瞬间。

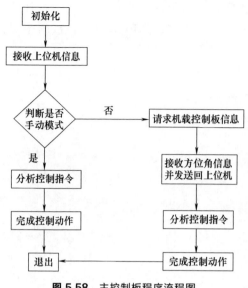

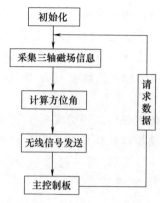

图 5.58 主控制板程序流程图   图 5.59 机载控制板流程图

5.3.3 SMA 驱动的环形软体机器人控制

前面章节介绍了软体爬行机器人的开闭环控制，本章节着重介绍如何对环形软体机器人的变形进行自动化控制，实现环形软体机器人的自主运动。

图 5.60 环形软体机器人本体结构

图 5.60 为环形软体机器人本体结构。环形软体机器人控制系统的基本要求为：

① 机器人控制系统应该具有四个能够分别独立控制通断状态的形状记忆合金弹簧驱动器通电加热电路，以便使驱动器根据设计要求进行动作、机器人本体根据设计要求变形和运动。这是对环形软体机器人控制系统的最低要求。

② 机器人控制系统应该将加热电路电源和信号电路电源分开，防止两者相互干扰（尤其是信号电路被大电流的加热电路影响）。这是对控制系统稳定性、可靠性的要求。

③ 机器人控制系统应该具有传感器模块，以便采集机械本体的变形信息，建立闭环控制系统。这是提高控制系统性能、实现各种运动策略的要求。

④ 机器人控制系统应该具有自动控制和手动控制两种控制模式并能够随时切换。这是出于控制系统灵活性和人机交互的要求。

根据以上要求，最后设计出环形软体机器人控制系统的总体方案：

① 机器人控制系统利用微控制器的四个 I/O 端口来控制形状记忆合金弹簧驱动器加热电路的通断状态。

② 机器人控制系统采用锂电池作为系统总电源，并直接作为通电加热电路的电源，从总电源中引出一条支路，经过稳压电路之后，作为信号控制电路的电源。

③ 机器人控制系统采用四个弯曲传感器 flexible sensors 检测机器人弹性圆环的变形情况，并将传感器信号进行放大和模数转换（ADC）后传送至微控制器。

④ 机器人控制系统采用下位机程序和上位机界面软件相结合的方式，两者之间利用无线通信传递数据和指令，下位机程序对应自动控制模式，上位机界面软件运行时转入手动控制模式。

环形软体机器人控制系统整体结构如图 5.61 所示。

控制系统需要跟随机器人一起运动，由于环形软体机器人的特殊要求，控制系统硬件不能太大或太重，这就导致不能采用组装连接集成模块的方式搭建控制系统，必须要自主设计控制系统硬件电路。环形软体机器人控制系统的硬件电路使用 AltiumDesigner 软件设计。

(1) 主控制器单元

微控制器是整个控制系统硬件结构中最重要的核心部分，承担着信息接收与处理、发出指令控制其他单元、与上位机通信等关键职能，因此微控制器的选择对整个控制系统的性能至关重要。根据控制系统总体设计中的要求，微控制器至少需要具有以下功能：

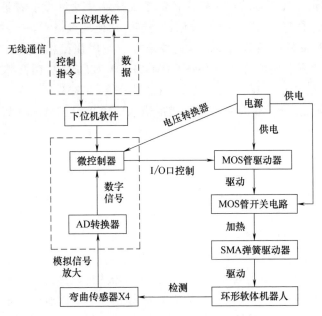

图 5.61 环形软体机器人控制系统整体结构

① I/O 端口。I/O 端口在控制系统硬件中主要有两处应用：4 个 I/O 口作为输出口控制形状记忆合金弹簧驱动器加热电路开关状态以及 4 个 I/O 口作为输入口采集传感器系统输出的模拟电压信号。由此，系统的主控制器至少应具有 8 个 I/O 口，且能够设置为数字输出、模拟输入两种状态，输出口有一定电流输出能力。

② AD 转换。弯曲传感器检测得到的弹性圆环变形状态信号经放大电路放大后输入微控制器，此时仍为模拟电压信号，需要转换为数字信号才能供控制程序使用。由于要求环形软体机器人控制系统的硬件尺寸和重量都必须尽可能小，不宜采用独立的 AD 转换器，而应选用芯片内部集成模数转换器的微控制器。

③ 数据通信。控制系统软件部分采用上位机-下位机架构，两者之间利用无线通信传递控制命令和数据，这就要求主控制器具有通信接口，以便向无线通信模块读写数据和命令。软件系统中的数据通信数据量小、无加密要求、实时性要求一般，但要求通信可靠，所以主控制器需要支持简单可靠的通信方式。

④ 中断功能。在下位机控制程序接收到上位机的控制指令时，能够暂停正在运行的程序，转而去处理上位机的需求。

⑤ 低功耗。环形软体机器人要完成独立运动，势必采用随机器人运动的独立电源，则电源容量受到限制，需要尽量降低控制系统功耗，节约能源。

⑥ 小体积。出于机器人小型化和轻量化的考虑，控制系统硬件也需要尽量小而轻。而微控制器往往是控制系统电路板上最大、最复杂的元器件，对控制系统电路板的布局、布线和最终的尺寸有重要影响。

⑦ 在线调试。在环形软体机器人控制系统设计开发过程中需要频繁调试、修改控制程序，要求主控制器支持在线调试功能，简化调试过程，节约开发时间。

综合考虑环形软体机器人控制线的要求并参考以往微控制器为核心的电路设计，最终选用意法半导体公司生产的 STM32F103C8T6 微控制器作为环形软体机器人控制系统的主控芯片。STM32 系列芯片采用 ARM Cortex-M3 内核，这是 ARM 公司专为低成本、高性能、低功耗的嵌入式应用设计的内核架构。该系列微控制器芯片具有价格低廉、外设丰富、集成度高、实时性能好、功耗低、调试方便等优点。其中 STM32F103C8T6 具有 26 个多功能 I/O 端口，2 个 10 通道 12 位 AD 转换器，串行通信接口，具有睡眠、停机、待机三种低功耗模式，内置中断事件管理器，支持在线调试，最大尺寸仅为 9.2mm×9.2mm×1.6mm，能满足环形软体机器人控制系统的要求。

在环形软体机器人系统中，将 STM32F103 微控制器的 I/O 口 PA5-PA8 设置为数字输出，分别控制四个驱动器通电加热电路，I/O 口输出高电平时相应驱动器加热电路导通，I/O 口输出低电平时相应驱动器加热电路断开；模数转换器 1 的通道 1～4 将经过放大的传感器信号转化为数字量；与上位机通信方式选用串口 US-ART1。STM32F103 微控制器的最小系统如图 5.62 所示。

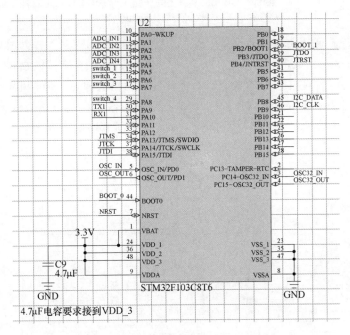

(a) STM32F103芯片

(b) 最小系统实物图

图 5.62 STM32F103 微控制器最小系统

(2)电源单元

环形软体机器人系统对供电电源有特殊的要求:

① 由于形状记忆合金弹簧驱动器是利用电流的热效应工作的,所以系统电源要能够输出大电流,保证形状记忆合金弹簧驱动器的动作速度及环形软体机器人本体滚动的速度。

②　由于电源需要随环形软体机器人一起在地面上运动，所以电源的体积和质量要尽量小，防止影响环形软体机器人本体的运动。

根据以上要求，决定选用上海双天航模电池，型号为 220，尺寸为 $45\text{mm} \times 17.5\text{mm} \times 13\text{mm}$，质量仅为 16g，最高可输出 5.5A 的电流，输出电压为 7.4V。锂电池的输出可以直接作为形状记忆合金弹簧驱动器的加热电源，但还需经过稳压电路，将电源变换到指定值（3.3V）才能直接作为信号控制电路的电源。

选用安美森公司的 NCP1117 芯片作为信号控制电路的稳压器，将锂电池输出的 7.4V 直流电压转换为 3.3V。系统的稳压电路如图 5.63 所示。图中 P1 的两个端口分别接锂电池的负极和正极。

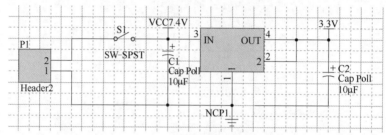

(a) 电源系统电路图

(b) 电源系统实物图

图 5.63　NCP1117 稳压电路

(3) 信号放大单元

一般传感器输出的信号都非常微弱，直接测量这些信号非常困难。信号放大电路的作用是放大由于太过微弱而难以进行各种转换、无法驱动测量设备而难以测量、无法驱动显示设备而难以显示的传感器信号。对信号的放大有很多种电路可以实现，但实际应用中的信号多为100kHz以下的低频信号，可以用集成芯片为基础设计放大电路。常用的放大电路可分为以下几种：基本放大电路、仪用放大器/电路、电桥放大电路、程控增益放大器、隔离放大电路、电荷放大器和集成隔离放大器等。

环形软体机器人控制系统中的传感器信号放大电路采用差动放大电路。核心元件采用集成运算放大器LM358N，这是一款双运算放大器。LM358N的典型差动放大电路如图5.64所示。若图中所示位置电阻满足关系式

$$\frac{R_1}{R_2} = \frac{R_4}{R_3} \tag{5.55}$$

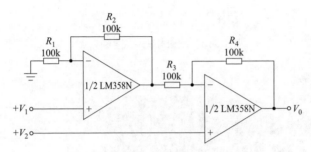

图 5.64 LM358N 的典型差动放大电路

则输出电压与输入电压的关系为：

$$V_0 = \left(1 + \frac{R_4}{R_3}\right)(V_2 - V_1) \tag{5.56}$$

基于传感器电阻特性和传感器信号电路，差分输入端电压范围为

$$0\mathrm{V} < V_2 - V_1 < 0.035\mathrm{V} \tag{5.57}$$

需要将差分输入端的电压放大到0～VCC范围内，VCC为信号控制电路电压，值为3.3V，则放大倍数应为 $K = 94$。考虑到运算放大器输出范围相对电源的压降，选定放大倍数为80。单个传感器信号放大电路如图5.65所示，其中P1的两个端口接弯曲传感器的两个输出引脚。

(4) 形状记忆合金弹簧驱动器加热电路

形状记忆合金弹簧驱动器利用电流的热效应工作，故加热电路需要具有承载大电流的能力。主控芯片的I/O口无法驱动如此大的加热电流，信号控制电路也无法承载，所以需要单独的大电流驱动电路和与信号控制电路物理分离的驱动器加热电路板。

加热电路主要由开关元件和驱动芯片两部分组成。开关元件选择英飞凌公司的IRLR3802 MOS管，最大可通过12A电流，漏极电压最高可达12V。MOS管驱动芯片选用2EDN7524F，输入端接微控制器的I/O口，输出端驱动MOS管开关。每个2EDN7524F驱动器可驱动两个MOS管，所以需要两个驱动电路，加热电路

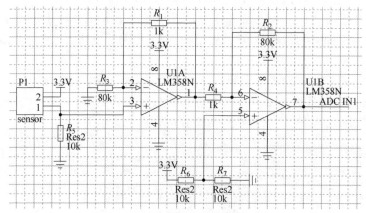

(a) 单个传感器信号放大电路

(b) 传感器信号放大电路实物图

图 5.65 单个传感器信号放大电路

实物图如图 5.66 所示。图中 OUT 接形状记忆合金弹簧驱动器的一端。

(5) 无线通信单元

环形软体机器人的控制模式分为自动控制和手动控制两种模式。自动控制模式下，程序运行在控制系统的主控芯片 STM32F103 内。手动控制模式下，需要操作者通过人机交互单元向控制系统发出控制指令，所以需要在上位 PC 机开发控制软件作为人机交互界面。上位机和环形软体机器人本体上的微控制器程序间的通信采用串口通信协议 USART，通过无线通信模块来完成，如图 5.67 所示。

无线通信模块选用深圳凌承芯电子的 LC12S 模块。该模块采用 2.4G SOC 技

图 5.66 加热电路实物图

上位机 无线通信模块 无线通信模块 微控制器

图 5.67 无线通信系统

术，传输距离可达 120m，半双工通信，抗干扰能力强，兼容标准 TTL 电平，没有数据包大小限制，延时短。通信协议转换及射频发射收发切换由模块自动完成，用户无需干预，节约了开发时间，可应用于遥控遥测、数据采集、智能家居、工业控制、AGV 机器人等领域。采用小体积的 SMD 封装，安装方便，适合作为环形软体机器人的通信模块。

环形软体机器人控制软件由下位机软件和上位机软件构成。自动控制模式下，下位机软件通过控制形状记忆合金驱动器加热电路的通断来控制驱动器的状态和环形软体机器人的变形及运动，通过弯曲传感器获得环形软体机器人本体变形状态的数据，并自行分析处理数据，无需人工干预。

如果遇到复杂环境或者需要完成复杂的运动模式时，就需要人工控制环形软体机器人进行变形、运动。操作者通过上位机软件控制机器人系统：操作者通过上位机软件，经由无线通信模块向下位机发出控制指令，下位机接收到上位机发来的指令后，根据事先约定好的协议进行解读，然后根据解读结果，控制形状记忆合金弹簧驱动器完成上位机指定的动作，环形软体机器人本体即可按照操作者的意图进行运动。

(6) 下位机控制程序

STM32 系列微处理器是在 ARM Cortex-M3 内核架构上开发出来的，所以大部分 ARM 内核的开发工具和环境都能进行 STM32 软件开发。常用的基于 ARM 的嵌入式集成开发环境（IDE）主要有三个：ADS、IAR 和 Keil MDK。

环形软体机器人控制系统的下位机软件开发过程要求开发环境对开发者友好、编程方便、调试简单、对 ARM 控制器内核支持度高，而对编译效率没有特别要求，故选用 Keil MDK 作为开发环境最为合适。下位机控制程序采用 C 语言编写。相对于汇编语言，C 语言具有高级语言对程序员友好、编程难度小的优点；相比于其他高级语言，C 语言又具有更接近底层硬件的优势，因此最适合用来开发嵌入式微控制器程序。

下位机软件的主要功能有两部分：自动控制机器人运动、与上位机软件通信。这两部分的程序流程如图 5.68 所示。

默认运行自动模式下的程序。机器人启动后首先进行微控制器的一系列初始化，包括串口通信初始化、中断设置初始化、AD 转换器初始化等。然后读取四个弯曲传感器的数据，以判断机器人的初始姿态，决定形状记忆合金弹簧驱动器的通电加热顺序，进入自动运行模式，如图 5.68（a）所示。自动模式下，程序运行于一个死循环模块，不停读取传感器信息，判断环形软体机器人本体的变形情况，若处于加热状态的形状记忆合金弹簧驱动器的变形量达到指定值，则停止加热该驱动器，转而加热下一驱动器。不断循环，机器人就能连续滚动。

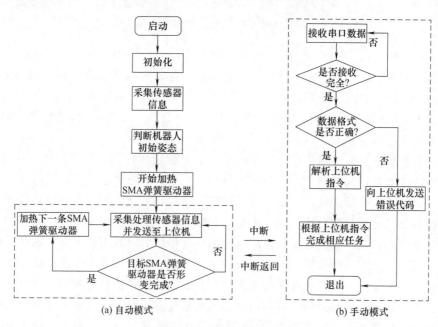

图 5.68 下位机软件程序流程图

手动控制模式下，上位机软件向下位机控制程序发送指令，控制环形软体机器人运动。下位机开启串口接收中断，接收到上位机发送的指令后，程序进入串口中断服务函数。进入串口中断服务程序后，首先判断串口数据是否接收完毕，若没有接收完毕，则继续接收，否则进行下一步，判断接收到的数据格式是否正确，若不正确，则向上位机发送错误代码，请求重新发送，然后退出中断服务函数，返回主循环。若正确，则进行下一步，解码上位机发送的控制指令，根据解码结果调用想用的功能函数，改变环形软体机器人运动参数或控制其完成特定动作。最后中断服务程序结束退出，返回主循环。整个过程如图5.68（b）所示。

(7) 上位机交互软件

用 QT 开发的环形软体机器人上位机控制界面如图 5.69 所示。界面中包括一个测试区、一个设置区、一个发送历史窗口和一个控制区。

控制区在实际运行过程中起作用，共有七个按钮。"向左滚动""向右滚动"按钮用来控制机器人的运动方向。"加速""减速"按钮用来控制机器人的运动速度。"单驱动""双驱动"按钮用来设置机器人的运动模式，即由几个形状记忆合金弹簧驱动器驱动。"停止"用来使机器人停止运动。按下相应按钮后，上位机会向下位机控制程序发送相应的控制指令，下位机控制系统控制机器人本体完成相应动作。

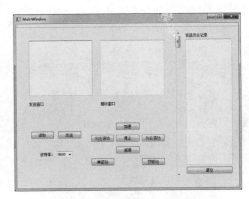

图 5.69 环形软体机器人人机交互界面

测试区主要用于机器人系统调试过程，包含一对"发送"按钮和窗口、一对"读取"按钮和窗口。对机器人系统进行调试时，通过按钮发送任意经由上下位机事先约定的控制指令，可以使环形软体机器人完成常规动作以外的动作，例如单独控制某一个形状记忆合金弹簧驱动器加热电路的通断。"读取"按钮用来从下位机读取机器人系统的实时状态，包括所有驱动器加热电路实时通断状态和所有传感器实时状态。

发送历史窗口用以记录发送的控制命令。

设置区用来设置上位机和下位机无线通信的波特率。

(8) 开环控制系统运动实验

在开环控制系统下，在控制程序中设置好对形状记忆合金弹簧驱动器的通电加热时间和加热电路开关顺序，没有利用弯曲传感器的测量数据进行反馈调节。在此控制模式下，分别进行了单驱动器驱动和双驱动器驱动实验。相比单驱动器运动模式，双驱动器驱动模式能够增大弹性圆环与地面的接触范围，降低了机器人重心，提高运动过程中的稳定性。缺点是需要更大电流，会加重驱动电路和电源的负载。

单驱动器运动模式下，任意时刻只有一个形状记忆合金弹簧驱动器被通电加热，其驱动顺序如图 5.70 所示。逻辑图中为高代表加热，为低代表冷却。

$T=10s$ 时，环形软体机器人的运动如图 5.71 所示，相应的时间-位移曲线如图 5.72 所示。

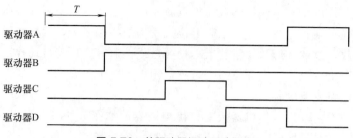

图 5.70　单驱动器运动驱动顺序

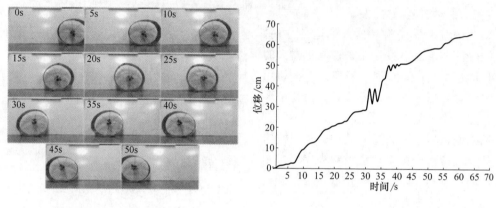

图 5.71　T= 10s，单驱动器

图 5.72　T= 10s，单驱动器的时间-位移曲线

T＝15s 时，环形软体机器人的运动如图 5.73 所示，相应的时间-位移曲线如图 5.74 所示。

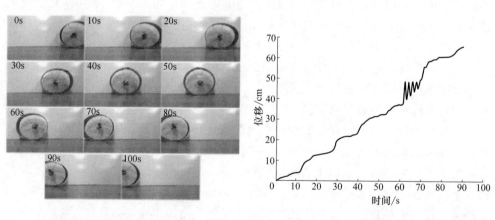

图 5.73　T= 15s，单驱动器

图 5.74　T= 15s，单驱动器的时间-位移曲线

T＝20s 时，环形软体机器人的运动如图 5.75 所示，相应的时间-位移曲线如图 5.76 所示。

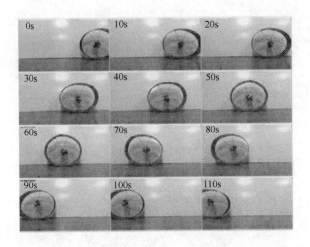

图 5.75　T= 20s，单驱动器

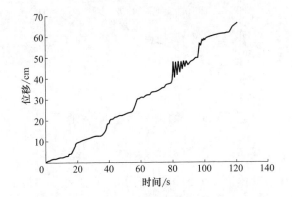

图 5.76　T= 20s，单驱动器的时间-位移曲线

双驱动器运动模式下，任意时刻都有两个形状记忆合金弹簧驱动器被通电加热，其驱动顺序如图 5.77 所示。

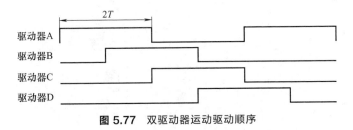

图 5.77　双驱动器运动驱动顺序

T＝10s 时，环形软体机器人的运动如图 5.78 所示，相应的时间-位移曲线如图 5.79 所示。

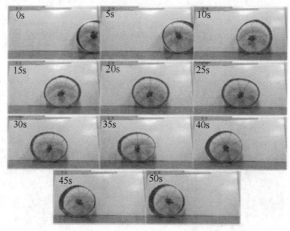

图 5.78 T = 10s，双驱动器

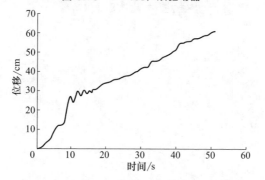

图 5.79 T = 10s，双驱动器的时间-位移曲线

$T=15s$ 时，环形软体机器人的运动如图 5.80 所示，相应的时间-位移曲线如图 5.81 所示。

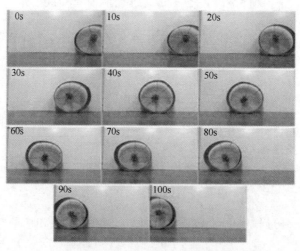

图 5.80 T = 15s，双驱动器

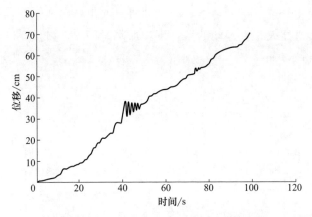

图 5.81 T = 15s，双驱动器的时间-位移曲线

T = 20s 时，环形软体机器人的运动如图 5.82 所示，相应的位移-时间曲线如图 5.83 所示。

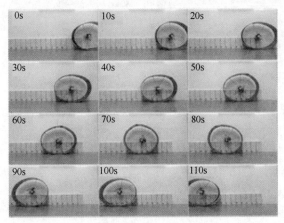

图 5.82 T = 20s，双驱动器

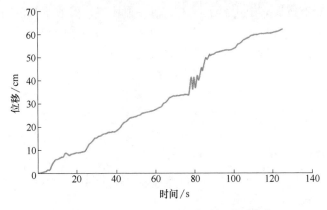

图 5.83 T = 20s，双驱动器的时间-位移曲线

从以上两组实验可以得出结论：在单驱动器工作模式或双驱动器工作模式中，在保证环形软体机器人正常运动的条件下，加热时间 T 越短，机器人运动速度越快，如图 5.84 所示。

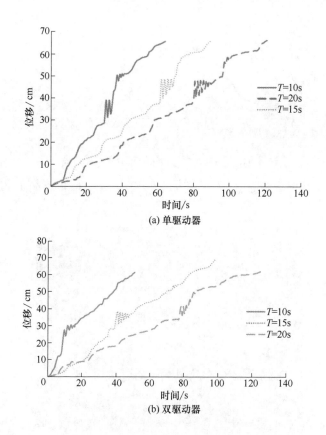

图 5.84 不同加热时间下的时间-位移曲线比较图

在双驱动器工作模式中，由于增大了弹性圆环与地面的接触范围，降低了机器人重心，提高了稳定性，故振荡现象有所改善。在 T 值相同的情况下，由于每个运动周期形状记忆合金弹簧驱动器的有效加热时间与单驱动器工作模式中的有效加热时间相同，所以运动速度也基本持平，如图 5.85 所示。

开环控制模式下，每个运动周期形状记忆合金弹簧驱动器的加热时间是一定的，这导致了机器人运动时对复杂环境和突发情况的适应性较弱，从开环运动实验的位移曲线中可以看到，每条曲线中都出现了振荡现象，这是由于弹性圆环在制作时头尾连接处材料不均匀导致的。开环控制模式下，系统仅依据加热时间运行，不检测弹性圆环是否已经达到变形量，在遇到头尾连接处时，就会出现往复摆动，表现在位移曲线上就是曲线的振荡。

而在闭环控制模式下，系统不再根据加热时间运行，而是通过弯曲传感器检测

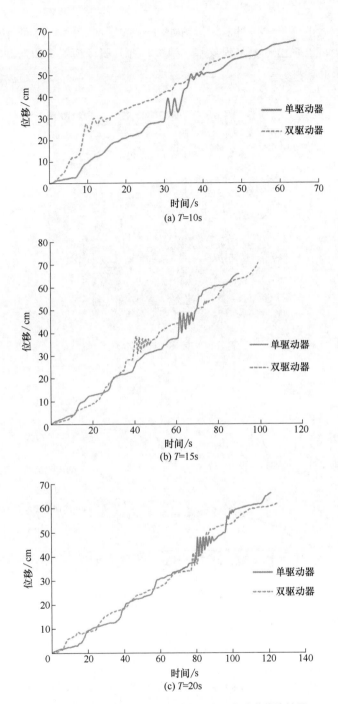

(a) T=10s

(b) T=15s

(c) T=20s

图 5.85　驱动器数量不同时的时间-位移曲线比较图

弹性圆环的变形量，只有变形量满足要求时才继续下一步动作，增强了环形软体机器人运动时对环境和突发情况的适应性。

闭环控制模式下环形软体机器人运动如图5.86所示,位移-时间曲线如图5.87所示。从曲线中可以看出,振荡现象基本消失,并且闭环模式下的运动速度基本与开环模式下的最高速度持平。

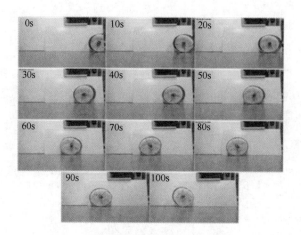

图 5.86 闭环控制模式

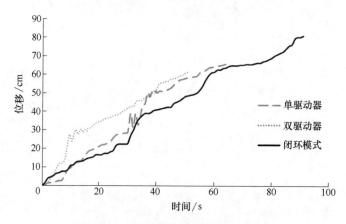

图 5.87 闭环控制与开环控制模式比较

5.4 小结

本章详细介绍了软体机器人的控制方法及控制系统设计方法,并且引入了一些实例去印证这些方法。

软体机器人的控制方法主要是从刚体机器人上移植过来的,包括 PID 控制、神经网络控制、模糊控制等简单控制方法,及其相互配合而生的自适应模糊 PID 控制、神经网络 PID 控制、模糊神经网络控制等复杂控制方法。很多控制方法需要系统的精确数学模型和物理模型，但是软体机器人因为其材料的非线性，通常很难建立精确的模型，因此，采用 RBF 神经网络进行系统辨识是一个很好的选择。通过系统辨识，可以得到系统的大致模型，之后就可以利用刚体机器人上已经很成熟的控制方法了。章节中列举了一些实例，采用模糊控制和自适应 PID 控制的系统控制效果明显好于采用普通 PID 控制的系统。值得一提的是，控制系统的设计并不是越复杂越好。更复杂的控制系统意味着更困难的参数整定，很多复杂的控制方法并不适用于所有的系统，所以在实际的软体机器人控制中，应该具体问题具体分析，根据实际情况选取控制方法。

　　本章节选取了两个实例进行分析，分别是差动式软体机器人（包含软体爬行机器人和多模块软体机器人）和 SMA 弹簧环形软体机器人。差动式软体机器人基于神经网络算法，选用方位角传感器完成了其闭环控制系统搭建。首先针对软体爬行机器人设计了两输入（静摩擦因数、偏转角度）、一输出（充气时间）的 RBF 神经网络控制，进行实验数据的采集，并与神经网络学习样本后的结果进行对比，然后进行了软体爬行机器人的硬件设计和软件设计。由于差动软体机器人和多模块软体机器人属于爬行机器人，需要较大的运动空间，为机器人设计了机载控制系统。机载控制系统由机载传感器、机载控制板和机载无线模块组成，机载控制板与主控制板间采用无线通信的方式，减少了软体爬行机器人与控制板间数据线、电线的连接。主控制板是整个控制系统最为核心的一环，起到信息的接收、传递以及直接控制软体爬行机器人运动的作用。上位机软件起到人机交互的作用，界面由 QT 软件开发工具开发，具有手动模式和自动模式两种运动模式选择。同时搭建了软体爬行机器人运动实验平台，研究了软体爬行机器人的控制序列，设计了差动软体机器人和多模块软体机器人的开环控制实验，包括直线运动实验和转弯运动实验，并在不同静摩擦因数地板上采集数据，进行实验对比。设计了软体爬行机器人的闭环控制策略，为了保证软体爬行机器人按初始方向进行直线运动，采用"3+1"的控制策略，即 3 个周期的直线运动和 1 个周期的纠正运动，最终解决了软体爬行机器人直线运动的角度偏差问题，实现了很好的控制效果。

　　环形软体机器人的控制系统设计，包括硬件设计和软件设计。由于环形软体机器人的特殊要求，控制系统硬件不能太大或太重。设计内容包括最小控制系统、电源系统、传感器与信号处理系统、形状记忆合金弹簧驱动器加热电路、无线通信系统等，进行了相关系统的电路图设计、制作及调试。环形软体机器人控制系统的软件部分包含下位机控制程序和上位机交互界面两部分。下位机软件用 keil MDK 开发环境编写，运行于 STM32 微控制器上，可用于自动模式下的机器人运动控制。上位机软件用 QT 工具开发而成，运行于上位 PC 机，用于手动模式下的人机交互，同时为环形软体机器人设计了开环和闭环两种控制策略，并分别进行了实验研究。

第 **6** 章

传感器

　　软体机器人是一个新兴的研究领域，它柔软的结构主要依赖于柔顺的、可连续变形的弹性材料。通过软体驱动器驱动，软体机器人可以产生连续变形；其次材料的柔顺性也使机器人能够对不同的环境产生适应性。为了精确控制机器人的运动，有必要采用闭环的控制系统，这就要求安装传感器以便对机器人运动的姿态、位置以及受力等信息进行检测。

　　使用外部传感设备，比如使用多台相机组成的视觉定位系统或者磁跟踪系统等，可以为机器人提供必要的位置反馈信息，实现机器人闭环控制。但是，对于软体机器人来说，需要处于软体机器人结构内部的嵌入式的传感器来获得机器人精确的位姿以及检测其他诸如应力、压力等力学信息。这对于软体机器人闭环控制的研究是个很大的挑战，因为软体机器人连续可变形和多自由度的特点要求传感器具有高柔顺性且高精度，大量原本应用于传统刚性机器人的传感器，包括编码器、电位计、金属或半导体应变仪等，由于刚性的原因无法应用于软体机器人中。能够承受大变形，具有低模量的柔性可嵌入式传感器是应用于软体机器人的传感器的发展方向。

　　现有的应用于软体机器人的传感器大致包括基于电阻变化的柔性电阻传感器，利用光强变化获取信息的光纤传感器，基于电容变化的柔性电容传感器以及利用霍尔效应和磁通量变化获取信息的磁传感器。通过这些传感器，可以实现对软体机器人结构曲率、位置姿态信息的检测，也能够测量结构表面受到的压力、应力等触觉信息。下面对国内外几种传感器的技术原理进行详细的介绍。

6.1　电阻型传感器

　　电阻型传感器是通过电阻阻值变化来获取信息的传感器。通常当传感器的外形结构发生变化后其阻值也产生变化。将传感器以电阻的形式接入分压电路，电阻的变化就会以分压点电压变化的形式反映出来，通过将放大后的电压信号进行计算分析，就能够反推出传感器产生的形变大小，从而得知软体机器人的结构信息，比如弯曲程度和曲率大小。下面介绍三种常被应用于软体机器人领域的电阻型传感器。

6.1.1 Flex Sensor 型商用传感器

目前在软体机器人领域中，比较常用且已经商业化的电阻型传感器是 Flex Sensor 类型的，其他类似的品牌有 Flexiforce®、Bend Sensor®、StretchSense® 等。如图 6.1 所示，这种传感器具有比较好的柔性，在外力的作用下可以实现弯曲。

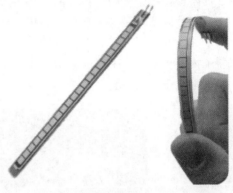

从传感器结构和原理的角度来说，这种传感器由一层具有导电特性的油墨涂层和轻薄柔韧的薄膜基板构成。当薄膜产生弯曲时，油墨涂层中的导电颗粒被迫产生分离，因此当向传感器的末端施加电压后，电子的流动就会受到阻碍。当柔性基板弯曲时，如果在曲率的外侧涂有油墨涂层，

图 6.1 Flex Sensor 的外观

油墨涂层就会受到拉伸产生这种效应。电阻的变化可以检测出传感器一个弯曲方向上的曲率。这种传感器能够较好地应用于软体驱动器中，然而这种传感器的不足是具有较差的高动态性能并且输出信号存在漂移现象。

如今市场上常见的 Flex Sensor 有 2.2in 和 4.5in 两种长度规格。当它处于平整非弯曲状态时，其阻值大约为 10kΩ，当它如图 6.2 所示分别发生 90° 和 180° 弯曲时，其阻值能增长至 14kΩ 和 22kΩ，在发生最大弯曲程度时，传感器的阻值能够超过它平整时阻值的两倍。图 6.3 展示了基本的 Flex Sensor 使用电路，其中和传

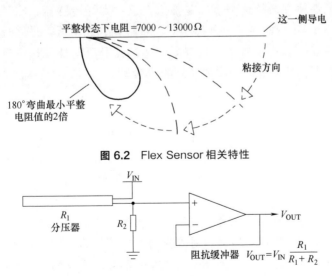

图 6.2 Flex Sensor 相关特性

$$V_{OUT} = V_{IN} \frac{R_1}{R_1 + R_2}$$

图 6.3 基本的 Flex Sensor 使用电路

感器一起使用的是用作阻抗缓冲器的单侧运算放大器。推荐使用的运算放大器有 LM358 和 LM324。

Flex Sensor 可广泛应用于虚拟现实游戏、医疗设施、物理治疗、乐器和自动化控制等领域。早在 2005 年，Lisa 等人就已经使用了 Flex Sensor 技术制造了传感数据手套，用于临床采集和测量患者手部的运动数据，从而能客观地衡量患者参与家庭和社区活动时的手部功能，更好地规划和评估患者手部康复治疗。

如图 6.4 所示，五个传感器被放置在掌指关节处，信号处理器放置在手臂上的盒子内。传感器和手套的重量小于 7.1g，加上信号处理盒，整体重量约为 85g，总体成本低于 40 美元。

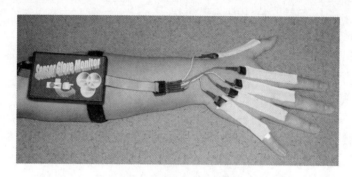

图 6.4 传感数据手套的原型

为了满足穿戴舒适性、耐用性的设计要求，研究者选择包含 93% 人造纤维和 7% 尼龙的混合材料，用该混合材料制造可以插入传感器的薄套管。每个套管连接到手指的后部，以便将传感器直接定位在每个关节上。在传感器的选择方面，研究人员综合考虑了各种方案的优缺点，包括应变仪、光纤传感器、霍尔效应传感器等。由于 Flex Sensor 弯曲传感器外形小巧、重量轻、成本低，最终选择采用 Flex Sensor 弯曲传感器。虽然原型手套只有 5 个传感器，但这种设计可以灵活地为所有关节和手指内收、外展的运动添加额外的传感器。

除了将弯曲传感器应用于数据手套这一案例，近些年来上海交通大学机器人所也将 Flex Sensor 传感器与软体机器人相结合，开展了多项研究。依靠翻滚实现圆环软体机器人的移动是其中的一项研究成果。由形状记忆合金弹簧驱动的环形结构已经在本书 4.2 节软体机器人的结构中进行了详细的阐述，下面就简单回顾一下该机器人的结构和驱动方式，着重介绍一下它是如何使用 Flex Sensor 进行闭环控制的。

首先研究者选择了形状记忆合金弹簧作为该软体机器人的驱动器。由于记忆合金弹簧具有受热收缩的物理特性，当对弹簧通以电流进行加热时，弹簧温度上升、长度减小，从而产生驱动力。整个环形机器人主体包含了由 Mn65 弹簧钢片制成的薄圆环、4 条形状记忆合金弹簧、4 个 Flex Sensor 弯曲传感器和 1 个控制电路板。

从图 6.5 可以看出，4 条形状记忆合金弹簧在圆环内部按对称辐射状分布，构成了驱动器 A、B、C 和 D，而弯曲传感器粘贴在圆环的内表面上，每一个传感器的位置对应于一条形状记忆合金弹簧。

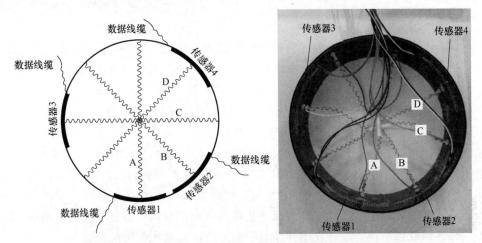

图 6.5 环形软体机器人结构

图 6.6 展示了环形软体机器人在单根形状记忆合金弹簧加热周期内发生的翻滚运动。由于斜向的形状记忆合金弹簧（图 6.6 中的弹簧 B）在加热过程中产生收缩，机器人变形为椭圆形。此时机器人的重心偏移产生了翻转力矩，驱动机器人向前滚动。最后机器人变形恢复，开始下一个滚动周期。

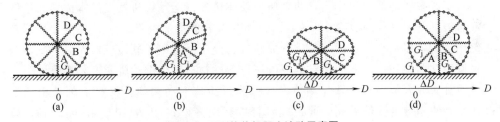

图 6.6 环形软体机器人滚动示意图

为了控制环形软体机器人进行自动翻滚，研究人员使用了四个弯曲传感器来实时检测圆环形状，从而建立闭环控制。将 Flex Sensor 这种薄片状电阻传感器粘贴于圆环内表面时，其曲率可以跟随圆环的变形而改变，而弯曲传感器的电阻随曲率的增加而减小。因此通过传感器电阻的变化情况可以推断出哪一根形状记忆合金弹簧正处于加热周期内产生驱动力，圆环整体的变形信息也能得到，用于控制软体机器人的滚动和前进运动。

在运动周期开始时，环形软体机器人呈圆形，此时弯曲传感器为初始状态，电阻阻值处于最小值 $R_{\min}$。当相应的形状记忆合金弹簧达到最大形变时，它的电阻阻值处于最大值 $R_{\max}$。在形状记忆合金弹簧变形过程中的某一瞬间，传感器阻值

为 R_i，显然 R_i 处于 R_{min} 和 R_{max} 范围内。在经过 10 位 A/D 转换后，控制板就能获取到弯曲传感器的读数。因此弯曲传感器的变形可以通过下面这个公式进行表达：

$$\Delta_i = \frac{R_i - R_{min}}{R_{max} - R_{min}} \times 2^{10} \tag{6.1}$$

每一个形状记忆合金弹簧对应的弯曲传感器形变 Δ_i 在 $0 \sim 1024$ 的范围内进行变化。基于四个弯曲传感器的数据，软体机器人的控制系统可以推断出机器人的变形状态，从而决定在下一步骤中要在什么时间点驱动哪根弹簧工作。在初始状态，驱动器 A 处于加热周期内发生了收缩。当 Δ_1 的测量值大于阈值 800，则可以认为驱动器 A 已经达到其最大形变并且处于垂直状态。如果希望机器人顺时针滚动，控制板会停止加热驱动器 A 并开始加热驱动器 B。当 Δ_2 的测量值大于阈值 800，驱动器 B 的加热就会停止并开始加热驱动器 C 直到 Δ_3 的值超过阈值 800，驱动器 D 开始加热。同样地，当 Δ_4 大于 800 时，机器人停止加热驱动器 D 并开始加热驱动器 A。通过对四个弯曲传感器的反馈数据进行阈值判断，重复上述的加热循环过程，该环形软体机器人就能在闭环控制下实现连续自动地翻滚前进运动。

6.1.2　导电液体注入硅胶腔体形成的传感器

为了不影响软体驱动器的高顺应性，机器人系统内的各元器件应尽可能地满足可弯曲和可拉伸的特性来适应软体机器人的大变形，其中就包含了嵌入式传感器，这也导致近些年来柔软、可拉伸电子设备的研制受到了极大关注。

由于许多驱动器通过产生弯曲来驱使软体机器人运动，机器人的本体感知依赖于弯曲传感器，它们应具有 $10^5 \sim 10^6 Pa$ 范围内的低特征模量，这对机器人的结构变化产生的阻碍最小。目前一种比较成熟且已经广泛运用于软体机器人的传感器为电阻型传感器，该传感器使用导电液体填充弹性材料结构中的微通道来形成电阻。

通常研究人员会利用软光刻技术或掩膜沉积技术在薄弹性材料上刻蚀出微通道，然后使用导电液体填充微通道或者直接利用嵌入式 3D 打印技术（e-3DP）将导电液体直接打印在弹性材料上来制造传感器。镓铟共熔液体（eGaIn）由于在常温下呈液态且具有低毒性，成为了研究者首选的制造传感器的导电液体。除此以外，Cheung 研究团队和 Stefania 研究团队也尝试了使用具有生物相容性的氯化钠溶液作为导电液体制作了相关传感器。

当软体机器人发生变形时，含有导电液体的微通道随之发生变形。通道的长度和截面积大小都会产生变化，引起导电液体的电阻发生变化。检测这一变化并通过设计具有不同几何形状的微通道可以使传感器具有测量各种应变，包括拉伸、剪切和弯曲曲率等不同物理量的能力。

下面结合多个实际案例来具体说明这一技术的应用。

美国普渡大学的 R. Adam 等人制造了一款气动硅胶软体抓手，如图 6.7 所示。

他们使用 eGaIn 导电液体来制造弯曲应力传感器，并将微管道和驱动器的设计融为一体，既降低了制造复杂性，又优化了部件之间的相互作用。

图 6.7　软体抓手外观

在制造过程中，研究者使用了两种不同的硅胶材料 Ecoflex 00-30 和 Silgard 184。前者用于制造驱动器的气体通道和抓手的主体，后者用于密封气体通道。他们通过 3D 打印的模具形成单一的进气口。

3D 打印技术的使用大大降低了模具的制造难度，缩短了制造时间，使研究人员能够快速地更迭优化模具设计方案来集成传感器。考虑到需要将传感器的微通道结合到抓手的结构中，研究人员将制造方法进行了改进。

具体的工艺改进主要是使用了两个模具，如图 6.8 所示，即主模具［图 6.8 (a)］和副模具［图 6.8 (b)］，它们是制造软体抓手主体结构的关键。图 6.9 具体展示了整个抓手结构的制造流程。首先研究人员需要用未固化的 Ecoflex 材料填充主模具，由于主模具的底面上具有特殊构造的浮雕特征，它们可以作为传感器制造过程中填充 eGaIn 导电液体的微通道。随后将副模具放入主模具的 Ecoflex 液体中用以形成气体通道，该通道与传感器的微通道分别位于结构的上侧和下侧。当材料完全固化后就能从模具中取出。图 6.9 (a)～(d) 展示了这些过程。

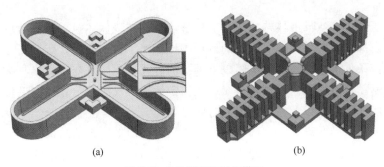

| (a) | (b) |

图 6.8　软体抓手的制作模具

之后，研究人员将处于室温状态下的 eGaIn 液体注入至硅胶结构的微通道内，并在微通道上方覆盖一层 Ecoflex 材料用于密封。这样的密封方式要比之前先密封通道再注入导电液体的方法更加方便容易。在密封通道的过程中，研究人员需要防止液态材料形成厚厚的一层聚合物，这是因为驱动器的弯曲运动是由结构底部和顶部材料不同导致的刚度差引起的，结构上过厚的聚合物层会因为几何尺寸的改变而增加其刚度，导致驱动器的弯曲程度降低。当硅胶固化后，研究人员使用电线刺穿材料薄层，使其和 eGaIn 液体接触，随后将导线向下弯折，并用几滴 Ecoflex 把导

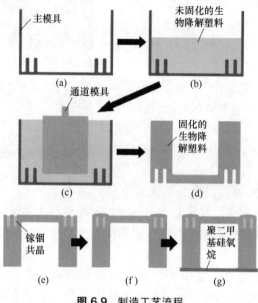

图 6.9 制造工艺流程

线密封在结构上，防止导线在软体抓手发生大的弯曲变形时被拉出。气管也通过中央的空心嵌入结构并以相同方式密封。为了完成整体气腔的结构，研究人员准备了一层固化的由 Silgard 184 材料制成的薄层，在其表面涂上了少量的弹性体液体后将之前完成的结构放置在上面。当具有黏合性的液体固化后，软体抓手的整体结构就黏合完成。

测试表明由 eGaIn 液体构成的应变传感器能够在该软体抓手的驱动过程中提供实时的信息反馈。对软体抓手进行的两项测试证实了这一嵌入式传感器工作的有效性。在受控条件下，传感器的电阻以可预测的方式变化，且变化直接与抓手手臂中的应变和驱动速率相关。测试还表明，在恒定的输入气压下，软体抓手可以感知自己是否已经抓住物体以及抓住物体的时间。

除了上述这种在设计中直接将 eGaIn 传感器与驱动器本体结构相结合，一起加工制造完成的案例外，还存在着许多以人工皮肤为概念，使用导电液体注入硅胶腔体的传感器案例。这些传感器以高度可变形的弹性体作为基质，通过设计不同几何形状的通道排布实现与触觉相关物理量的测量。经过设计、制造和表征的过程，传感器就能大致实现其功能。

2011 年，Rebecca 等人利用导电液体注入硅胶腔体微通道的技术制造了具有超弹性、超薄特性的透明压敏键盘，其外观如图 6.10 所示。由导电液体填充的微通道在弹性体基质内形成了一个 3×4 的方块矩阵，每一个方块都由横向和纵向的微通道交叉构成。向弹性体表面施加压力时，下面的微通道的横截面会产生变形并改变受影响通道的电阻。当 12 个方块中有一个方块受到按压时，其所在的行和列两个通道的电阻阻值会发生明显的变化。因此通过对 12 个通道电阻阻值变化情况的检测，就能反推出哪一个方块按键受到了按压。从图 6.11 可见，每一个按键都对应 2～3 个英文字母，通过判断按键的按压持续时间就可以区分出该按压所对应的英文字母。经过测试，研究人员发现对于高度为 $20\mu m$、宽度为 $200\mu m$ 的微通道尺寸，在导电液体微通道上产生 5% 的输出电压变化需要大约 $100kPa$ 的压力。与这一参数相关的是键盘的灵敏度，可以通过改变通道几何形状和选择不同的弹性材料来调整键盘的灵敏度。

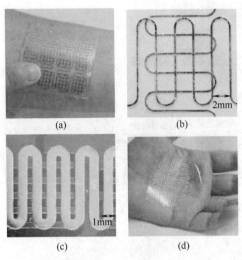

图 6.10　压敏键盘的外观

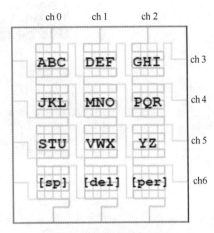

图 6.11　压敏键盘原理图

2012 年，Yong-Lae 等人制造了如图 6.12 所示的具有高顺从性的人造皮肤传感器。该传感器尺寸为 $25mm \times 25mm$，厚度约为 $3.5mm$，特征模量约为 $63kPa$，能达到约 250% 的应变。该传感器由三层硅胶组成，每一层都具有不同排列方式的微通道用以实现不同物理量的检测。在最底下的硅胶层中，微通道沿 X 方向横向排布用以实现传感器在 X 方向上应变的检测。同理在硅胶中间层，微通道沿 Y 方向纵向排布用以实现传感器在 Y 方向上应变的检测。在最上层的硅胶层中，微通道以螺旋形方式排布，这样可以使传感器测量在 Z 方向上受到的压力。

2013 年，哈佛大学的 Daniel 团队同样利用和上述案例相似的原理设计了新型软体多轴力传感器。和 Yong-Lae 研制的人造皮肤传感器不同的是，该传感器只包含一层微通道，利用新型的微通道排布结构就能测量传感器法向和平面内剪切力。如图 6.13 所示，研究人员设计了两种具有不同微通道排布结构的原型传感器，它们整体尺寸为 $50mm \times 60mm \times 7mm$，而两者微通道的尺寸分别为 $200\mu m \times 200\mu m$ 和 $300\mu m \times 700\mu m$。实验显示，第一个原型传感器沿面内两轴的力敏感度为 $37.0mV/N$ 和 $-28.6mV/N$，而第二个原型传感器能够监测和区分法向力和平面力。

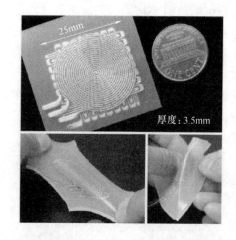

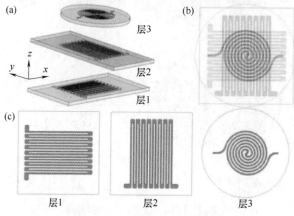

图 6.12　人造皮肤外观与结构

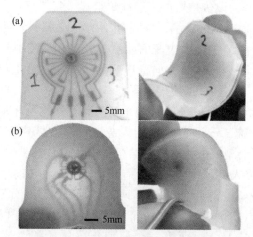

图 6.13　软体传感器原型 1 和原型 2

这些传感器不仅可以检测施加到表面的法向力，还可以测量面内剪切力的方向和大小。第一个传感器原型既灵活又可拉伸，但是填充 eGaIn 液体的微通道会受到不理想的压力或应力，影响传感器信号。第二个原型通过使用嵌入式柔性电路作为基底解决了这种潜在的不足。这种传感器的一个潜在应用案例是可以安装在机器手爪上以通过闭环力控制来测试抓握。通过传感器的三轴力信息，机器人将能够确定静态抓握物体的参数，还能够检测滑动和故障，从而使用最小的法向力提起物体。

6.1.3 导电橡胶传感器

导电橡胶是一种含有均匀分布的金属或炭黑等导电颗粒的硅橡胶材料，它在一般情况下都具有导电性。当导电橡胶不受外力作用时，材料内部的导电颗粒不会相互接触，没有电流通过颗粒，因此它的电阻阻值很高；当外力作用在导电橡胶上时，导电橡胶会发生变形和体积压缩，迫使导电颗粒彼此接触形成一定的导电能力，因此材料的阻值大幅降低，这就是导电橡胶的压阻特性，如图 6.14 所示。同时导电橡胶还具备柔软、高弹性、易于加工等诸多优点，因此是制作触觉传感器的优良材料。

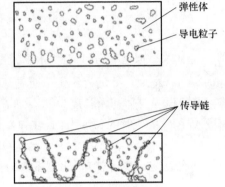

图 6.14　导电橡胶导电机理示意图

如图 6.15 所示，导电橡胶电阻率与炭黑含量的关系曲线可以划分为三个区域。电阻率较高的 A 区称为绝缘区；电阻率急剧下降的 B 区称为渗透区；电阻率较低的 C 区称为导电区。

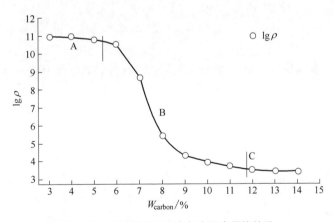

图 6.15　导电橡胶电阻率与炭黑含量的关系

在绝缘区 A 内，导电橡胶中的炭黑含量低于逾渗阈值时，炭黑颗粒之间的间隙大并且炭黑颗粒的聚集很少，因此导电路径难以形成，颗粒聚集体之间的空间大，颗粒之间的电子跃迁难以产生，这导致了复合材料显示出高电阻率。

在渗滤区 B 内，随着导电橡胶中炭黑含量的不断增加，炭黑颗粒聚集连接并开始形成导电通路，并且聚集体之间的空间不断减小。结果就是电子跃迁的概率大大提高，复合材料的电导率急剧增加。

区域 C 是导电区域。随着炭黑填充物的不断增加，炭黑含量将超过逾渗阈值，炭黑颗粒之间的间隙将进一步缩短。因此聚集体的链路逐渐稳定，导电路径的数量基本达到最大值。

量子隧道效应理论是由 Sheng.P 提出的，试图从材料中的微电子运动来解释这一现象。假设导电粒子空间间隙的统计平均值为 ω，宏电流密度 $J(\omega)$ 与 ω 之间的关系为：

$$J(\omega) = J_0 \exp\left[-\frac{\pi\chi\omega}{2}\left(\frac{\varepsilon}{\varepsilon_0} - 1\right)^2\right] \tag{6.2}$$

式中，ε_0 为无外力时间隙间的场强；ε 为加外力时间隙间的场强；ω 为电子质量；$\chi = (2m\varphi/\hbar^2)$，$\hbar$ 为约化普朗克常数，φ 为有效隧道势垒。

若导电橡胶体初始长度为 l_0，理想条件下橡胶满足胡克定律，k_1 为弹性系数。当橡胶受外力 F 时的长度为 l，在弹性形变范围内有：

$$F = k_1(l - l_0) = k_1\Delta l \tag{6.3}$$

其次假设 ω 正比于 l，比例系数为 k_2，即：

$$\omega = k_2 l \tag{6.4}$$

间隙间场强 ε 在其他条件不变时与 ω 成正比：

$$\frac{\varepsilon}{\varepsilon_0} = \frac{\omega}{\omega_0} = \frac{l}{l_0} \tag{6.5}$$

对于横截面积恒定的导电橡胶体，其电阻 R 可以描述为：

$$R = \frac{\rho l}{S} \tag{6.6}$$

式中，l 为橡胶体的长度；S 为截面积；ρ 为电阻率。

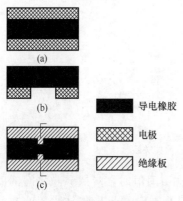

图 6.16 电极的类型

将式（6.2）～式（6.5）代入式（6.6）中，针对点接触的电极和面接触的电极这两种情况可以分别推出导电橡胶电阻阻值与压力之间的关系。如图 6.16 所示，（a）代表面电极，电极位于导电橡胶两侧；（b）代表面电极，电极位于导电橡胶同侧；（c）代表点电极，位于导电橡胶内侧。

在以导电橡胶为材料制造传感器这一研究方向中，国内外大量的研究都像上面所述的案例那样，以导电橡胶的压阻效应

图例：
■ 导电橡胶
▨ 电极
▱ 绝缘板

为原理,以大量的传感元件排布成阵列的样式为基础,通过对整体结构进行创新和使用不同的阵列扫描方式来研发力传感器。关于扫描方式,大约可以分为四种方法:Ishikawa 和 Shimojo 对每一个元件进行单独测量,然而这种方法需要在每一个测量点进行场效应晶体管切换,因此难以将传感器做薄做小。Snyder 等人提出了通过在所有测量点插入二极管来防止串扰电流的方法。然而如果电极之间存在泄漏电阻,则串扰电流依然存在,并且测量值的误差会增大。针对串扰电流的问题,Kanaya 和 Ishikawa 采用了切割导电橡胶狭缝并在电极之间插入绝缘体的方式来减少串扰电流。Purbrick 提出了电压镜像法,通过将位于非测量点的驱动线设置为输出电压来消除串扰电流。Hillis 提出了零电压法。这一方法改变了电压镜像法的输出电路,将扫描电极的电压设定为零电位,简化了电路。丁俊香等人采用了交叉的两层节点层构成框架,并使用注射成形的方式浇注导电橡胶至节点框架制成传感器。通过图解的方式可以求解出传感器的受力位置并进一步解耦得到力的大小。该传感器力学性能良好、柔韧性好、抗干扰能力强,能够满足传感器表面三维连续点和柔性的测量要求。东京大学的 Makoto 等人提出了一种通过在导电橡胶表面缝合电线制成的新型触觉传感器。如图 6.17 所示,研究人员采用单层复合结构代替传统的双层结构,将导线(电极)在导电橡胶的前后表面来回交替地在水平方向和垂直方向上以 3mm 的间隔缝合。这种方法能够使传感器保持轻薄和柔韧性,同时提高对切向力和形变的耐久性。如图 6.18 所示,研究人员将 3×16 的传感矩阵应用于大小为 44mm×12mm 的机械手指尖就

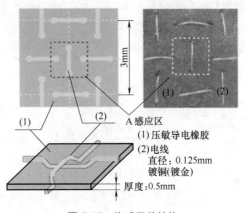

图 6.17 传感元件结构

能为机械手提供触觉反馈,从而表征它抓取物体的操作过程。

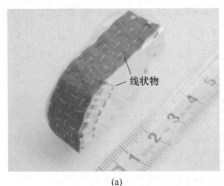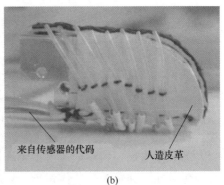

(a)   (b)

图 6.18 传感器应用于机械手指尖

在导电橡胶传感器中，除了利用压阻特性和使用阵列形式排布的触觉传感器以外，使用单一导电橡胶传感元件以及利用导电橡胶的其他特性同样可以制作成传感器。

Seiichi 等人通过实验研究了导电橡胶电阻阻值随剪切变形的关系特性，利用这一特性制作了一种结构简单的轻型滑动传感器，期望能够应用于机器手爪中，通过对滑动的检测实现对物体的抓握动作。

6.2 光纤传感器

光纤是一种以光的全反射为传输原理，能够长距离传输高带宽通信信号的优良介质。当信号沿光纤传播时，其传输损耗很低，因此在通信领域有大量应用。在光纤结构中，承载光信号的光纤中心区域称为纤芯，由高折射玻璃材料制成，例如掺杂了微量二氧化锗、五氧化二磷等材料的二氧化硅，掺杂的作用是提高材料的光折射率。纤芯的直径从几微米到 $62.5\mu m$ 不等。纤芯外面为低折射率硅玻璃包层，一般使用纯二氧化硅或掺杂微量的三氧化二硼的二氧化硅材料构成，直径一般为 $125\mu m$。限制光纤诸如纤芯、折射率分布等光学性能的纤维属性通常被称为波导。

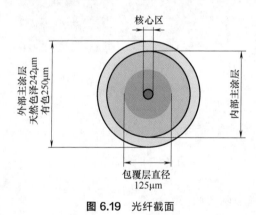

图 6.19 光纤截面

在玻璃包层表面通常会涂上双层可固化的丙烯酸酯涂层来保护光纤不受外来的损害，并增加光纤的机械强度。外层涂层的外径约为 $242\sim245\mu m$，而在多数情况下使用颜色层会使光缆外径增加至 $250\mu m$。如图 6.19 所示。

光纤传感器是以光纤为载体，利用光导纤维的传光特性，把被测量转换为可测的光信号的传感器。按照光纤在传感系统中的作用，光纤传感器可以分为两种类型：功能型和非功能型。功能型光纤传感器中，光纤不仅是光传输媒质，而且是敏感元件；而非功能型光纤传感器中光纤只作为光信号的传输媒介。当入射光线经过光纤传入调制器中，光线在调制器中与外界被测量发生相互作用从而产生如强度、波长、相位、偏振等光学特征参量的变化。当输出的光信号在解调器内解调后我们就能得到被测参数。

与传统的电学传感器相比，光纤传感器具有许多独特的优点。光信号不产生电磁干扰，也不受电磁干扰，光探测元件很容易接受，并进行光电转化；其次它工作频带宽，动态范围大，损耗低；由于光纤传感器具有耐水、耐高温、抗辐射和抗腐蚀的物理化学性能和重量轻、体积小、易弯曲的力学性能，因此能够安全地应用在医疗和易燃、易爆、强腐蚀性等恶劣的工业环境中。其高灵敏度和外形多样性使它能够检测包括位移、压力、振动、温度等各种类型的物理量。正是因为这些优良的特性，光纤传感器在软体机器人领域也受到了许多关注，研究人员进行了大量的相关研究和应用，主要包括在触觉传感器上检测触觉信息和在软体驱动器上测量机器人的位姿。

目前实现传感的技术方向有三类：传统的利用光线强度、波长、偏振等状态变化进行检测；光纤宏弯曲传感技术；光纤布拉格光栅（Fibre Bragg grating）传感技术。下面分别针对这三种技术进行详细的介绍。

首先在第一类技术中，研究者们对于利用不同的光线属性进行传感的原理方法做了不同探索。Feng 做了偏振方面的研究；Patrick 和 Allsop 分别研究了光线波长和光纤曲率之间的变化关系；Sareh 利用光纤光强的变化原理既完成了对软体机器人姿态的检测，也研制了一款拥有多个微型传感元件的触觉传感器。

下面详细介绍一下 Asghar 使用光纤传感器阵列制造的一款触觉传感器，其原

图 6.20　触觉传感器原型

理是使用光强的调制来检测承受压力的弹性元件的变形。其原型拥有在 $0\sim4.8N$ 压力范围内实现触觉传感和测量力的能力，如图 6.20 所示。由于其传感结构简单，易于制造，因此可以广泛地应用于许多场景中。

传感器使用的光纤在末端有 45° 光滑的尖端，因此可以使光线在其内部实现 90° 的偏转。图 6.21 显示了光线在其内部的传播路径。同样地，当光线从光纤尖端入射后，其传播路径也会改变 90°。如图 6.22 所示，通过使用这种构造的光纤，研究人员可以设计出多种不同的光强调制方案。图 6.22（a）是一种在没有额外部件

(a)　　　　(b)

图 6.21　光线在尖端光纤内的传播路径

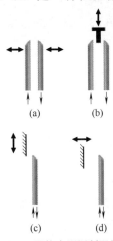

图 6.22　不同的光强调制配置方案

的情况下实现的最简单的配置方案。两个彼此靠近放置的平行光纤用于调制光强度，入射光线在一根光纤尖端反射后可以由位于附近的另一光纤收集。通过改变两根光纤之间的距离，可以改变光纤接收的光强度。图 6.22（b）展示了另外一种使用了快门的配置方案，当两根光纤保持静止时，快门位置的变化将导致在光纤接收处采集的光的强度发生变化。如果单根光纤用于发射和接收光，则可以在光纤侧面放置可移动的镜子来实现光强调制［图 6.22（c）和（d）］。通过垂直或水平移动镜子，反射光的强度可以根据镜子的移动距离而变化。

由于简单紧凑的传感方案更易于实现触觉传感的应用，所以研究人员选择了图 6.22（d）的光强调制配置方案用于触觉传感器原型的开发。传感器整体方案所需要的设备包括尖端光纤、反射镜、耦合器、光源和光电探测器（图 6.23）。经反射镜反射后的光线和入射光线耦合在同一根光纤内，随后在耦合器中被分成两部分，一部分返回光源，而另一部分被引导至光电探测器，以便可以测量其强度。将弹性元件添加进传感配置中后，它可以将其表面的压力转换成反射镜和光纤尖端之间的位移量，进而引起反射光信号的强度变化。基于这一原理，传感器的灵敏度很大程度上取决于弹性元件的刚度。图 6.24 显示了使用直径为 1mm 的尖端光纤时，归一化的电压输出与位移量之间的关系。随着位移量的增加，输出电压降低。

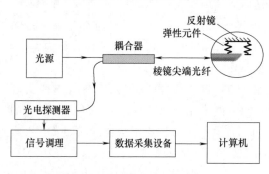

图 6.23　传感器整体方案示意图

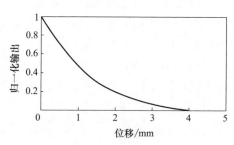

图 6.24　光强调制机制对位移的归一化响应曲线

研究人员将光纤排列成 3×2 的阵列作为传感器原型，进而评估将尖端光纤应用于力和触觉传感的可行性。图 6.25 展示了原型传感器组件，它由光纤层、弹性层和镜面反射层三层组成。在光纤层中，六个棱柱形光纤平行放置，列宽为 7mm，行宽 11mm。所有的光纤都集成在通过快速成形工艺制造的 ABS 塑料基底中。这种坚固的塑料底座将光纤固定在一个特定的方向，使传感器拥有最高的传感能力，同时避免可能引起的测量误差。在弹性层，其由具有 3×2 阵列直径 5mm 的孔的硅胶片制成，弹性层被设计成 2.5mm 厚。在最顶层是厚度为 0.2mm 可变形的柔性镜面反射层。当向传感器施加一定大小的力时，反射镜向下移动并且使位于下方的弹性层产生变形。由于镜子的反射表面更靠近光纤尖端，光电探测器的电压就会因为光强的变化而产生变化。

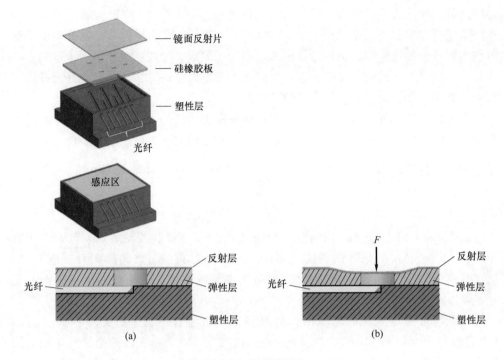

镜面反射片
硅橡胶板
塑性层
光纤
感应区

反射层
弹性层
塑性层
光纤

反射层
弹性层
塑性层
光纤
F

(a)   (b)

图 6.25   传感器结构

第二类使用的是光纤宏弯曲传感技术。所谓光纤的宏弯曲是指一种与光纤弯曲和缠绕有关的衰减。光纤弯曲损耗分为宏弯损耗和微弯损耗。微弯损耗是光纤的曲率半径比光纤直径要小，通常是光纤轴产生微米级的弯曲引起的附加损耗。宏弯损耗是光纤的曲率半径比光纤直径大得多的弯曲引起的附加损耗。

当光纤发生弯曲时，光线的传播路径会发生改变。由于光不满足全反射条件，光线会泄漏到包层，甚至可能穿过包层向外渗漏。随着弯曲程度的加大，泄漏的光纤就会越多，如图 6.26 所示为这一效应。

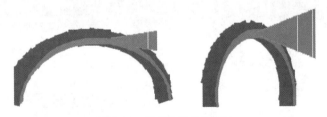

图 6.26   光纤宏弯曲原理图

自 20 世纪 70 年代，研究者们开始了光纤宏弯损耗理论的研究，而光纤宏弯传感器的研究始于 20 世纪 90 年代。光纤宏弯传感器利用光纤宏弯损耗效应作为其传感原理。当光纤受到待测物理量的影响，光线无法完成全反射而从光纤的弯曲段逸出，使光纤中的光通量减少。通过检测光强的变化就能得到待测物理量，即将环境影响的调制转化为光纤宏弯损耗的形式进行测量。

华盛顿大学的 Wei-Chih 等人基于光纤宏弯曲传感技术制造了一款可用于检测剪切力和压力的传感器。该传感器由一系列光纤组成，光纤横向和纵向地排列在弹性垫上。研究者通过两个相邻垂直光纤的物理变形产生的光强衰减来观察光纤的宏弯曲，继而获知法向力和剪切应力的信息。

宏弯损耗技术可以简单、可靠、有效地确定力诱导的光纤变形。基于光纤的宏弯传感器的工作原理取决于由不同传播核心模式之间的耦合以及从核心模式到辐射模式的耦合所导致的传输功率损耗。在 $\frac{r}{R\Delta}$ 保持较小的条件下，光强衰减 γ_B 等于

$$\gamma_B = 10(\lg R)\left[\left(\frac{a+2}{2a}\right)\left(\frac{r}{R\Delta}\right)\right] \tag{6.7}$$

式中，r 是纤芯半径；a 指代折射率的形状（对于抛物线轮廓，$a=2$，对于阶梯轮廓，$a=\infty$）；R 是弯曲的曲率半径；Δ 是纤芯和包层之间的相对折射率差。从该等式可以发现，纤芯和包层之间的折射率差越小或者选用纤芯半径越大的光纤，可以增强弯曲损耗。

该光纤传感器系统的基本结构为网格，网格包含两组平行光纤平面（如图 6.27 所示），上层平面内的光纤和下层平面内的光纤彼此垂直，两个平面互相交织形成了传感层。正交光纤产生的信息对应于一组正交轴，因此传感层可以创建出二维的压力分布图。在两组光纤都被照亮的情况下，研究人员可以通过测量每根光纤的光损失来确定二维信息，即从沿 X 轴变暗的光纤位置和沿 Y 轴变暗的光纤位置可以推算出压力点的 X 坐标和 Y 坐标。

如图 6.28 所示，剪切力传感器由两层宏弯损耗网格传感器构成。它的基本设

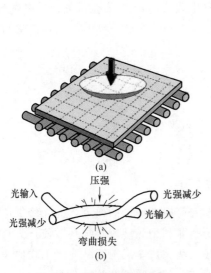

图 6.27　传感器基本结构图

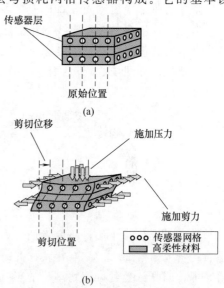

图 6.28　剪切力传感器结构的基本设计

计是一种多层传感器，其中上层和下层都由传感器网格构成，它们嵌入在具有高剪切顺应的柔性材料中。压力点的坐标取自上下两层的网格传感器。假设压力点最初位于两层对齐的网格点之上，在剪切力的作用下压力点将产生偏移，偏移量即决定了剪切量的大小。

传感器原型由两个 2×2 光纤阵列组成，其中测量法向力只需要一个阵列，而测量剪切力则需要两层阵列。每个光纤网格都被放置在两个弹性垫之间。该原型一共包含两层光纤网格和三层弹性垫，它们互相交错并通过橡胶胶水固定在一起形成夹层结构。光纤通过细绳被固定到弹性垫上。对于每个光纤层，行光纤和列光纤的交叉点形成压力点，相邻光纤在 X 方向和 Y 方向上的间距为 1cm，因此每个压力点具有 1cm×1cm 的感测区域，其中每个感测元件的中心位于两个光纤交叉处。通过光纤变形产生的光强衰减，研究人员能观察到光纤的宏弯曲，基于这种宏弯曲可以构建出法向力和剪切力的分布图，实现了用光纤传感器阵列利用宏弯曲技术测量局部压力和剪切力的目标。

第三类使用光纤进行传感的方式是光纤布拉格光栅传感器。如图 6.29 所示，它的传感过程是基于光纤光栅通过外界物理参量对光纤布拉格波长的调制来获取传感信息，因此光纤布拉格光栅传感器是一种波长调制型光纤传感器。

光纤布拉格光栅的制造方法是通过全息干涉法或者相位掩膜法来将一小段光敏感的光纤暴露在一个光强周期分布的光波下面，这样光纤的光折射率就会根据其被照射的光波强度而产生永久改变。这种方法造成的光折射率的周期性变化就叫作光纤布拉格光栅。

当光源发出的连续宽带光通过传输光纤射入时，在光栅处有选择地反射回一个窄带光，其余宽带光继续透射过去，在下一个具有不同中心波长的光栅处进行反射，多个光栅阵列形成光纤布拉格光栅传感网络。假设各光纤布拉格光栅反射光的中心波长为 λ，则

图 6.29　布拉格光纤光栅传感器

$$\lambda = n\Lambda$$

式中，n 为纤芯的有效折射率；Λ 为纤芯折射率的调制周期。

作用在光纤布拉格光栅传感器结构上有入射光谱、反射光谱及透射光谱等 3 种光谱。而反射回来的窄带光的中心波长随着作用于光纤光栅的温度和应变呈线性变化，中心波长的变化量为 $\Delta\lambda$。

光纤光栅反射中心波长（短周期光纤光栅）或透射中心波长（对长周期光纤光栅）与介质折射率有关，在温度、应变、压强、磁场等一些参数变化时，中心波长

也会随之变化。通过光谱分析仪检测反射或透射中心波长的变化，就可以间接检测外界环境参数的变化，即其变化量与应变量及温度变化相关。

关于光纤布拉格光栅的历史，早在 1978 年加拿大渥太华通信研究中心的 K. O. Hill 及其同事首次在掺锗石英光纤中发现光纤的光敏性，并采用驻波法制成世界上第一只光纤光栅。但是由于这种刻写方法的效率很低且灵活性差，在光纤光敏性被发现后的十年内未引起很大的关注。直到 1989 年，美国联合技术研究中心的 G. Meltz 等人利用高强度的紫外激光所形成的干涉条纹对光纤进行侧面横向曝光来产生光纤纤芯中的折射率调制，即形成光纤光栅。这种刻写方法效率高，且灵活性好，可以刻写不同周期的光纤光栅。横向写入法的发明使光纤光栅技术取得了突破性的进展，此后的十多年里，光纤光栅一直是光纤通信和光纤传感领域的研究热点之一。

和其他类型的光纤传感器一样，光纤布拉格光栅传感器同样具有不受电磁干扰、重量轻、体积小的特点，除此之外，由于是以波长编码，它具有高精度、不受环境影响的优点，能方便地实现分布式传感。

斯坦福大学的 Yong-Lae 研究团队将光纤布拉格光栅传感器嵌入聚合物结构中，开发了能实现力传感的外骨骼机器人手指。他们使用沉积制造工艺完成了原型制造，并在结构中嵌入多个传感器使该机械手具备了感知和测量接触力和抓握力的能力。

Jincong 等人研究了一种可以为杆、龙骨等柔性结构检测变形和振动的正交曲率光纤布拉格光栅传感器阵列。通过对曲率与波长偏移之间关系的校准可以计算出传感器的曲率，然后研究人员借助于基于离散点曲率信息的空间曲线拟合方法能够重建其空间形状。

类似的使用光纤布拉格光栅传感器进行结构形状传感的案例还有很多，RJ. Roesthuis 等人将该技术应用在可闭环控制的微创手术（MIS）器械，即连续体机器人上。光纤布拉格光栅传感器的生物相容性、无毒等优点使其可应用于生物医学。

下面介绍一下光纤布拉格光栅传感器重建柔性结构的三维形状的方法，主要包括传感器计算应变的方法、计算曲率及方向和三维重建三个方面。

光纤布拉格光栅具有反射特定波长光的特性，称为布拉格波长 λ_B，假设温度恒定，由机械应变 ε_x 引起的布拉格波长的变化为

$$\Delta\lambda_B = \lambda_B(1-p_e)\varepsilon_x \tag{6.8}$$

假设结构是纯弯曲，光纤中的轴向应变和光纤到仪器的中性弯曲平面的距离之间的关系为

$$\varepsilon_x = \frac{\mathrm{d}s - \mathrm{d}l}{\mathrm{d}l} = -\frac{\delta}{r} = -\kappa\delta \tag{6.9}$$

其中，κ 和 r 分别是仪器的曲率和曲率半径。因此

$$\Delta\lambda_{\mathrm{B}} = -\lambda_{\mathrm{B}}(1-p_{\mathrm{e}})\kappa\delta \tag{6.10}$$

结构曲率及其方向可以使用来自轴上相同位置的一组多个光纤布拉格光栅传感器的应变测量来确定。理论上测量两个应变就能确定曲率，然而在实际情况中，温度变化和轴向力会使轴向应变偏移，因此可以测量三个应变来补偿该偏移。针对在横截面内三根光纤（由 a、b 和 c 表示）的位置处的应变，见图 6.30，由公式（6.9）可以推导出以下方程组

$$\varepsilon_{\mathrm{a}} = -\kappa\delta_{\mathrm{a}} + \varepsilon_0 = -\kappa r_{\mathrm{a}}\sin\varphi + \varepsilon_0$$
$$\varepsilon_{\mathrm{b}} = -\kappa\delta_{\mathrm{b}} + \varepsilon_0 = -\kappa r_{\mathrm{b}}\sin(\varphi + \gamma_{\mathrm{a}}) + \varepsilon_0$$
$$\varepsilon_{\mathrm{c}} = -\kappa\delta_{\mathrm{c}} + \varepsilon_0 = -\kappa r_{\mathrm{c}}\sin(\varphi + \gamma_{\mathrm{a}} + \gamma_{\mathrm{b}}) + \varepsilon_0 \tag{6.11}$$

其中，φ 是 r_{a} 和中性轴之间的角度，并表示曲率的方向。假设光纤布拉格光栅传感器的位置（r_{a}、r_{b} 和 r_{c}）和方向（γ_{a}、γ_{b} 和 γ_{c}）已知且恒定，通过求解方程式（6.11）可以得到诸如 κ、φ 和 ε_0 这些未知数。由于只能在光纤布拉格光栅传感器的位置处确定曲率，因此对于整个仪器轴需要进行插值来估计曲率值。

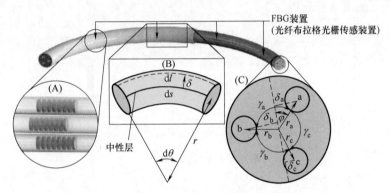

图 6.30 柔性仪器的截面图

对于三维形状的重建，研究人员认为仪器在单个平面内弯曲，因此可以将其看作是平面曲线。首先利用 Frenet-Serret 框架重建仪器形状，随后用曲率方向 φ 计算三维空间中平面曲线的位置。

假设 $r(s)$ 是由弧长 s 参数化的平面曲线

$$r(s) = \begin{bmatrix} z(s) \\ k(s) \end{bmatrix} \tag{6.12}$$

平面曲线的曲率为

$$\kappa(s) = \frac{\mathrm{d}\theta(s)}{\mathrm{d}s} \tag{6.13}$$

其中，$\theta(s)$ 是切线与 z 轴正方向之间的夹角，即斜率。由 Frenet-Serret 框架知，曲线的切线向量可以定义为

$$\boldsymbol{t}(s) = \frac{\mathrm{d}r(s)}{\mathrm{d}s} = \begin{bmatrix} \dfrac{\mathrm{d}z(s)}{\mathrm{d}s} & \dfrac{\mathrm{d}k(s)}{\mathrm{d}s} \end{bmatrix}^{\mathrm{T}} = \begin{bmatrix} \cos(\theta(s)) & \sin(\theta(s)) \end{bmatrix}^{\mathrm{T}} \tag{6.14}$$

因为曲率是从传感器得到的，因此通过对曲率积分可以计算曲线的斜率

$$\theta(s) = \int_0^s \kappa(s)\,\mathrm{d}s + \theta_0 \tag{6.15}$$

其中，θ_0 是初始斜率。通过积分公式（6.14）中的切向量可以得到曲线 $r(s)$

$$r(s) = \begin{bmatrix} z(s) \\ k(s) \end{bmatrix} = \int_0^s t(s)\,\mathrm{d}s = \begin{bmatrix} \int_0^s \cos(\theta(s))\,\mathrm{d}s + z_0 \\ \int_0^s \sin(\theta(s))\,\mathrm{d}s + k_0 \end{bmatrix} \tag{6.16}$$

其中，z_0 和 k_0 是初始偏转。曲率方向 φ 和偏转 $k(s)$ 用于计算曲线的 x 位置和 y 位置

$$x(s) = k(s)\cos\varphi$$
$$y(s) = k(s)\sin\varphi \tag{6.17}$$

因此可以使用曲率及其方向来计算仪器轴上点的三维位置（$r(s) = [\,x(s)$ $y(s)$ $z(s)\,]^{\mathrm{T}}$）。光纤布拉格光栅传感器能够集成在柔性系统中，构成闭环控制。图 6.31 为平面曲线示意图。

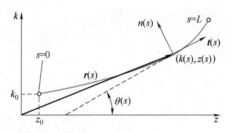

图 6.31 平面曲线示意图

6.3 电容型传感器

电容型传感器是一种将位移等物理量转化为电容值进行检测的传感器，由于其具有良好的频率响应、高灵敏度、高空间分辨率和较大的动态范围等特性，近些年来主要应用于触觉传感器的研制中，用来获取压力、振动、位移等触觉信息。但是电容型传感器也存在着诸如有寄生电容、测量电路复杂等急需解决的问题，需要进行深入研究和优化改进。

电容型触觉传感器通常采用多层膜结构，每一个微电容都能简化为上下两个电极层和中间包含介质的间隔层，如图 6.32 所示。在最基本的平板型电容器结构中，假设电极的面积为 A，电极间距为 d，介质的介电常数为 ε，则该电容的电容值为

$$C = \frac{\varepsilon A}{d} \tag{6.18}$$

由公式（6.18）可知，基于位移原理的电容型触觉传感器，可以使用两种方法来产生电容变化以实现力的测量。一是利用两个电极间重叠面积的变化进行测量，此时传感器具有恒定的灵敏度；二是利用两个电极间距离的变化进行测量，此时传感器灵敏度随着电极层间距离的减小而降低，利用这一原理研制的传感器结构简单，便于设计与改进。

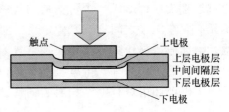

图 6.32　电容型触觉传感器原理示意图

在电容型触觉传感器的研究中，研究者们始终向着高精度、高分辨率和高柔性的方向探索，然而这些特性相互制约很难同时兼顾。比如为了提高传感器的分辨率，研究人员可以通过减小电极的宽度和相邻电极间的间距来实现。然而在这种变化下，微触元的电容值会降低，从而更加容易受到电路、芯片等器件产生的噪声影响，进而无法进行精细测量，降低了传感器灵敏度。另一方面增大微触元的电容值可以增加传感器的测量精度，可以通过增加电极重叠面积、减小电极间距离和增加介质的相对介电常数三种方式来实现这个目标。传统的电容型传感器通常需要在测量精度、分辨率和柔性方面进行取舍。

美国明尼苏达大学的 H. K. Lee 等人使用聚二甲基硅氧烷（PDMS）作为结构材料设计了一种模块化可空间拓展的柔性电容型触觉传感器，如图 6.33 所示。传感器模块由 16×16 个触觉单元组成，具有 1mm 的空间分辨率。每个触觉单元大小为 $600\mu m \times 600\mu m$，具有 180fF 的电容大小。在 $40\mu N$ 的满量程内触觉单元显示出了 $3\%/\mu N$ 的灵敏度。

图 6.34 展示了该模块化可扩展触觉传感器的工作原理，每个传感器模块可以

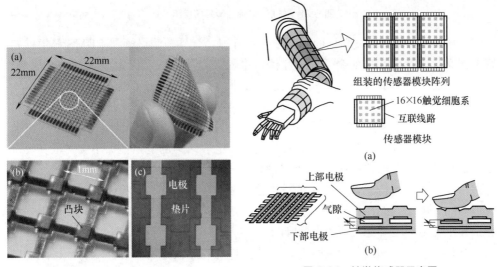

图 6.33　触觉传感器模块外观

图 6.34　触觉传感器示意图

通过连接线连接形成一个可扩展的传感皮肤，为了获得最大灵敏度，电容型触觉单元必须在电极之间含有气隙。由于难以在大面积中使用柔性材料来实现这种结构，因此通过硅触觉传感器实现了气隙结构。图6.34（b）显示了电容式触觉传感器电极的工作原理，上电极和下电极彼此交叉形成触觉电池的电容阵列。电池由上下电极和由聚合物结构封装的气隙组成，通过施加的力挤压气隙来改变电池电容。

通过使用各向异性导电胶（ACP）黏合四个传感器模块可以实现传感器模块的扩展，如图6.35（a）所示。ACP是一种包含导电球的可热固化的环氧黏合剂，广泛地用于等离子体显示板或液晶显示器的组装过程中。如图6.35（b）所示，在两个电极间涂抹ACP，并且在120℃下施加约0.4MPa的压力15min使其固化。所有连接线都在没有故障的情况下实现了电连接，接触电阻低于100mΩ并且机械结合强度很高。结合该触觉传感器的坚固、柔顺和灵活的优点，未来可以应用于机器人上形成触觉皮肤。

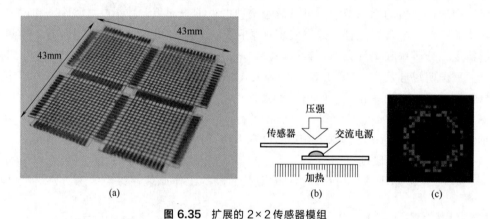

图6.35 扩展的2×2传感器模组

对于上述H. K. Lee提出的触觉传感器阵列，金属薄膜必须在PDMS等柔性基底上图案化来产生互连的金属迹线和测量电极。金属迹线实际上是细长的金属线，当柔性基底产生大变形时，这些金属迹线是非常脆弱的。为了解决这一问题，M-Y Cheng等人设计了一种浮动电极式的柔性电容型触觉传感器。该传感器由两个微机械加工的PDMS结构和柔性印制电路板组成。每个电容感测元件包括两个感测电极和公共浮动电极，这种结构可以有效地降低电容结构的复杂性而不会降低其灵敏度。而且细长的金属连接线不需要在微机械加工的PDMS结构上形成图案，因此通过该设计实现的传感器阵列在基底发生大变形时能保持相对稳固。

图6.36（a）显示了该传感器的外观，图6.36（b）是其结构分解图。图6.37分别显示了电容型传感器的典型设计和该传感器使用的特殊设计。对于这两种设计，当外部压力施加到传感元件时，传感元件的气隙减小使其电容增加，据此可以检测施加的压力。

对于第一种典型设计，其电容值为

$$C_{T,t} = \frac{\varepsilon_0 A_t}{d_t} \qquad (6.19)$$

其中，$A_t = L_t^2$，$L_t \gg d_t$，ε_0 是空间的介电常数。

第二种设计包含了底部柔性基板上的两个感测电极和顶部柔性膜上的一个浮动电极。假设满足下列条件

$$L_b \approx \frac{1}{2} L_n \gg d_b \gg d_n \qquad (6.20)$$

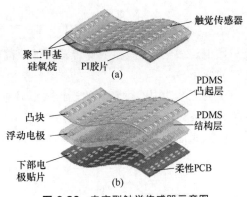

图 6.36　电容型触觉传感器示意图

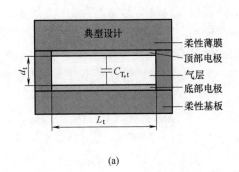

(a)

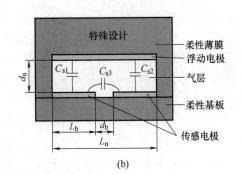

(b)

图 6.37　电容型传感器的机理

其中，d_b 是两个底部电极之间的间隙；d_n 是浮动电极和底部电极之间的间隙。在两个感测电极之间测量的总电容 $C_{T,n}$ 可以近似为

$$C_{T,n} = \frac{1}{\dfrac{1}{C_{s1}} + \dfrac{1}{C_{s2}}} = \frac{\varepsilon_0 A_b}{2d_n} \qquad (6.21)$$

其中，$C_{s1} = C_{s2} = \dfrac{\varepsilon_0 A_b}{d_n}$，$A_b = L_b L_n \approx \dfrac{1}{2} L_n^2$。$C_{s1}$ 和 C_{s2} 分别是浮动电极和底部感测电极间的电容。

假设两个设计的尺寸相同，两种设计的总电容之间的关系为

$$C_{T,n} = \frac{1}{4} C_{T,t} \qquad (6.22)$$

虽然较小的传感电容可能导致较小的信噪比，但这两种情况仍具有相同的灵敏度：

$$S = \frac{\Delta C / C_{T,t}}{\Delta P} = \frac{-\Delta d / d_t}{\Delta P} \qquad (6.23)$$

或者

$$S = \frac{\partial C / C_{T,t}}{\partial P} = \frac{-\partial d / d_t}{\partial P} \qquad (6.24)$$

式中，ΔP 是施加在触觉传感元件顶部的压力变化；Δd 是间隙的变化；ΔC 是电容的变化。

在上述设计中，行和列的连接线以及电极都位于柔性基底上，因此可以通过柔性印制电路板技术（FPCB）制造。由于所有连接线都位于底部柔性基板上，因此可以轻松地把扫描电路连接到柔性基板的金属接触垫，进一步简化设备封装和集成。

6.4 磁传感器

磁传感器是能够将磁场、电流、位移等外界因素转换为敏感元件磁性能变化的传感器，可以通过检测转化得到的电信号来获取相应的物理量变化。磁传感器通常具有高灵敏度、小型化、低功耗等优势，因此被广泛地应用于工业和电子产品中。在软体机器人领域，主要使用霍尔传感器这一类磁传感器，因此本小节主要围绕霍尔传感器进行介绍。

1978 年霍尔在研究载流导体在磁场中受力的性质时首先发现了霍尔效应，这是一种基本的电磁现象，也是霍尔传感器的基本工作原理。霍尔效应的基本原理就是带电粒子在磁场中运动时受洛伦兹力的作用，发生了偏转。而带电粒子（电子或

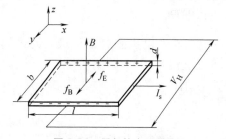

图 6.38 霍尔效应原理图

空穴）被约束在固体材料中，这种偏转就使得正负电荷在垂直电流和磁场的方向上的不同侧产生聚积，从而在这两侧形成电势差，这一现象叫作霍尔效应，该电势差称为霍尔电势差。

如图 6.38 所示，将一块长、宽、高分别为 l、b、d 的半导体薄片放置于磁感应强度为 B 的磁场中，磁场方向沿 z 轴与薄片表面垂直，并沿 x 方向对薄片通大小为 I_s 的电流。薄片内定向移动的载流子会受到洛伦兹力 f_B 的作用而产生偏转。对于 N 型半导体载流子为带负电荷的电子，P 型半导体为带正电荷的空穴。

$$f_B = quB \qquad (6.25)$$

式中，q 是载流子的电量；u 是载流子的移动速度。

在洛伦兹力的作用下，载流子在半导体两侧产生聚集形成电场。因此载流子会同时受到洛伦兹力 f_B 和反方向的电场力 f_E 作用。假设电场强度为 E_H，产生的电势差为 V_H，则电场力为

$$f_E = qE_H = \frac{qV_H}{b} \tag{6.26}$$

当两者大小相等时，载流子受力平衡，即

$$f_B = f_E \tag{6.27}$$

假设载流子数量为 n，则电流 I_s 可表示为

$$I_s = bdnqu \tag{6.28}$$

结合式（6.25）～式（6.28）可得

$$V_H = \frac{I_s B}{nqd} \tag{6.29}$$

令霍尔系数 $R_H = \frac{1}{nq}$，则式（6.29）可改写为

$$V_H = R_H \frac{I_s B}{d} \tag{6.30}$$

霍尔系数能反映材料霍尔效应的强弱，从式（6.30）可以看出，霍尔电压与控制电流和磁感应强度成正比，和薄片厚度成反比。

通常霍尔电压值很小，只有毫伏量级，因此需要使用放大器放大使其输出足够强的信号。霍尔传感器一般都集成了霍尔元件、放大器电路、温度补偿电路及稳压电源电路。图 6.39 展示了普通霍尔传感器的外观。

图 6.39 霍尔传感器

Aaron M 等人于 2006 年就已经将霍尔传感器安装在了他们研发的机械抓手上。他们在抓手关节的两侧分别安装磁铁和霍尔传感器，由于关节弯曲时会导致两者间相对位置和距离的变化，进而改变霍尔传感器的输出，所以霍尔传感器可以实现对弯曲角度的检测，图 6.40 展示了该抓手的具体结构和放置传感器的位置。

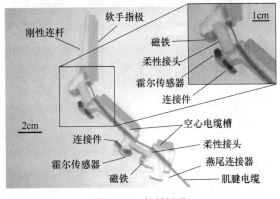

刚性连杆
软手指极
1cm
磁铁
柔性接头
霍尔传感器
连接件
2cm
连接件
空心电缆槽
柔性接头
霍尔传感器
燕尾连接器
磁铁
肌腱电缆

图 6.40 机械抓手

Lorenzo 等人基于柔性材料和磁传感的原理设计并制造了新型的触觉传感器。如图 6.41 所示传感器由硅胶体、磁铁和霍尔效应传感器组成。直径为 2mm、高度为 1.5mm 的圆柱形永磁铁嵌入硅胶体中，位于霍尔效应传感器上方。传感器周围的磁场强度与磁铁和传感器之间的距离成正比。当在软体的外侧施加压力时，磁体朝向传感器移位，并且由霍尔效应传感器测量的磁场强度增加。当撤去压力后，磁铁和传感器之间的距离增大，霍尔效应传感器测量的磁场强度减弱。通过对传感器进行表征就能获得实际压力与霍尔效应传感器输出之间的关系。图 6.42 展示了一款安装了 17 个该触觉传感器的机械手。

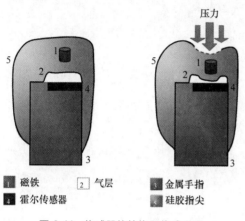

1 磁铁　2 气层　3 金属手指
4 霍尔传感器　5 硅胶指尖

图 6.41　传感器的结构和传感原理

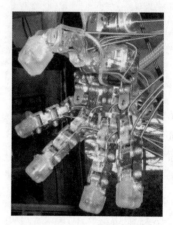

图 6.42　安装了 17 个触觉传感器的机械手

Sina 等人受到人体皮肤的启发，使用霍尔传感器设计了具有球壳几何形状的触觉传感器。这种触觉传感器能够对具有不同几何形状的物体产生包括法向力和剪切力在内的接触响应，并且已经在实际的机器人上成功进行了测试。传感器的触觉反馈能够指导机器人的运动行为。

同样基于磁铁和霍尔传感器，Selim 等人设计了一种新颖的曲率传感器模块，可以无接触地精确测量柔性电路板上柔软弯曲段的曲率。该传感器能在 7.5Hz 的频率下实现均方根误差为 $0.023 \mathrm{cm}^{-1}$ 的曲率监测，并且实现了模块化和集成化，适用于软体机器人弯曲结构的曲率监测。图 6.43 展示了该传感器的结构以及它在

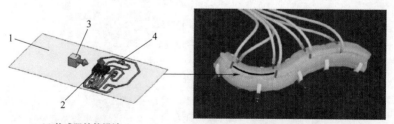

(a) 传感器结构设计　　　　　(b) 传感器应用于软体仿生蛇

图 6.43　传感器结构设计及应用

1—柔性基底；2—霍尔芯片；3—磁铁；4—电路和电子元件

一个包含四个双向弯曲段的软体仿生蛇上的应用。

在软体机器人应用中，曲率传感器需要保持柔性，而且对材料刚度的影响需要降至最低。除结构规格外，基于本体感应的曲率传感的反馈控制应用也需要有精准和快速的响应。基于 Selim 等人之前研究的软体仿生蛇，他们采用了相同的运动参数作为设计规范，并实现了与该仿生蛇兼容的嵌入式曲率传感模块。该软体仿生蛇的曲率变形范围为 $0.2\sim0.4\mathrm{cm}^{-1}$，行进曲率波的频率约为 2Hz。因此曲率传感器的工作频率只需大于 3Hz 就能帮助机器人实现精确的形状重构。Selim 等人利用磁铁和霍尔传感器设计了一种基于磁的柔性曲率传感器，并对其进行了严格测试。利用形状为连续闭合轨迹的定制测试平台对传感器进行了校准、静态测试和动态测试。测试表现出了传感器的准确和可靠。该传感器的传感模式在未来可继续适用于软体机器人力传感或应用于人体健康监测中。

6.5 小结

本章结合国内外的研究状况介绍了应用于软体机器人领域的传感器类型和其工作原理。主要的传感器类型包括电阻型传感器、光纤传感器、电容型传感器和磁传感器。

电阻型传感器是比较常用的一种类型，主要包含 Flex Sensor 型商用传感器、eGaIn 等导电液体注入硅胶腔体形成的传感器和导电橡胶传感器。其中 Flex Sensor 型商用传感器兼具了柔性和低成本的优点，因此能广泛应用于软体抓手、气动驱动器等场景，但是其存在动态性能差、信号存在漂移的性能缺陷。分析了 Flex Sensor 型商用传感器在环形软体机器人中的应用情况。eGaIn 等导电液体注入硅胶腔体形成的传感器虽然赋予了传感器高度的形状定制性，使其能方便地适应复杂的软体机器人结构，然而微通道的成形使得软体机器人的制造过程比较复杂，从而影响传感器的可靠性和可重复性。导电橡胶传感器是早期常用的一种利用材料压阻效应的传感器。由于导电橡胶存在非线性和滞环特性，而且解耦算法复杂，与传感器分辨率存在相关性，目前在触觉传感器中很少采用导电橡胶。

光纤传感器具有高精度、高环境适应性、应用范围广等一系列的优点，是另一种能测量软体机器人结构变形的传感器。其技术包括利用光线强度、波长、偏振等状态变化进行传感、光纤宏弯曲传感以及光纤布拉格光栅传感三种方案。它们能实现软体机器人结构弯曲、伸缩等运动的检测，也能用于触觉传感器实现接触力的测量。

电容型传感器是触觉传感器中常用的一类，具有良好的频率响应、高灵敏度、高空间分辨率和较大的动态范围等特性，但也存在寄生电容、对噪声敏感、测量电路复杂等需要解决的问题。未来电容型传感器会向着多功能化、集成化、透明化的方向发展。

磁传感器是基于霍尔效应传感器和磁铁的一种新型传感方案。无需接触的传感能力和高工作频率、高动态范围下能保持高准确性是磁传感器的优点，然而它也很容易受到环境的电磁干扰。

随着材料技术和制造技术的发展，新型柔软材料、新型传感器结构以及新型的加工制造技术都会应用于软体机器人柔软共形传感器的研发中，使得传感器具备更加优良的性能，帮助软体机器人实现更精准的控制。

第 **7** 章
软体机器人的设计与制造

前几章对软体机器人进行了一个系统的介绍。但这仅仅是理论层面的介绍，如果要完成软体机器人的设计，还需要对软体机器人的制造工艺有所了解。这一章中我们着重介绍软体机器人是如何制造出来的？如何选取合适的制作材料？如何对模具进行设计？最后通过一些软体机器人实例帮助读者了解实际制作软体机器人的过程。

7.1 设计原则

软体机器人在制造方面与传统机器人最大的不同点是软体机器人使用柔性材料，而传统机器人多使用刚体材料。软体机器人的嵌入装配也与传统机器人不同，比如执行器、传感器等部件不采用螺栓、螺母等铰链方式，而是采用铸造、层压以及黏合等方法。软体机器人的制造包括软体机器人的外观制造、柔性执行器的制造和可伸展电路的制造。故软体机器人的设计包含软体机器人的外观设计、柔性执行器的设计和可伸展电路的设计三个方面。软体机器人的外观设计是指软体机器人的外形设计，对于一款软体机器人来说，其形状对软体机器人的使用环境、性能、工作方式等有着直接影响，例如软体机器人进行抓取作业时，通常将机器人外形设计成类手爪形状；在水中游动时，通常将机器人设计成水生生物的外形。这样做的目的是使软体机器人更贴合工作环境，更高效地完成工作。软体机器人外观设计的原则有以下几点：

① 考虑软体机器人的应用环境，选择合适的仿生对象。一款机器人一般是针对在特定环境下完成特定的任务而设计的，在自然环境中有许多类似的仿生对象。在第 2 章中，我们对软体机器人的仿生机理和结构进行了详细的介绍，通过这些例子发现通过模仿合适的生物结构，可以使软体机器人的工作效率提升，结构简单，有效地完成指定任务。

② 选取合适的制作材料，提高软体机器人的实用性，降低成本。与传统的刚体机

器人不同，软体机器人不使用铰链、连杆等刚性结构，而是使用软体材料进行制作。目前使用比较多的软体材料有：硅胶、形状记忆合金、电活性聚合物、介电弹性体等，而通过选择合适的材料，可以适应不同的工作场合，降低软体机器人的制造成本。

③ 考虑软体机器人的安全性与稳定性。通过选择合适的制造工艺，可以使软体机器人的稳定性和安全性得到大大提高，目前主要使用的制造工艺有四种：形状沉积制造、软体平板印刷术、失蜡铸造和多材料 3D 打印技术，具体的介绍将在7.3 节中展开。

软体机器人的执行器设计是软体机器人中最为重要的一环，使用不同的执行器决定了软体机器人的不同工作效果。执行器是软体机器人动力部分的重要组成，在工作中，通过上位机对执行器施加控制信号，从而使软体机器人完成指定的任务。执行器的设计原则是结构简单、可靠性高、变形能力大。

可伸展电路是软体机器人的控制部分，对于较大的、由线缆控制的软体机器人来说，控制系统一般不在软体机器人内部，而是由线缆将控制系统与软体机器人进行连接，这种情况对控制系统的要求较低，不需要将其设计成软体结构。而对于小型的、自主性较强的软体机器人来说，控制系统是集成在软体机器人身体内部的，故需要将控制系统也设计成软体结构，目前最主要的方法是使用较小的电子元件和柔性的电路板来组装成软体机器人的控制系统。伊利诺斯大学研究人员发明了一种新的可拉伸硅集成电路，这种电路可以紧贴球体、人体表面和机翼等复杂形状并将其包裹起来，在拉伸、压缩、折叠和其他极端机械变形情况下电路可以正常工作且电学性能稳定，这为软体机器人的柔软控制系统提供了可靠的保证。

7.2 制作材料的选取

对于软体机器人来说，选择合适的材料是非常重要的。软体机器人的执行器大多数采用硅胶、形状记忆合金（SMA）、电活性聚合物（EAP）和介电弹性体。其中电活性聚合物（EAP）是一类在电场激励下可以产生大幅度尺寸或形状变化的新型柔性功能材料，当外界电激励撤销后，它又能恢复到原始的形状和体积。电活性聚合物与形状记忆合金、压电陶瓷等传统功能材料相比，具有变形大、响应迅速、功耗低、质量轻、柔韧性好等特性，具体情况如表 7.1 所示。接下来，我们将对其中应用较广泛的硅胶、形状记忆合金（SMA）和介电弹性体进行介绍。

表 7.1 电活性聚合物与传统功能材料的比较

材料	应变/%	应力/MPa	响应时间/s	驱动电压/V	密度/(g/mL)	功耗量级	断裂韧度
电活性聚合物	>10	0.1~3.0	10^{-6}~1	1~1000	1.0~2.5	mW	弹性

材料	应变/%	应力/MPa	响应时间/s	驱动电压/V	密度/(g/mL)	功耗量级	断裂韧度
形状记忆合金	<8	700	1~6		5~6	W	弹性
压电陶瓷	0.1~0.3	30~40	10^{-6}	50~800	6~8	W	脆性

7.2.1 硅胶

硅胶的化学式是 $x\mathrm{SiO_2} \cdot y\mathrm{H_2O}$，为透明或乳白色粒状固体。其具有开放的多孔结构，吸附性强，能吸附多种物质。通过在水玻璃的水溶液中加入稀硫酸（或盐酸）并静置，便成为含水硅酸凝胶而固态化。以水洗清除溶解在其中的电解质 $\mathrm{Na^+}$ 和 $\mathrm{SO_4^{2-}}$（$\mathrm{Cl^-}$）离子，干燥后就可得硅胶。如果吸收水分，部分硅胶吸湿量约达 40%，甚至 300%。如加入氯化钴，干燥时呈蓝色，吸水后呈红色。

由于软体机器人的材料对执行器的形变有着至关重要的影响，材料的选择需要依据软体机器人的具体工作要求，不同的材料适用于不同工况的软体机器人。当软体机器人需要较大负载能力时，需要选取硬度较高的硅橡胶材料，当软体机器人要求极强的柔软度时，选取硬度较低的硅橡胶材料。

硅胶材料的特点是成本较低，制作过程较为简单，是目前软体机器人最主要的制作材料，无论是对于行走类软体机器人还是抓取类软体机器人都有着不错的应用效果，而且在使用过程中能承受较大的变形，不易被破坏，安全性较高。在软体机器人的制作过程中，如果使用硅胶材料进行制作，要注意的是需要对硅胶材料进行去除气泡的工序，如果不去除气泡，则将液体硅胶倒入模具成形后，硅胶成品在充气后很容易产生应力集中的现象，从而导致软体结构充气变形后发生破裂。在本章，会介绍利用硅胶材料制作的几款气动式软体机器人，对硅胶材料的使用有详细的介绍。

7.2.2 形状记忆合金（SMA）

在第 3 章中我们已经对形状记忆合金材料作了详细的介绍，形状记忆合金（SMA）是一种智能合金材料，在加热时能够恢复原始形状，消除低温状态下所发生的变形。

利用这种材料，我们可以制作形状较小的、运动更高效的软体机器人，与硅胶材料相比，形状记忆合金的使用更为简单，在使用中需要我们将这种材料安装在软体机器人上对其温度进行控制，利用温度的变化即可实现对形状记忆合金材料变形改变的控制。

7.2.3 介电弹性体

介电弹性体是一种新型材料，是一种加上电压即可出现形变的电激活聚合物，科学家们由此对它青睐有加，热衷于用它制作机械手、软体机器人、可调镜头、气动阀门以及会扇动的机器翅膀。介电弹性体具有弹性模量低、质轻、能量密度大、响应速度快的优点。介电弹性体可用于软体机器人驱动、柔性传感器、智能穿戴设备以及能量采集等。浙江大学工程力学系、浙江省软体机器人与智能器件研究重点实验室研究组基于介电弹性体的力电耦合特性，通过利用力电失稳实现了材料的极大电致变形，并可振动调频，用于智能结构的驱动。此外，该研究小组还参考了弯曲爬行虫、海星等无脊椎动物，研发了一种小型的智能结构，如图7.1所示。

以该结构作为基本模块，可以制成多种形状的小型机器人。Kofod等人基于介电弹性体材料制作了三角状抓手，可以抓起轻质的柱状物体，如图7.2所示。

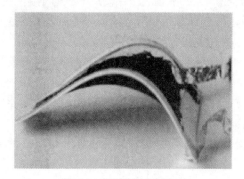
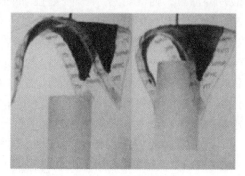

图7.1　电驱动蠕虫机器人　　　　　图7.2　电驱动抓手

此外，Conn等人研发了一种结合气动与电动并以介电弹性体为材料的蠕虫机器人。这种机器人以介电弹性体薄膜封装的一个圆筒形结构为单元，并且可以将这些单元连接成不同长度的机器人。对该机器人进行充气后，介电薄膜会进入工作状态，对其施加电压后这种机器人便可以通过底部的运动结构产生摩擦力，实现前进运动。介电弹性体机器人具有大驱动力、大驱动位移等优点。

7.3　制作方法与流程

7.3.1　形状沉积制造

形状沉积工艺是指将材料沉积成形后，通过数控机床（CNC）进行微机械加工，制造出预期的光滑轮廓表面，在成形过程中将预制部件或传感器及执行器等嵌入到部件中，或者加入牺牲层（即辅助材料）。该方法可以实现将电子器件（传感器和电路组件）嵌入

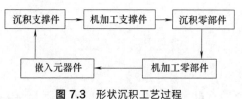

图7.3　形状沉积工艺过程

结构中，实现与柔性材料的有效集成，从而制作柔性结构，多应用于微型软体机器人的制造。其工艺流程如图7.3所示。

利用形状沉积工艺这种技术，可以进行软体机器人中的形状沉积制造（shape deposition manufacturing，SDM）。形状沉积制造（SDM）是一种新型的快速制造方法。这种技术最早出现在20世纪90年代用于金属零件的加工，它是将材料添加过程和材料去除过程相结合的RP技术。许多复杂成形件的新型结构不能单独用材料添加过程或材料去除过程制造出来，却可以用形状沉积制造的方法来制造。首先将一个零件以及支撑材料结构的离散部分沉积为净形状，然后将每一个离散部分通过机加工成净形状，再继续沉积和成形添加材料，重复上述过程。这是基本的形状沉积制造分解技术，即将模型分解成碎片或"压块"，这样根切部分的轮廓不必进行加工，而是通过沉积在先前已经沉积和成形的结构上进行成形。相比传统的快速成形技术，它拥有许多优点：

① 由于零件可以进行大厚度的分层，因此零件的加工速度得到了很大提升。

② 因为有去除材料的过程，因此零件表面的阶梯效应能够消除，表面更加光滑。

③ 零件可以直接依照设计时的材料进行沉积加工，因此适用面广泛。

SDM工艺可以快速制造出复杂的形状，选择性地添加材料，从而使得多种材料结构的制造成为可能，也允许在不断长大的成形件内部镶嵌上预先制好的元件；SDM工艺还可以制造非均质结构的零件。非均质结构的例子包括：嵌有电子仪器的防水耐磨的计算机、复合钢铜注射模具等。除此之外，也可以由SDM直接制造新的零件，即从可以去除的支撑材料中分离出独立的零件。SDM工艺的流程图如图7.4所示。

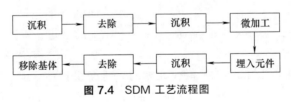

图7.4 SDM工艺流程图

图7.5是形状沉积制造基本过程的示意图，每一张图都代表了一个步骤，整体演示了两层结构零件的形状沉积制造过程。图（a）、（b）表示第一层材料得到了初步沉积并且从顶部和两侧去除了多余的材料形成了零件的第一层。图（c）～（f）中沉积了为加工零件第二层准备的支撑材料，并为第二层零件的成形做了平整。图（g）、（h）中，材料被注入支撑模具中进行沉积，并修整得到最终的零件。

除了加工金属零件，形状沉积制造也同样在软体机器人领域得到了广泛的应用。在柔性材料的沉积过程中，我们可以将用于机器人控制的芯片、电路以及传感器等刚性零件嵌入机器人的柔性材料中，刚柔结合，使软体机器人的结构、传感和控制实现一体化。

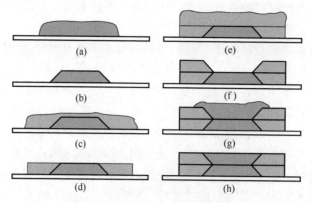

图 7.5　形状沉积制造的基本过程

哈佛大学的 Joshua 等人研发了一款可伸展、无创伤软体手术抓手，如图 7.6 所示。在抓手的制造过程中运用了两步形状沉积制造技术，因此研究人员能够将传感器和导线在手指模型制作前预先放入模具中，然后注入柔性聚合物材料成形。

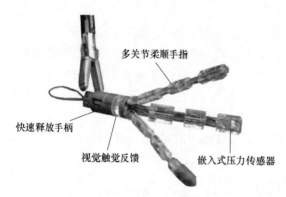

图 7.6　一种柔软、无创伤、可伸展的手术抓手

下面我们对其进行简单的介绍，这款可延伸的非创伤性机械手，允许外科医生在腹腔镜胰腺手术中抓取和操纵软体组织。该机械手使用形状沉积制造技术制造，每个手指内嵌有压力传感器，能够实时监测抓握力。图 7.6 所示为可延伸机械手样机的照片。该机械手包括：多关节、缆索驱动的手指，快速释放手柄，视觉-触觉反馈传感系统。这种机械手采用三指设计结构，手指以 120°角彼此相对，每个手指由于其大表面积，故可以更好地分配抓取力，并使被抓取的物体受到完全约束。这种配置还具有如下优点，即给定由端口大小施加的 15mm 直径尺寸约束，使每个手指的表面积最大化。

如图 7.7 所示，在 Matlab（Natick，MA）中建立手指的分析模型，优化了手指参数，然后使用形状沉积制造制作出手指模型，并进行了一系列测试，其中根据手指的传输率和"干扰分数"（即手指在其远端关节内抓取材料的能力）来评估手指。手柄采用"可逆"棘轮机构进行设计，如图 7.8 所示。外科医生使用手动或机器人钳子拉动缆绳，使棘轮与悬臂棘爪啮合，从而建立缆绳中保持张力以关闭机械手。为了释放机械手，外科医生旋转手柄 45°以脱离棘轮和棘爪，并且压缩弹簧使棘轮返回到其原始位置，减轻手指的张力并允许移除机械手。

每个手指的远端部分有一个橡胶封装的 MEMS 压力传感器（TakkTile LLC），

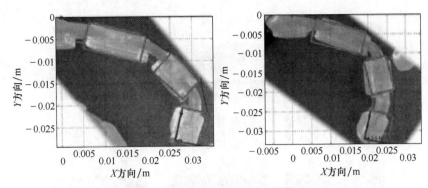

图 7.7 施加 2N 张紧力的手指模型

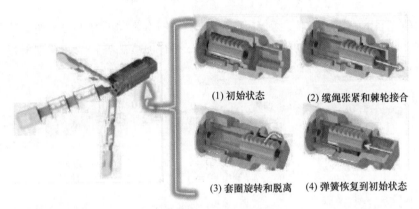

(1) 初始状态　(2) 缆绳张紧和棘轮接合

(3) 套圈旋转和脱离　(4) 弹簧恢复到初始状态

图 7.8 手柄操作

从而能够实时监测抓取力。通过发光的 RGB LED 环将力信息传递给外科医生，一旦超过预定的压力阈值，该 LED 环就从绿色变成红色。在手指模型的实际制造中，研究人员使用两部分形状沉积制造（SDM）工艺制造多关节指。在第一个 SDM 工艺过程中，用 PMC-780 聚氨酯橡胶复合物（Smooth-On，Easton，PA）模制钢增强弹性体接头。单件、开顶模具采用 3D 印刷，用定位销定位，精密激光切割，并使得 0.002in 厚的钢筋扭弯。将钢弯曲件放置在模具中，并在每个模具上浇注氨基甲酸酯化合物。第二个 SDM 过程，如图 7.9 所示，使用预脱气的 Task-9 聚氨酯弹性体模制刚性结构段，从而集成柔性接头、传感器、布线和致动电缆护套，以实现完全封装的三接头手指。

7.3.2 软体转印技术

软体机器人的制造也可以通过转印图章将刚性材料或电子元器件从硅片转移到柔性基体上，其转印过程主要是通过转印图章将电子元器件从硅片上剥离，然后完成电子元器件在柔性基体上的印制，该转印过程主要依靠图章与转印油墨、转印油墨与柔性基体之间的黏附力来实现。要把油墨从施主基体上剥离，应该提高图章与

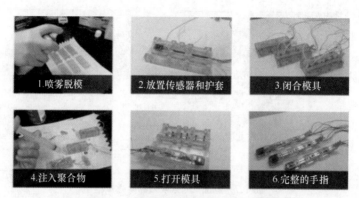

图 7.9　多关节手指的 SDM 制造流程

转印油墨之间的黏附力，反之则需要降低油墨与图章之间的黏附力，便于油墨印制到受体上。目前应用较多的转印技术主要有三种，即增加型转印、减少型转印以及确定型转印，如图 7.10 所示。

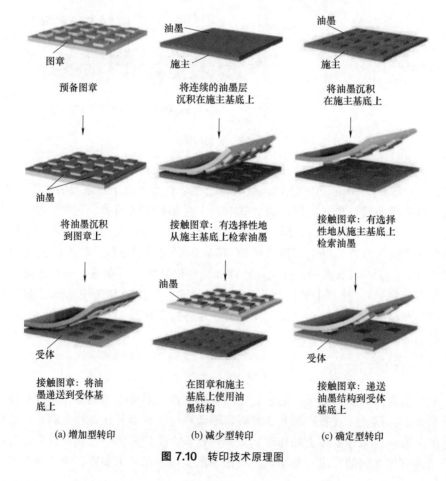

图 7.10　转印技术原理图

第一种转印技术是直接把转印图章作为施主基体，通过溶液铸造或者物理气相沉积等方法将图案沉积在图章的表面，再转移到柔性基体上；第二种转印技术是将连续的油墨层沉积在施主基体上，再从施主基体上选择性剥离油墨；最后一种转印技术是在施主基体上预先沉积油墨图案，再通过图章选择性地从施主基体上剥离油墨，并印制到受体的基体上。目前，最常用的图章材料是 PDMS，由于转印过程中主要依靠图章与施主或受体之间黏附力大小的改变实现黏附与脱黏附，但黏附力大小难以控制，上述方法并不能保证转印的成功率。因此，J. D. Wu 等人通过动态测量分析的方法，观察存储模量与损耗模量之间的关系，研究了两种不同混合比例的PDMS 黏弹性对转印结果的影响，得出了以下结论：想要剥离油墨时，选择较高比例的 PDMS，反之，想要印制油墨时，选择较低比例的 PDMS。为了增强图章表面的黏附力，便于实现图章与油墨之间的黏附与脱黏附，S. Kim 等人研究了一种基于微结构的转印方法，该方法主要是在 PDMS 图章上设置弹性微尖结构，如图 7.11 所示。

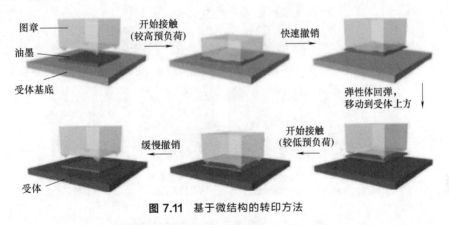

图 7.11 基于微结构的转印方法

其主要原理为：当从施主基体上剥离油墨时，在图章上施加较大的外载荷，此时图章上的微尖发生变形，增大了图章与油墨之间的接触面积，从而增大黏附力，并快速剥离油墨；而当在受主基体上印制油墨时，降低外载荷，则图章上的微尖形状逐渐恢复原状，此时图章与油墨之间的接触面积减小，导致黏附力减少，同时缓慢剥离图章，完成油墨向柔性基体的转印。该方法主要通过图章与油墨之间接触面积的变化实现转印过程中的黏附与脱黏附，弹性图章上微尖形状的缓慢恢复可以有效提高转印的成功率，并且操作过程简单。基于微结构的转印方法主要依靠微尖形状的变化实现黏附与脱黏附，但微尖形状的恢复需要一定的时间，转印速度依然较慢，并且转印过程不易控制。J. D. Eisenhaure 等人在微结构转印方法的基础上提出将 PDMS 图章材料替换为形状记忆聚合物（SMP），在转印过程中，首先通过加热图章（$T > T_g$，T 为图章温度，T_g 为图章在刚性与柔性间变换的临界温度），使它变成弹性体，具有黏弹性，然后施加外载荷使微尖变形，不加热时，图章依然保持黏弹性，直到需要印制油墨时，再对图章进行加热，并撤去外载荷，图章的微尖形状逐渐恢复到初始状态，图章与油墨之间接触面积减小，黏附力变小，所以油墨很容易从图章上脱落，如图 7.12 所示。

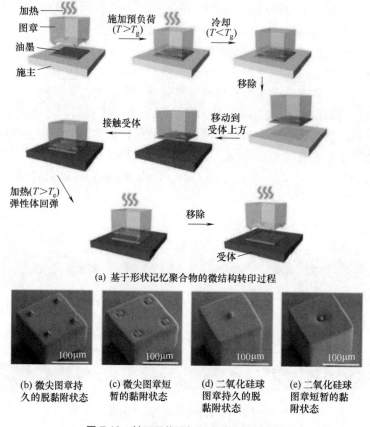

(a) 基于形状记忆聚合物的微结构转印过程

(b) 微尖图章持久的脱黏附状态

(c) 微尖图章短暂的黏附状态

(d) 二氧化硅球图章持久的脱黏附状态

(e) 二氧化硅球图章短暂的黏附状态

图 7.12 基于形状记忆聚合物的转印方法

该方法可通过加热图章精确控制转印过程中的黏附与脱黏附，操作简便，且黏附力远大于 PDMS 基体的黏附力。以上几种转印技术都可以将微电子元器件转印到软基底上，且操作过程简便、成本较低、转印效率较高，尤其是基于形状记忆聚合物的转印，其使转印过程不再只是依靠软印章的剥离速度完成，而是通过调控温度实现，基于形状记忆聚合物的转印方法具有更高的可控性，未来有很好的发展前景。

对于使用高弹性物质（例如 PDMS 聚二甲基硅氧烷等）作为材料的软体机器人，可以使用软体平板印刷术进行加工。这种技术以其便捷性、高效率和低成本，在软体机器人的制造中得到了广泛应用。如图 7.13 所示，这种工艺通常包含三个步骤。

首先需要将液体状的柔性材料分别注入两个不同的模具中，一个模具包含了软体机器人需要的通道结构，通常是气体驱动方式所必需的气道；另一个模具用于制作限制结构，通常可以在柔性材料中添加纸或纤维来减轻结构的延展性，这样可以更好地实现机器人的驱动效果。其次，将成形的两个结构脱模，并在贴合面上涂上液体柔性材料进行黏合。待结合面固化后，软体机器人结构就加工完成了。

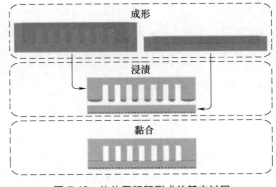

图 7.13　软体平版印刷术的基本过程

上海交通大学有多项软体机器人成果就是利用了这一制造技术。

7.3.3　失蜡铸造

对于具有复杂内腔的软体机器人结构，软体转印技术很难进行制造，而这恰恰是失蜡铸造的优势。图 7.14 展示了使用失蜡铸造制造抓手的一般过程。

首先图（a）、（b）是制作蜡模。在放有 3D 打印出的蜡模形状模型的模具内注入硅胶，待硅胶凝固后取出模型并注入液态蜡，使之成形。随后在图（c）中，将之前制作完的蜡模放入新的模具中，并用插销将顶部模具与底部模具组装在一起，使随后注入的硅胶能够将蜡模覆盖。在图（d）、（e）中，分别将两种硬度的硅胶注入模具内形成本体结构和限制层。随后拆除模具，将包含蜡模的结构体放入烤箱中

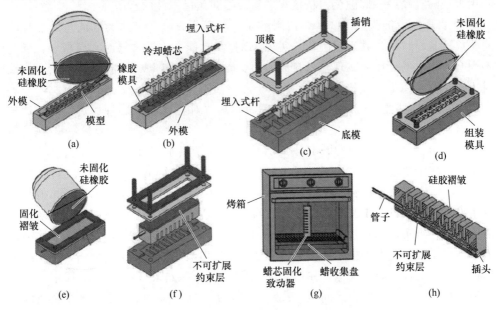

图 7.14　失蜡铸造的基本过程

加热使蜡模熔化流出。最终得到想要的软体结构。

使用类似的制作方法，Katzschmann 等人制作了一条软体机械鱼。鱼的尾部因为具有复杂的外形结构和内部腔道排布使用了失蜡铸造的方法。

7.3.4 多材料 3D 打印

3D 打印技术又名增材制造，各种功能的 3D 打印机也层出不穷，已经实现商品化的工艺主要有光固化成形、熔融沉积和选择性激光烧结等。随着材料科学、控制技术的不断发展，3D 打印技术已经用于制作软体机器人，直接将导电材料打印在软材料基底上，再对导电体进行封装，可制造简单的嵌入式软体机器人。3D 打印技术由于能够直接快速地加工复杂的三维结构而被广泛运用于原型的零部件加工中，然而传统的 3D 打印机只能使用单一材料，无法满足现有对产品高复杂性和柔性等要求，限制了 3D 打印的应用范围。随着技术的进步，如今多材料 3D 打印技术已经成熟，使用多种材料可以同时加工一个具有不同属性的产品，突破了单一材料三维加工的瓶颈，可以实现从设计到原型加工一次完成，省去了组装流程，大幅度提高加工效率。在技术层面上，多材料 3D 打印在国内外已经开展了深入研究，主要技术类型可以分为以下几类：

① 微滴喷射光固化技术，它利用光敏材料在光诱导下固化的原理，逐层堆积并照射光敏材料使其成形。商业化设备包含 Stratasys 公司的 Connex 系列和 3D system 公司的 Project 系列。

② 粉末粘接成形技术，将粘接剂与材料粉末粘接，最终层积成实体。同时它利用多个喷嘴喷射不同颜色的粘接剂来实现不同颜色零件的打印。

③ 直接能量沉积成形技术，使用激光、等离子或电子束这类高能量的热源将粉状或丝状材料熔化并逐层沉积，实现 3D 打印功能。它通常针对金属材料，通过不同金属粉末的配比来实现多材料成形的功能。美国 Sciaky 公司的 EBAM 金属线材成形设备采用了这一技术。

④ 粉末烧结技术，同样使用激光等高能热源对材料粉末进行加热，使其达到熔点熔化并互相粘接。

2014 年，哈佛大学 J. T. Muth 等人研究了基于墨水直接书写的 3D 打印方法，其制造过程主要是将导电油墨通过施加压力挤压喷嘴进行书写，如图 7.15 所示。

该项研究可制造软传感器，用于测量电阻的变化，并且制造成本较低，但是该方法没有对测试过程中影响电阻变化的因素进行深入研究，并且只能打印相对较薄的传感器，未实现真正意义上的三维打印，同时，由于分层打印导致加工效率较低。J. W. Boley 等人提出了利用高精密注射泵注射液态镓铟合金的方法，在三维坐标移动平台上打印液态镓铟，并用 CCD 相机记录打印结果（如图 7.16 所示，图中 L 为直写长度，P 为中心线间距，v 为写入速度，H、W 和 θ 分别为液态金属线的高度、直径和接触角，h_0 为针头距基底的高度）。

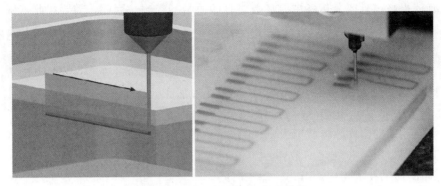

图 7.15 基于油墨的 3D 打印技术

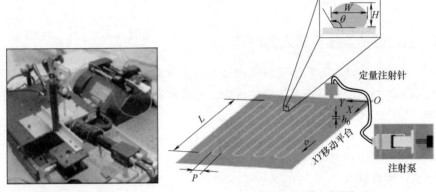

(a) 直写系统示意图　　　　　(b) 直写的弯曲图案及其横截面图

图 7.16 柔性电子打印平台

　　该方法实现了在聚二甲基硅氧烷（PDMS）上打印镓铟合金，最终打印出的可伸缩电路具有良好的柔韧性，可附着于人体皮肤上，用于医疗健康状况监测，如一些测量人体体温、心跳及血压等的柔性可穿戴设备。同时他们也研究了针头孔径、液态金属的注射量、针头距离基底材料的高度及平台移动速度等主要参数对打印线宽的影响，确定了各主要参数的最优范围，将主要变量参数化，提高了打印精度，但只能打印薄膜型部件，并没有实现真正意义的三维软部件打印。哈佛大学M. Wehner 等人成功研发了世界上第一个全软体机器人 Octobot，实现了从半软体机器人到全软体机器人研究的重大突破。该软体机器人的基体结构是由 3D 打印技术打印而成，驱动方式完全摒弃了传统的电机驱动和液压驱动，而是采用气动驱动的方式，通过化学反应，在腔体内产生大量气体，由压强的变化驱动章鱼进行运动。近年来，光固化 3D 打印已经由最初的打印硬质材料逐渐转变为可打印软质材料。浙江理工大学张吉研发了一种柔软、力学性能较好的光固化树脂材料。以上几种方法均可以打印软材料或者液态金属，但 3D 打印技术可打印的软材料类型有限，要考虑材料的黏性或者流动性，同时，在集成软硬材料的打印过程中，其打印速度有待提高，且要分析各主要参数对打印质量的影响。因此，需要在此基础上深入研究 3D 打印技术，有效提高打印速度、打印效率及打印精度，同时开发新的软材料。

在软体机器人加工方面，使用固液混合、多材料结合的新型 3D 打印技术可以快速地将机器人的柔性结构和刚性部件同时加工出来，提升机器人的整体性。Bartlett 等人使用了 Stratasys 公司的 Connex500 型号多材料 3D 打印机制作了靠内燃爆炸驱动的变刚度软体机器人。Robert 等人使用了多材料 3D 打印技术，将一种柔性高弹性物质与非固化的液体（聚乙二醇）相结合打印出软体抓手，和普通非 3D 打印的加工技术相比，节约了加工时间。

7.4　制造实例

7.4.1　差动驱动软体机器人的制造

接下来介绍气动式差动驱动软体机器人的制造实例，通过实例，可以使读者对软体机器人的制造过程有一个清晰的认识。这里首先介绍差动驱动软体机器人的制造过程，见图 4.41 所示。

单执行器的气动软体机器人只能进行直线运动，由于自然界中动物几乎是左右对称的结构，故课题组将两个执行器并联放置在同一块底板上面设计了一种新颖的差动驱动软体机器人。

(1) 差动软体机器人底板的设计

差动软体机器人底板的长度由执行器的长度决定，底板的宽度是两个执行器的宽度加上中间间隔宽度。间隔宽度一方面直接影响了差动软体机器人的转弯性能，另一方面是给机器人上的机载控制板预留空间，所以最终设计的底板宽度是两个气动执行器的宽度加上机载控制板的宽度。

(2) 差动软体机器人前后脚的设计

差动软体机器人的前脚和后脚分别是由两个矩形摩擦片对称放置在底板的左右两侧组成。前脚设计为平行于底板，后脚要保证在执行器充气到最大角度下，能与地面平行。前后脚与底板间采用硅胶胶黏剂粘接。为了给差动软体机器人的运动提供足够的摩擦力，前后脚采用的是摩擦力较大的材料，在这里研究人员选用的是橡胶 VHB-3M。

前后脚的宽度由底板的宽度决定，在左右摩擦脚的中间保留有一定的间隙。前后脚的长度由大量的实验确定，决定了前后脚的摩擦性能，如表 7.2 所示，表中"前脚"和"后脚"分别指前脚和后脚的长度，"直线"和"转弯"分别指直线运动速度和转弯速度。前后脚设计的目的是让差动软体机器人在运动的过程中减少不必要的滑动位移，在理想状态下，机器人弯曲过程中前脚与地面静摩擦，锚住地面，位置始终保持不变，在机器人伸展过程中，后脚与地面静摩擦，锚住地面，位置始终保持不变。但是在实际运动过程中可能会出现不可避免的滑动，增加前脚的长度并减小后脚的长度有利于减少机器人在弯曲过程中前脚的滑动位移，但是却增加了机器人在伸展过程中后脚的滑动位移。同理，增加后脚的长度并减小前脚的长度有利于减少机器人在伸展过程中后脚的位移，但是却不利于机器人在弯曲过程中前脚的固定。因此前后脚长度的选择是一个动态优化的过程，表7.2中通过实验选择前脚的最佳长度为25mm，后脚的最佳长度为14mm。

对软体执行器的研究可以得出在同一充气速度下，执行器的弯曲速度在逐渐降低，因此执行器的充气量应该控制在合理的范围内以保证执行器有足够的弯曲速度。软体执行器内压强越大，执行器的弯曲角度越大，差动软体机器人步长也越大，但是在较大压强下，软体执行器的耐用性不足。综合压强、速度等方面的思考，研究人员将执行器的最大弯曲角度设置为120°，此时执行器的内部压强为50kPa，在这个压强下，硅胶未到其变形极限，具有较好的耐用性，且此时执行器仍保持了较大的弯曲速度。在执行器弯曲成120°圆弧的情况下，后脚为了能与地面完全接触，与机器人底板的角度设计为120°。

这款差动软体机器人的特点在于能在极为简单的运动序列下完成直线或转弯运动，相比哈佛的四脚机器人以及Wang的仿尺蠖机器人（SSC）等，差动软体机器人构型简单、运动序列少且运动速度快。

表 7.2　差动软体机器人在不同的前后脚长度下的运动速度

前脚/mm	后脚/mm	直线/(mm/s)	转弯/[(°)/s]
20	12	7.95	1.14
20	14	7.55	1.18
20	16	5.82	1.22
25	12	8.65	1.24
25	14	9.98	1.57
25	16	8.94	1.32
30	12	3.64	0.88
30	14	6.59	1.05
30	16	7.41	1.23

接下来介绍一下这款机器人中软体执行器的设计，在单向弯曲气压软体执行器中，有两种执行器应用最为广泛：快气囊执行器（fPN执行器）和慢气囊执行器（sPN执行器），见图4.29所示。

sPN执行器最大的特点是在整个弯曲过程中具有延展性的多气囊结构是连成一体的。相比sPN执行器，fPN执行器的不同处在于多气囊结构的各个气囊壁以及顶部没有连接为一体。在同等充气量的情况下，fPN执行器的变形量更大，所以称之为快气囊执行器。同样，在相同的变形量下，sPN的充气量更多，内部压强更大，导致耐用程度和充气速度不如fPN执行器。

对于本书设计的软体爬行机器人，fPN 执行器的优点更为突出，而且变形速度快，有利于提升爬行机器人的移动速度，执行器耐用性强，有助于提升机器人的使用次数。

对差动驱动软体机器人的执行器了解后，开始制造其结构。差动软体机器人的主要部分是软体执行器，软体执行器由多气囊结构和底板构成。

如图 7.17 所示，制作软体执行器所需模具包括多气囊结构模具（图中深色部分）和底板模具（图中白色部分）。研究人员确定的软体执行器尺寸如表 4.3 所示。

然后根据表 4.3 中的尺寸设计模具尺寸，利用 SolidWorks 等三维设计软件设计模具的三维模型，最后利用 3D 打印机（HORI H1＋）分别打印出多气囊结构模具和底板模具，如图 7.17 所示。

图 7.17　软体执行器模具

接下来是制作执行器的过程，如图 7.18 所示：

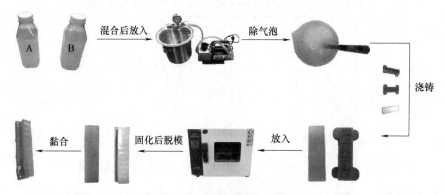

图 7.18　软体执行器制作过程

第一步是配置硅胶。在这款软体机器人中研究人员使用的是 Dragon Skin 20 硅橡胶，这种硅橡胶分为 A、B 两组硅橡胶液体，通过将两者按照 1：1 的比例放入烧杯中进行混合，然后将混合液体放入真空箱中，利用真空泵（单级旋片式真空泵 RS-2）将真空箱内气体抽除，除去硅橡胶混合液体内混入的气泡。这么做的目的是使制作的硅胶主体中应力集中的现象减小，防止结构在充气膨胀的过程中被破坏。

第二步是浇铸。浇铸过程分为多气囊结构浇铸和底板浇铸。在浇铸多气囊结构时，首先将执行器的上模具与下模具扣合，即图 7.17 中左侧及中间模具，然后将第一步中完成的硅胶混合物倒入模具中，在倒入的过程中需要缓慢均匀地倾倒，以防止结构中产生较多的气泡。接下来对底板进行浇铸，在浇铸底板时，先在底板模具（图 7.17 右）凹槽内浇铸一半第一步中完成的硅胶混合物，再放入纸张或其他纵向延伸小的材料，最后再在这种材料上面倾倒剩下的硅胶混合物，将这种材料完全包裹在里面。这么做的目的是使制成的硅胶执行器在发生弯曲变形时，在纵向受到包裹材料的影响不易发生纵向变形，从而使得其弯曲变形的效果更好，运动的效率更高。

第三步是固化。将第二步中浇铸好硅橡胶的模具放入恒温干燥箱中加热固化，目的是加速硅橡胶的固化，实验中使用的 A、B 混合硅橡胶是室温硫化型硅橡胶，正常情况下混合后的硅橡胶在室温环境下放置 24h 可以实现完全固化。而在实验中，将其放置在高于室温的环境下，其目的是加速硅橡胶的固化，缩短其固化时间。具体来说，在实验中将浇铸好硅橡胶的模具放置在电热恒温干燥箱（赛得利斯 202-OOA）中，并将温度调至 65℃加速硅橡胶的固化，大约需要 1～1.5h 的时间。

第四步是脱模。在电热恒温干燥箱中保持 1h，在硅橡胶完全固化后，便可以将装有硅橡胶的模具从恒温箱中取出，然后将气动软体执行器的多气囊结构和底板分别从模具中取出。这里需要注意的是，硅橡胶与模具的结合较为紧密，在取出过程中可能会造成对硅橡胶结构的破坏，因此在第二步浇铸之前可以在模具内表面喷上一层脱模剂，以防止硅橡胶与模具结合过于紧密而导致不易取出。

第五步是黏合。在取出气动软体执行器的多气囊结构和底板后，利用硅橡胶液体及硫化胶使 A、B 两组硅胶混合物将脱模后的多气囊结构和底板粘接为一体形成一个软体执行器。

最后为软体机器人加上前脚摩擦片和后脚摩擦片，最终形成差动驱动式软体爬行机器人。

经过上述过程，就可以制造出一个气动式软体机器人，后期再在制造好的软体机器人中加入控制系统和电源系统，即可以控制软体机器人的运动。

7.4.2　一体式双向弯曲软体驱动器的制造

一体式双向弯曲软体驱动器的加工方法主要包括限制层、外壳、气囊、端盖的加工以及它们的装配，如图 7.19 所示。在限制层和外壳的加工过程中，首先根据所需形状和尺寸对相应织物进行激光切割（图 7.19①、⑤），然后用所得的两个限制层（图 7.19②）将两个面对面叠放的柔性弯曲传感器（图 7.19③）夹在中间，并采用缝纫技术将两个限制层固连（图 7.19④，沿着柔性弯曲传感器的边缘进行缝纫），同时将两个外壳分别沿相反方向弯折成半椭圆柱面形（图 7.19⑥、⑦），最后对限制层与外壳的边缘进行缝合得到限制层-外壳装配体（图 7.19

⑧）。在气囊的加工过程中，首先通过 3D 打印技术打印两套模具，然后使用其中一套模具进行石蜡型芯的浇铸（图 7.19⑨），石蜡凝固后取出石蜡型芯（图 7.19⑩）并将其放入另一套模具中进行硅胶气囊的浇铸（图 7.19⑪），硅胶凝固后取出（7.19⑫）并将其放入恒温箱加热（100℃）使石蜡型芯熔化后倒出（图 7.19⑬），最后得到成形的硅胶气囊。将气囊的近端与提前 3D 打印好的近端端盖 A 和 B 按照前述密封方式进行装配（图 7.19⑭），得到气囊-近端端盖装配体（图 7.19⑮）。将气囊-近端端盖装配体、限制层-外壳装配体、远端端盖以及喉箍装配起来（图 7.19⑯）得到最终的一体式双向弯曲软体驱动器（图 7.19⑰），其原型样机如图 7.19⑱所示。

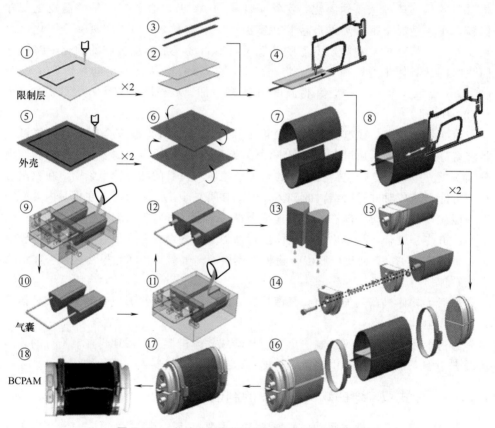

图 7.19 一体式双向弯曲软体驱动器的加工制造流程

7.5 小结

在这一章节中，我们对软体机器人的设计与制造进行了详细的介绍。通过前几章的介绍，我们对软体机器人的原理有了一定的了解，而这对我们进行软体机器人的概念设计和详细设计是有帮助的。一般情况下，我们制造软体机器人常用的材料有硅橡胶、形状记忆合金（SMA）、介电弹性体和电活性聚合物（EAP），而其中尤以硅橡胶和 SMA 使用最广。在制作工艺中，常见的有形状沉积制造技术（SDM）、转印技术、3D 打印技术、智能复合微结构法（SCM）和失蜡铸造等。根据软体机器人的设计原则和不同的应用环境，选择合适的材料与工艺，可以制造出合适的软体机器人。最后，我们介绍了差动驱动软体机器人和一体式双向弯曲软体驱动器的制造实例，通过具体的例子使读者更好地理解软体机器人的制造过程。

第**8**章
软体机器人的应用实例

8.1 医疗机器人

医疗机器人，即用于从事医疗或者辅助医疗工作的机器人，属于智能型服务机器人。机器人在临床医疗、护理工作以及医用教学机器人服务等领域都有相关的应用。随着人们对医疗机器人功能要求的提升，即需要机器人可以更多地和环境以及人类发生交互行为时，产生一个严峻的问题：刚体机器人通常由电机马达、气动或液压驱动，在驱动力作用下具有很大的惯性，和外界接触会产生强烈的冲击，当刚性的机器人和人体发生交互时，其启停所带来的冲击可能会对人体产生伤害。另外由于人体的体内是"湿软"的，当坚硬的物体放置在人体内时，我们柔软的内脏并不能很好地与它们相处，不仅物体锐利的边缘会划伤器官和血管，而且外来物体周围也会被身体防卫系统围绕，妨碍其发挥预期的功能。因此，除了骨科手术等领域所使用的机器人，很难用传统的刚性机器人技术做出新一类的与人交互的医疗机器人。

医疗机器人必须能够在体内或者体表顺利工作而不会对人体造成伤害。可以从人体的构造中获得制造机器人的启发：人体虽然具有刚性的骨骼结构，但是骨骼由肌肉和皮肤包围，作为与外界交互的媒介。可以改变刚体机器人的框架，换成其他柔软材料的新型机器人，即软体机器人。从人体的角度来讲，人体肌肉的弹性系数基本上和硅橡胶差不多，用类似硅橡胶的材料来代替刚性的金属材料，作为制作机器人的材料，可克服刚性机器人与人类交互性差的问题，从而安全地和人体交互。目前软体机器人在临床医疗、可穿戴式设备以及人工器官上都有很广泛的研究以及应用案例。

8.1.1 软体康复手套

"脑卒中"又称"中风""脑血管意外"，是一种常见的急性脑血管疾病。发病原因常为脑部血管突然破裂或血液因血管阻塞不能正常流入大脑从而永久损伤大脑神经，具有发病率高、死亡率高和致残率高的特点，是一种严重威胁人类健康和生命的疾病。中国心脑血管患者人数约 3.30 亿，其中脑卒中患者人数约为 1300 万。不同类型卒中疾病的治疗方式有所不同，但是一直缺乏有效的治疗手段。脑卒中病人在经过外科手术等临床治疗后，需要经过长时间不断地康复训练才能恢复部分运动能力。传统的康复治疗，通常依靠专业理疗师手动帮助患者的患肢进行单一的被动康复训练。这种康复训练对理疗师的专业水平要求比较高，患者通常难以获得足够强度的康复训练。因此，康复机器人的发明与应用对于脑卒中瘫痪患者是一个福音。康复机器人通常集成多种传感器，具有强大的信息处理能力，可以有效监测和记录整个康复训练过程中人体运动学与生理学数据，并对患者的康复过程给予实时的反馈。

软体康复手套是一种适用于卒中患者或者创伤性手术后需要对手指进行康复训练的人机交互软体康复机器人。为了帮助患者成功地进行手部康复锻炼，可穿戴设备需要满足一定的特征，哈佛大学的研究人员在和医师沟通以及查阅医疗文献等相关资料后获得了手部可穿戴式设备的一些具体需求，如表 8.1 所示。首先，驱动软体康复手套动作的软体驱动器应该可以实现一定大小的弯曲，和握紧拳头时手指的弯曲程度一致。其次，软体驱动器集成在可穿戴设备（手套）中，使得手功能有限的患者能够轻松、便捷地将穿戴设备穿上并取下。

表 8.1　康复训练手套所需要满足的要求

特征	要求
质量	＜0.5kg
轮廓	＜0.025m
手套尺寸	根据患者定制或者可调整
弯曲量	270°
自由度	每根手指 3 个自由度
速度	可变化(10 个循环/min)
末端力	可变化(由患者决定)
安全	容易穿戴且不影响手指的正常运动

根据上述需求，哈佛大学的 Panagiotis Polygerinos 等研究人员在 2014 年研制了一款 PneuNets 软体驱动器和基于 PneuNets 驱动器的软体康复手套。如图 8.1 所示，驱动器由弹性层 A、弹性层 B、限制层（Paper Layer）和主体组成，当向主体内的气腔充气时，驱动器会向限制层的方向弯曲。软体驱动器弯曲，驱使患者的手指发生弯曲。

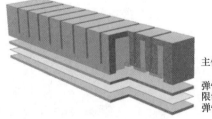

主体
弹性层A
限制层
弹性层B

图 8.1　PneuNets 软体驱动器

驱动器使用硅橡胶材料，通过 3D 打印模具浇注制成。通过有限元法和实验验证，驱动器的弯曲角度最大 320°，最大充气气压为 52kPa。基于 PneuNets 软体驱动器的康复手套如图 8.2 所示，手套总质量约为 160g，运动能力和抓取能力良好，每根手指具有 3 个自由度，手指的最大弯曲角度为 270°，能够抓取一些常见的物体（杯子、水果）。手套能够轻松戴上和脱下，穿戴时不干扰手部的正常运动，具有很高的安全性。

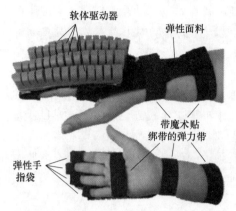

图 8.2 软体康复手套原型机顶部与底部展示

哈佛大学的 Panagiotis Polygerinos 等研究人员在 2015 年提出了一种纤维增强型气动驱动器，并基于这种气动驱动器设计了一种康复手套。如图 8.3 所示，纤维增强型气动驱动器主要由弹性体、纤维层组成，纤维层分为单层纤维增强层和双层纤维增强层，纤维层所用的材料是高强度纤维线。通过弹性体缠绕不同结构的纤维增强层，驱动器可以实现弯曲扭转、分段弯曲等运动，其中弯曲扭转运动和人手的大拇指的运动相似，分段弯曲运动与四指的运动相似。基于纤维增强的软体驱动器的康复手套如图 8.4 所示，手套能够驱动人手实现多种灵活的手指弯曲运动和抓取运动，实验证明佩戴手套后的病人抓取塑料块的成功率提高了 40%。

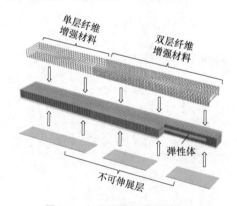

图 8.3 纤维增强型软体驱动器

图 8.4 基于纤维增强型软体驱动器的康复手套

新加坡国立大学的 Hong Kai Yap 等在 2015 年提出了一种分段弯曲的气动驱动器和基于此驱动器的康复手套。分段弯曲驱动器的结构如图 8.5 所示，基于这种驱动器的康复手套如图 8.6 所示，软体驱动器的弯曲对应患者手指各关节的弯曲，基于此驱动器的康复手套可以针对手指的单个关节进行康复训练。手套驱动患者的手部进行抓取运动所需的气压为 120～160kPa，抓取力可达 3.59N。

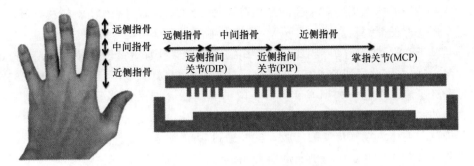

远侧指骨
中间指骨
近侧指骨

远侧指骨　中间指骨　　近侧指骨

远侧指间
关节(DIP)

近侧指间
关节(PIP)

掌指关节(MCP)

图 8.5 Yap 提出的分段弯曲驱动器

韩国工业和教育大学的 Dmitry Popov 等提出了一种基于线缆驱动的软体康复手套，如图 8.7 所示，手套的驱动动力源是位于手背的 4 个电机，通过电机旋转拉扯分布于手指和手掌的线缆驱动手指弯曲和伸直。相对于其他康复手套，这种康复手套对于手部原本运动的束缚更小，电机可以安装在外部使手套重量更轻。这种通过电机驱动的康复手套可以建立较为准确的运动学模型，实现对运动的闭环控制。实验显示这种

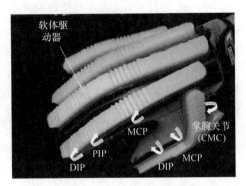

软体驱动器

掌腕关节(CMC)

MCP

PIP

DIP

DIP

MCP

图 8.6 Yap 提出的康复手套

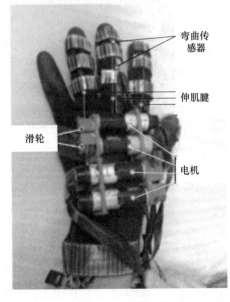

弯曲传感器

伸肌腱

滑轮

电机

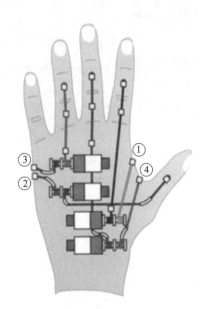

图 8.7 线缆驱动的软体康复手套

手套具有较好的抓取能力，手指的最大弯矩为 3.51N•m，抓握力最大为 16N。手套运动所耗费的能源较少，3000mA•h 的电池可供手套运动 4h。

与基于弹性体的驱动器相比，基于织物的驱动器具有重量轻、易更换、寿命长的优势。Hong Kai Yap 在 2017 年提出了两种基于织物的软体驱动器，并基于此驱动器设计了康复手套。如图 8.8 所示，两种驱动器分别是延伸驱动器和弯曲驱动器。延伸驱动器使用两层柔性热塑性聚氨酯（TPU）涂层布料粘接制成，中间有氯丁橡胶海绵作为空气流通的气腔，气腔通过管接头与外部气源连接。当充气时，延伸驱动器会伸直变硬。弯曲驱动器是在延伸驱动器的基础上制作的，分为上下两层，下层是限制层（Third Layer），延伸驱动器折叠成 Z 字形与限制层黏合，当驱动器充气时，上层延伸驱动器将会伸直，下层限制层会限制上层伸长并产生一个弯曲力矩。基于这种织物软体驱动器的康复手套如图 8.9 所示，这种康复手套同时适用于手指伸直无法弯曲的患者和手指握拳畸形无法伸直的脑卒中患者，可以产生 0.31N•m 的伸直力矩和 1.24N•m 的弯曲力矩。

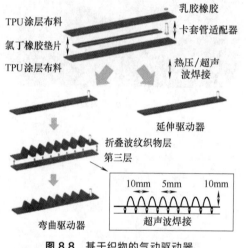

图 8.8　基于织物的气动驱动器

图 8.9　基于织物的康复手套

英国萨尔福大学的 Hassanin Al-Fahaam 等提出了一种基于织物的康复手套。如图 8.10 所示，驱动器的结构主要由一个织物套筒和一个织物限制层组成，织物套筒随着充气气压增大而伸长，限制层位于套筒的一侧，限制套筒伸长并产生弯矩，弯矩随着气压增大而增大。使用这种驱动器制成的软体康复手套如图 8.11 所示，实验显示这种手套的最大充气气压为 350kPa，当气压超过 350kPa 时手套手指弯曲角度不再增加，它的最大弯曲角度为 130°。

北京航空航天大学的彭广帅提出了一种气动人工肌肉驱动线绳的软体康复手套，如图 8.12 所示，手套的驱动器采用的是 McKibben 气动人工肌肉，这种圆柱形人工肌肉充气时会缩短，气压越大缩短量越大。人工肌肉位于手套腕部，通过气动人工肌肉拉伸聚乙烯纤维绳驱动手指弯曲。

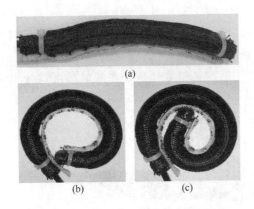

图 8.10 萨尔福大学的基于织物的驱动器

图 8.11 萨尔福大学的软体康复手套

已有的气压驱动康复手套主要有基于弹性体驱动器的康复手套、基于织物材料驱动器的康复手套，相对于基于弹性体驱动器的康复手套，基于织物材料驱动器的手套具有穿戴舒适、制造容易、体积小、重量轻等优点，更容易实现手指和手腕的同时运动。针对基于织物材料的气压驱动软体驱动器的软体康复手套的问题（手指和手腕协同训练，康复手套的闭环控制系统），本课题组研制了一种双自由度气动

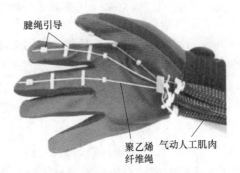

图 8.12 北京航空航天大学的康复手套

驱动器，将手指和手腕的运动结合在一个驱动器上，可以实现手指和手腕的协同训练，减小了手套的体积和重量。软体驱动器的运动具有很强的非线性和时变性，难以建立精确的系统传递函数，目前常用的控制方法还是开环控制。采用柔性弯曲传感器采集手套驱动器的弯曲角度作为反馈信号，选用模糊 PID 控制算法，实现软体气动驱动器弯曲角度的闭环控制。

(1) 双自由度软体气动驱动器

建立如图 2.33 所示坐标系，双自由度气动驱动器是单自由度气动驱动器的升级版，双自由度驱动器的最上层为弹性层，由可以沿着 x 方向伸长的弹性布料制成，最下层是限制层，由两层不可拉长的布料缝合而成，弹性层与限制层缝合形成一个轴向为 x 方向的半圆柱形气室。在弹性层和限制层中间加一层中间限制层，由与限制层同样的布料制成，该布料在任何方向均不可拉伸。中间限制层把气室分为上下两个气室，上气室由弹性层和中间限制层组成，下气室由中间限制层、弹性层和限制层组成。上下两个气室内均插入气囊，两个气囊通过密封器与宝塔头连接，两个气源通过宝塔头连接进入橡胶气囊。

（2）软体气动驱动器的制作

软体气动驱动器的实物如图 8.13 所示，气动驱动器主要由弹性层、限制层、中间层组成，中间层主要由橡胶气囊、气管宝塔接头和气管密封器组成。弹性层、限制层及中间限制层按照图 8.13 的结构使用缝纫机缝合而成。在气室的出口处用喉箍固定，防止充气时气囊向外位移影响弯曲效果。在使用缝纫机进行缝合时，需要保证软体气动驱动器的限制层和弹性层沿着 x 轴方向尽可能对称。

图 8.13　双自由度驱动器实物图

限制层所用材料是在任何方向均无法拉伸的布料，弹性层所用材料为可以单向伸长的弹性布料。

（3）双自由度软体驱动器的变形分析

双自由度软体驱动器的各项参数如图 8.14 所示，将双自由度软体驱动器分为左右两部分，每部分是一个单自由度软体驱动器，图中 L_1 是左边驱动器的初始有效长度，L_2 是右边驱动器的初始有效长度，L_{E1} 是左边部分弹性层充气后的有效长度，L_{E2} 是右边部分弹性层充气后的有效长度，L_{R1} 是左边部分限制层充气后的有效长度，L_{R2} 是右边部分限制层充气后的有效长度，θ_1 是左边部分的弯曲角度，θ_2 是右边部分的弯曲角度，R_1 是左边部分的弯曲半径，R_2 是右边部分的弯曲半径，r 是驱动器截面圆的半径，h 是驱动器的高度，w 是驱动器限制层的宽度，双自由度软体驱动器左右两部分的弯曲半径不同。将左右两边看作独立的单自由度驱动器，可得双自由度软体驱动器弯曲角度和气压的关系为：

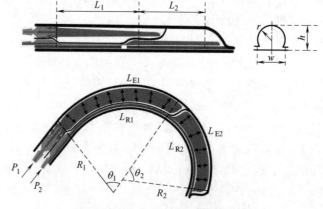

图 8.14　双自由度软体驱动器的参数

$$\theta = \theta_1 + \theta_2 = \frac{P_1 Lr\left(2\pi - \arcsin\dfrac{h}{r}\right)}{k_E h} + \frac{P_2 Lr\left(2\pi - \arcsin\dfrac{h}{r}\right)}{k_E h} \tag{8.1}$$

(4) 双自由度软体驱动器的实验研究

为了测量双自由度软体气动驱动器的弯曲特性，验证驱动器的变形模型，设计了充气弯曲实验，通过减压阀调整输入气压，使用弯曲传感器检测驱动器在不同气压下的弯曲角度。

弯曲传感器（图 8.15）的本质是一个随着弯曲角度变化的电阻，使用弯曲传感器需要先对其进行标定，即测量其弯曲曲线。传感器的电阻值与传感器的弯曲角度基本呈线性关系，使用万用表测量弯曲传感器两个位置的电阻即可得到关系直线。通过测量弯曲传感器平直状态下的电阻值为 $10.8\text{k}\Omega$，弯曲至 $90°$ 状态下的电阻为 $21.7\text{k}\Omega$，得到电阻值 R 与弯曲角度 α 的关系式

$$R = \frac{1090}{9}\alpha + 10800 \tag{8.2}$$

图 8.15 弯曲传感器

将弯曲传感器连接到一个分压电路中，即可将电阻值转化为电压信号，使用 Arduino 控制器的模拟量接口检测电压变化，将其转化为数字量，电路如图 8.16 所示。

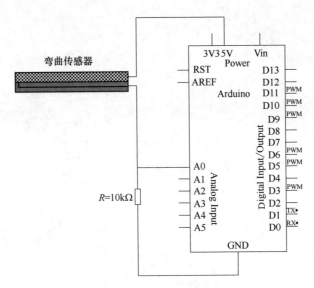

图 8.16 弯曲传感器分压电路

使用气泵、减压阀、二位三通电磁阀、Arduino 控制器、弯曲传感器、电脑等搭建控制系统。利用限制层布料不可拉伸的特性，将弯曲传感器紧贴在软体驱动器的限制层，通过分压电路，将信号经过 Arduino 控制器处理后传入电脑上位机，Arduino 控制器与电脑通过 USB 串口进行通信。气泵的气体经过气源过滤器、减压阀输入到二位三通电磁阀上，气体直接排向大气；当 Arduino 的对应数字引脚输出高电平时，继电器响应，二位三通电磁阀换位，气体进入对应驱动器的气室，驱使驱动器产生弯曲动作。

实验结果如图 8.17 所示，图 8.17（a）展示了双自由度气动驱动器的下气室在充气气压 $P=100\text{kPa}$ 时达到最大弯曲角度 $\theta=300°$，此时驱动器的上气室部分未充气，呈伸直状态，双自由度驱动器的下气室可以用来驱动人手的中指、食指和无名指做弯曲运动；图 8.17（b）展示了双自由度驱动器上气室在充气气压 $P=120\text{kPa}$ 时达到最大弯曲角度 $\theta=265°$，此时驱动器的下气室部分未充气，呈伸直状态，上气室可以用来驱动手腕做弯曲运动；图 8.17（c）展示了双自由度驱动器上下气室均达到最大弯曲角度，可以用来驱动手指和手腕同时进行康复运动。

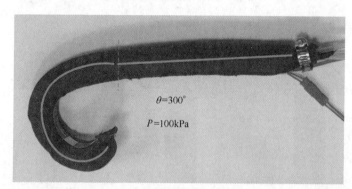

(a) 双自由度驱动器下气室弯曲

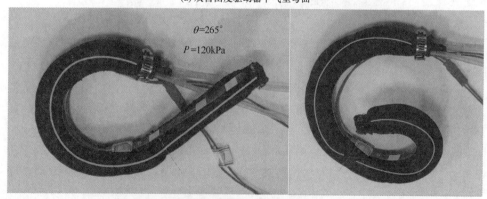

(b) 双自由度驱动器上气室弯曲 　　　　　　　　　　　(c) 上下气室均同时弯曲

图 8.17 驱动器弯曲实验结果

(5) 软体康复手套的结构

软体康复手套的结构和参数见图 2.38 和表 2.2。

手套选用双自由度气动驱动器驱动中指、食指和无名指做屈伸运动，驱动手腕做屈曲运动，使用单自由度气动驱动器驱动大拇指和小指做屈伸运动，驱动手腕做伸展运动。各个位置的驱动器因功能的不同其尺寸有差别，在设计驱动器时须考虑人手的实际尺寸。手背处的驱动器与手指和手腕的尺寸关系如图 8.18 所示，手心处的驱动器参数如图 8.19 所示。

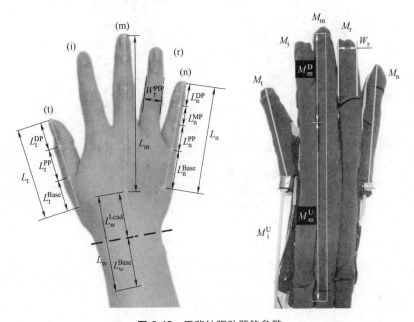

图 8.18 手背处驱动器的参数

大拇指和小指位置驱动器长度的运算关系如式（8.3）和式（8.4）所示，式中列出了小指驱动器长度的计算方法。

$$M_t = L_t = L_t^{DP} + L_t^{PP} + L_t^{Base} \tag{8.3}$$

$$M_n = L_n = L_n^{DP} + L_n^{MP} + L_n^{PP} + L_n^{Base} \tag{8.4}$$

式中　L_t^{DP}——大拇指远节指骨的长度；

　　　L_t^{PP}——大拇指近节指骨的长度；

　　　L_t^{Base}——大拇指驱动器的基础长度；

　　　L_t——大拇指驱动器的计算长度；

　　　L_n^{DP}——小指远节指骨的长度；

　　　L_n^{MP}——小指中节指骨的长度；

　　　L_n^{PP}——小指近节指骨的长度；

　　　L_n^{Base}——小指驱动器的基础长度；

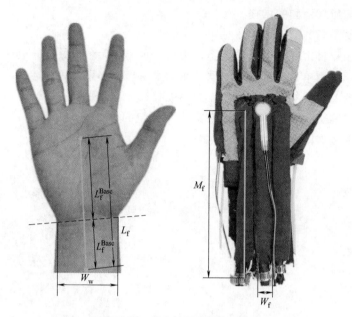

图 8.19 手心处驱动器的参数

L_n——小指驱动器的计算长度；

M_n——小指驱动器的实际长度；

M_t——大拇指驱动器的实际长度。

食指、中指、无名指的结构基本相同，本双自由度驱动器长度的计算，如式（8.5）~式（8.7）所示。

$$M_m = M_m^D + M_m^D \tag{8.5}$$

$$M_m^D = L_m^{DP} + L_m^{MP} + L_m^{PP} \tag{8.6}$$

$$M_m^U = L_w^{Lead} + L_w^{Base} \tag{8.7}$$

式中　M_m——中指处双自由度驱动器的总长度；

M_m^D——中指处双自由度驱动器下气室的长度；

M_m^U——中指处双自由度驱动器上气室的长度；

L_m^{DP}——中指远节指骨的长度；

L_m^{MP}——中指中节指骨的长度；

L_m^{PP}——中指近节指骨的长度；

L_w^{Lead}——手腕处驱动器的驱动长度；

L_w^{Base}——手腕处驱动器的基础长度，一般 $L_w^{Base} = L_w^{Lead}$。

通过式（8.3）~式（8.7）计算手套各位置驱动器长度，其中中指、食指和无名指三根手指长度基本相同，为了制造方便，使用同一种双自由度驱动器尺寸，大拇指和小指处使用尺寸相同的单自由度驱动器。手腕处使用尺寸相同的三根驱动器，用于保证手腕能够正常向上做伸展运动。

手套驱动器的宽度计算如式（8.8）和式（8.9）所示，公式中介绍了无名指处驱动器宽度的计算，其他手指处的计算与无名指处的相同。公式计算出的宽度是指驱动器限制层的宽度，驱动器的弹性层布料宽度是限制层布料宽度的 1.5 倍。

$$W_r = W_r^{PIP} \tag{8.8}$$

$$W_w = 3W_f \tag{8.9}$$

式中　W_r——无名指处双自由度驱动器的宽度，一般是指限制层布料的宽度；

　　　W_r^{PIP}——无名指近端指间关节处的宽度；

　　　W_w——手腕关节处的宽度；

　　　W_f——手腕处单自由度驱动器限制层布料的宽度。

软体康复手套由于其柔软性以及和人手掌的良好交互性，该理念以及产品的成功研制确实吸引了研究人员以及医疗公司的关注。

8.1.2　软体膝关节外骨骼机器人

外骨骼机器人，通常是框架式结构并且容易让人穿上，这种装备可以提供额外的能量来供四肢运动。目前所研究的外骨骼机器人大多是刚性的结构框架，这种外骨骼机器人通常用于军事领域来增强人的体能。而通过采用轻型、柔软的执行器，外骨骼机器人可以用于人体康复训练或者辅助运动。来自卡耐基梅隆大学以及哈佛大学的研究人员开发了一种柔软的膝关节外骨骼机器人（图 8.20），该机器人由气

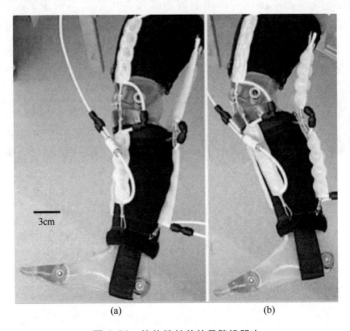

3cm

(a)　　　　　　　　　　(b)

图 8.20　软体膝关节外骨骼机器人

动人工肌肉驱动器和柔软织物套管组成，可以主动辅助膝关节运动。通过对气动人工肌肉的二维设计，不仅简化了其制造过程，还使得整个装置结构紧凑，同时，织物套管使设备更加轻巧而且易于佩戴。弹性人工肌肉初始的收缩力为38N，在104kPa输入气压的作用下最大可以收缩18mm，该外骨骼机器人上使用了4个弹性肌肉来辅助膝关节的伸展和弯曲，最大的伸展和弯曲角度分别为95°和37°，且可以产生3.5N和7N的最大伸展和弯曲力。

但是，该设备在人体上应用仍有一段距离。该膝关节外骨骼机器人还可以从以下方面进行改进：该机器人没有使用传感元件，整个设备需要获取并响应外部的信息以实现更好的自主性与交互性。软体传感器可以直接和人造肌肉集成在一起以实时检测它们的动作。这类传感器将为驱动器提供主动感应功能，以便在不改变驱动器的体积和重量的情况下实现更精准的控制。该机器人应当选用更合适的材料。和传统的外骨骼机器人不同，该机器人的力传递是通过皮肤接触实现，因此要求使用生物相容性的材料。该机器人需要具有故障检测功能。即使驱动器是用软材料制成，但是当气压过大或者其他因素引起的爆炸仍有可能会伤害使用者的皮肤。因此需要控制算法检测和补偿单个驱动器的故障，以防止设备在使用过程中产生意外。

8.1.3 软体肩关节康复机器人

卒中、脊柱损伤、肌肉萎缩症以及肌萎缩侧索硬化等几种神经肌肉疾病会导致患者的日常生活运动能力的丧失或者受限，最后使患者失去独立自主的能力。对人类而言，上肢运动并和环境相互作用的能力是正常生活必不可少的，而肩关节又是上肢运动的第一个关节，其运动功能对人们来说是至关重要的，由此引发了研究人员对肩部康复训练的重视。

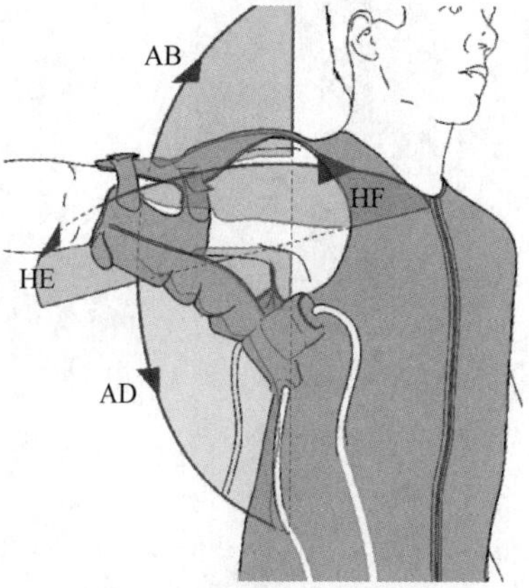

哈佛大学的研究人员研制了一款柔软的可穿戴肩关节外骨骼康复机器人，用于帮助肩关节有神经肌肉疾病的患者进行日常生活活动，如图8.21所示。该装置采用定制的两种基于纺织材料的软体气动执行器，因此机器人本身轻质、舒适且不会对穿戴者的行为产生限制。执行器在不使用时可以平坦地折叠起来，因此当使用者穿着时可以隐蔽在衣物的下方，消除使用者在公共场合可能产生的尴尬感。研究人员对这款机器人进行了人体测试，在通电时检测手臂的机电水平以评估机器人辅助运动的能力，结果显示，该款机器人在开启时可以有效地减少肌肉产生的力量，证明该款软体肩关节外骨骼机器人的可行性和有效性。

图 8.21 软体肩关节外骨骼机器人
AB—向上提（abduction）；AD—向下收
（adduction）；HF—水平后屈
（horizontal flexion）；HE—水平
前屈（horizontal extension）

该机器人具有三个单独的驱动器，一个用于肩部的向上伸展，两个用于水平方向的弯曲。机器人的总质量为 0.48kg，可以折叠平整，并且在无动力时不会限制运动的正常进行。该机器人驱动器在定制的实验平台上测试其性能，在受试者身上进行实验，结果表明，可穿戴机器人可以帮助肩部运动障碍的患者进行日常活动。这些结果为软体可穿戴机器人的进一步研究铺平了道路。

8.1.4　第一代刚软耦合下肢外骨骼机器人

根据人体解剖学可知，人体下肢主要包括三个关节（髋、膝、踝）和三段骨骼区（大腿、小腿、脚），其中髋关节将整个下肢与躯干相连接。下肢关节除了在矢状面的屈曲和伸展运动外，还具有一些额外的自由度，例如髋关节的外旋和内旋、外展和内收，膝关节的外旋和内旋以及踝关节的内翻和外翻，多自由度下肢关节的协调运动能够保证人体正常步态的有效性和稳定性。然而，在下肢外骨骼的设计中，一般只考虑在行走中能量贡献最显著的自由度，也就是矢状面内的屈曲和伸展运动自由度，以此降低下肢外骨骼的设计复杂度和重量。

本课题组开发的第一代刚软耦合下肢外骨骼机器人用于辅助人体下肢髋、膝、踝关节在矢状面内的屈曲和伸展运动，由 3 个可定制大小的双向弯曲型气动人工肌肉（bidirectional curl pneumatic artificial muscle，BCPAM）软体驱动器为人体下肢 3 个关节提供驱动力矩，3 个 BCPAM 软体驱动器之间通过 4 个 3D 打印的刚体部件连接和延伸，分别对应人体的腰、大腿、小腿和脚 4 个部分 [图 8.22（a）]。在每个刚体部件内部集成有传感器和传输电路，用于检测穿戴者的运动并将信号无线传输出去。该刚软耦合下肢外骨骼的结构采用模块化设计，以方便装配和拆卸，提高其功能柔性 [图 8.22（b）]。根据人体下肢的解剖学结构，将刚软耦合下肢外骨骼分成 4 个模块，即腰-髋关节模块、大腿-膝关节模块、小腿-踝关节模块以及脚模块。每个模块包括 1 个 BCPAM 软体驱动器和 1 个刚体部件（脚模块只包含刚体部件），每个 BCPAM 软体驱动器的近端和远端分别通过近端端盖和远端端盖形成封闭结构，每个刚体部件由上、下两部分分别 3D 打印后再用螺栓连接而构成，上、下两部分之间形成中空结构，为传感器单元提供安装空间。两个不同模块之间通过端部的互补凹凸面配合连接。

BCPAM 软体驱动器的主体设计成空心椭圆柱形 [图 8.22（c）] 或空心椭圆环形 [图 8.22（d）]，由纵向弹性布料（聚酯纤维-橡胶丝混合编织材料）围成，在主体的中性面采用不可伸缩布料（棉麻纤维编织材料）进行增强，并将主体分成两个腔体。为了保证气密性，在每个腔体置入一个超弹性气囊，从而形成两个密闭气室。在空心椭圆柱形或空心椭圆环形主体的两端分别塞入近端端盖和远端端盖 [图 8.22（b）]，然后采用喉箍将布料与端盖紧固连接（防止充气时气囊冲出腔体），最终构成 BCPAM 软体驱动器。

对于每个 BCPAM 软体驱动器，向其一侧气室充气可以产生偏向另一侧的弯

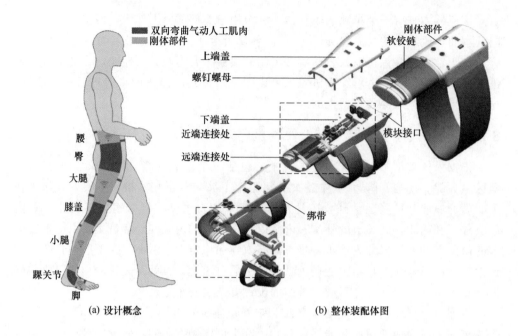

双向弯曲气动人工肌肉
刚体部件

刚体部件
软铰链
上端盖
螺钉螺母

下端盖
近端连接处
远端连接处
模块接口

绑带

腰
臀
大腿
膝盖
小腿
踝关节
脚

(a) 设计概念

(b) 整体装配体图

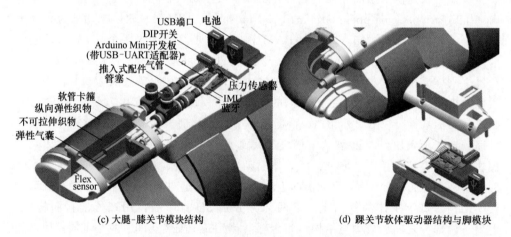

USB端口 电池
DIP开关
Arduino Mini开发板
(带USB-UART适配器)
推入式配件 气管
管塞

压力传感器
IMU
蓝牙

软管卡箍
纵向弹性织物
不可拉伸织物
弹性气囊

Flex sensor

(c) 大腿-膝关节模块结构

(d) 踝关节软体驱动器结构与脚模块

图 8.22 第一代刚软耦合下肢外骨骼机器人

曲变形,从而实现双向弯曲运动。由于每个气室具有独立的进气气管,因此允许两侧气室同时充气。然而,两侧气室同时充气会产生对抗效应导致弯曲角度减小,并使软体材料承受额外的拉伸应力载荷,对 BCPAM 软体驱动器的强度构成挑战。因此,在本研究中,同一时刻只对 BCPAM 软体驱动器的一侧气室充气,允许对两侧气室交替充气实现双向弯曲,并规定右侧气室充气则气压符号为正,左侧气室充气则气压符号为负。

在刚软耦合下肢外骨骼每个模块的刚体部件内腔里嵌入了 2 个气压传感器(XGZP6847200KPG,CFSensor)分别用于监测两侧气室的充气气压,1 个惯性测量单元（MPU9250，InvenSense）用于检测外骨骼刚体部件（对应人体下肢的某个肢段）的倾斜角度，在每个模块的 BCPAM 软体驱动器的不可伸缩层（两层）之间植入 2 个面对面叠放的柔性弯曲传感器（FS-L-0095-103-ST；Spectrasymbol Inc.）用于测量 BCPAM 的弯曲角度。上述传感器信号由 1 块 Arduino Pro Mini 控制板采集，然后通过 1 个 USB-UART 适配器（CP2102）与 1 个蓝牙模块（HC-05）将信号无线传输出去。整个电子系统通过 1 块可充电锂聚合物（7.4V，850mA·h，50mm×30mm×15mm，46g）供电。在刚软耦合下肢外骨骼每个模块上，为用户保留了两个 USB 接口，其中一个用于电池充电，另一个用于 Arduino Pro Mini 编程和蓝牙设置。另外还安装一个双列直插多通道开关，用于板载电子系统的电源开启和关闭，以及选择第二个 USB 接口的工作模式（包括 Arduino 编程、蓝牙设置、悬空三种工作模式）。由于脚模块没有气压传感器和柔性弯曲传感器，因此其电子系统比其他模块更简单和节省空间，只用 1 个 USB 接口和 1 个双列直插多通道开关实现充电和编程功能。

8.1.5　心脏辅助支持器

心力衰竭是指心脏无法将足够的血液泵入体内而导致患者残疾甚至死亡的疾病。心力衰竭折磨了世界各地 4100 万人。Ellen 等研究人员调研发现，在美国心力衰竭影响超过 500 万人并且每年耗费 320 亿美元的医疗费用。如今，对于难以治疗的终末期心力衰竭患者，心脏移植是他们的唯一选择，但是供体器官的数量有限，很多患者在等待移植的过程中就死亡了。心室辅助装置（ventricular assist device，VAD），即机械式辅助衰竭的心脏，可以作为患者延长寿命的辅助疗法，或者是患者在等待移植手术过程中的桥梁，但该装置在患者的余生中需要安装在身体里。在目前的 VAD 疗法下，需要将患者的心脏和一个或者两个大血管插管，从心脏中取出血液再泵入主动脉或者肺动脉中，即 VAD 疗法需要血液和设备的直接接触，这会造成凝血和感染的风险。虽然改进的 VAD 疗法有助于减少血栓的形成，但是患者血液和人造物之间的接触仍然存在。另外有学者发现，目前大多数外部设备不符合心脏的正常曲率，并且与原生心脏的收缩机制相反，这些外部设备降低了生物模拟程度和效率，不能很好地与心动周期同步。

基于以上存在的问题，来自美国、德国以及爱尔兰的学者们应用软体机器人技术开发了一种套在心脏外面的硅胶套，从而使该机器辅助装置在有节

图 8.23　心脏辅助支持器

奏地挤压心脏的过程中避免与流动的血液接触，这个套子（如图8.23心脏辅助支持器）的设计受真实的心脏肌肉构造的启发，其内层利用同心环进行收缩，而外层则可以以螺旋的方式进行收缩，该辅助装置使用了14个气动装置（6个气动装置位于同心层，8个气动装置位于螺旋层）。通过对不同的气动装置充气，实现不同的收缩类型。该心脏辅助支撑架在活猪身上进行了试验，证明该设备既可以探测和匹配心脏的自然律动，也能够用稳定的跳动来替代不正常的律动。

该软体辅助支持器在急性心力衰竭的猪体内可以起到帮助心脏恢复到正常工作状态的能力。这个具有模拟心脏运动的心脏辅助支持器，其材料与心肌相似，具有辅助心脏工作的功能。人们所熟悉的刚性机器人技术是不可能实现这样的功能的，只有通过软体机器人技术，而且不同于传统的VAD方法，该心脏辅助支持器在不和血液直接接触的情况下可以完成对心脏功能的支持并辅助恢复了血液在体内的循环功能。如果该设备能应用到临床中，可以减少患者接受抗凝治疗的需要，可以降低凝血等并发症风险，将大大简化治疗并降低治疗成本。

8.1.6 医用微型软体折叠机器人

据报道，在美国每年有3500名各年龄段的人会误食纽扣电池，大多数是儿童。在临床上，误食纽扣电池后需要多功能微型机器人进入体内进行处理。因此，研发可以吞咽入胃的微型可生物降解机器人能很好解决这个问题，只要引导微型机器人进入受伤的位置并移除电池，完成任务后该机器人又可以自己降解。

美国麻省理工学院、东京工业大学、谢菲尔德大学等的研究人员研制成功一款医用微型可折叠软体机器人（图8.24），患者吞咽该微型软体机器人，进入胃部或者肠道中修补伤口，去除异物以及定点供药。研究人员使用具有生物相容性以及可以降解的材料设计制作了这款复合材料机器人，它可以被封装在冰块中通过食道到达胃中。一旦进入胃部，机器人就会自我展开并在外部磁场的控制下达到目标区域并利用自己的身体来修补伤口，比如意外吞下电池所产生的炎症。

研究人员开发了两种折叠机器人，分别称为"清洁工"和"搬运工"，"清洁工"机器人用来移除患者患处的纽扣电池，"搬运工"机器人负责将相应的药物运送到患者胃部产生炎症的位置。治疗过程按如下两个步骤完成：首先，在胃部的炎症区域，"清洁工"机器人移开纽扣电池，接着"搬运工"机器人进入到胃中炎症发生位置，并通过自身的降解将所携带的药物释放到患处。

"清洁工"机器人具有很小的支撑架，可被折叠成椭圆柱形（长轴3mm，短轴1mm，长度1mm）并被冰冻住，冰融化之后，折叠机器人可以做旋转运动。该机器人中心安装一个立方钕磁铁。当"清洁工"机器人被封进胶囊、装入冰块中并被吞下之后，会在胃中停留一段时间，通过控制外部磁场的变化可以引导该微型机器人到纽扣电池所在位置，然后通过机器人本身的磁力吸附住电池并将其拖拽出有炎症的位置。

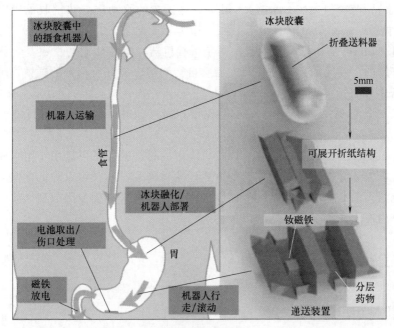

图 8.24 软体微型机器人

当"清洁工"机器人通过肠道将胃中的电池移出之后，"搬运工"机器人将药物携带到患处。如图 8.25 所示，"搬运工"机器人也是被椭圆柱状的胶囊包裹的折叠机器人，通过磁力控制可以将其移动到患处，冰块融化后将会释放自身所携带的药物。为了能更有效地施用药物，"搬运工"从冰块胶囊中融化出来后应该具有足够的表面积来覆盖炎症区域。这里采用折纸技术将机器人的身体折叠成手风琴状，这种结构可以当机器人从冰囊中出来时展开五次。

由于机器人需要在活体内使用，因此必须选用生物相容和可降解材料。"搬运工"机器人由 5 层不同的材料组成：聚烯烃结构层（可生物降解）、有机结构层

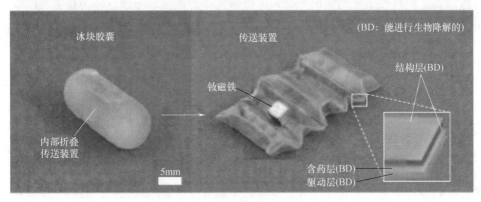

图 8.25　冰块胶囊和其中的折叠机器人

（猪肠壁膜）、药物包裹层（水溶）、用于自身折叠的驱动层（热敏收缩膜 Biolefin，在 65℃时变形）、有机硅黏合剂层。在"搬运工"机器人进行自身折叠之前，5 层薄膜通过 Biolefin 层压堆叠在一起。由于折叠机器人本身使用的材料是生物相容而且可以降解的，在完成送药的使命之后会自行降解，且其所携带的磁铁也可以通过肠道排出体外。

为了安全起见，在实际的操作过程中，胃肠道中不允许有两个搬运工同时工作。

研究人员使用具有生物相容性以及可降解的材料开发了可以用于生物体内的微型折叠机器人，并提出了使用冰封的方式运输机器人，不仅可以降低摩擦力，还可以保证机器人的结构和形状不在运输中发生变化。未来有望使用微型软体机器人在活体生物内取出异物、修补伤口以及输送药物。

8.2 工业机器人

8.2.1 机械手爪

机器人在自动化生产线上得到广泛应用。利用高效率的机器人代替人类完成各种重复性、危险性的工作已经是未来重要的发展趋势。由于精确的控制，机器人末端夹持装置，即机械手爪，通常有着很高的定位精度和运行速度。

机械手爪作为机器人重要的执行机构，从 20 世纪 60 年代至今，关于机械手的研究层出不穷。传统的机械手自由度少、柔顺性低、灵活性差，然而在非结构化环境中，往往无法提前预知被抓取对象的形状、尺寸和重量，这种情况下就要求机械手有极强的自适应能力。

目前，对大多数机械手抓取的研究都建立在已知物体的形状和位置的假设上。一旦有了这些精确的目标信息，就可以依靠机械手上的传感器，调整手指位姿来进行抓取。这种机械手虽然抓取可靠，可以输出较大的抓取力以及较为稳定的抓取效果。但是其本体重量大，制造成本高，通常结构复杂，虽然能实现抓取功能，但由于其机械特性，无法包络抓取物体的表面，一旦抓取力过大，极容易对被抓物体表面产生损害。

软体机器人由于其自身具有无限自由度的特性，可以实现扭转、弯曲以及伸缩等大幅度的变形动作。因此，可以利用软体机器人来完成救灾抢险等狭小空间内的作业任务。其中软体机械手就是软体机器人中应用前景明朗、有较高研究价值的一个方向。相较于刚性机械手，软体机械手灵活性高，能够更为安全地抓取易变形的柔软物体、易碎的脆性物体和形状不规则的物体。软体机械手的制成材料具有高柔顺性和高柔韧性的特点，在抓取物体时往往能对被抓物形成包络。这样一方面能适应被抓物体的形状，另一方面不会对物体表面造成伤害，可以更好地与非结构化环境进行交互，并以更加动态的方式执行任务。

软体机械手爪用诸如硅胶、聚合物、多功能材料等柔性材料制成，手爪具有柔顺性，可以很好地满足人们对于末端执行装置的诸多要求，包括灵活性、环境适应性以及人-机、机-环境交互的安全性。相对于刚性材料，柔性材料具有更加复杂丰富的响应特性。此外软体手爪和被抓物体接触时具有较大的接触面积，因此可以产生较小的接触应力，保证被抓物体的表面不被损坏，可以应用于外形多变、表面脆弱的物体的抓取和分拣，比如水果、蔬菜和生物组织等。这一系列的优点使得软体手爪在工业领域能发挥重要的应用价值。

软体机械手的执行器和驱动器往往被设计为一体，使软体机械手整体的外形结构具有十分良好的柔顺性，从而和物体或周围的环境实现较为安全的交互。这些材料有些具有整体的柔软性，如硅胶、橡胶、软体聚氨酯等；有些则是在某一方面表现为柔软性，如形状记忆合金、介电弹性材料等。此外，根据制作软体机械手材料的特性，需要选择合适的驱动方式来完成任务。如使用呈整体柔软性的材料制作的软体机械手，往往可以使用气动、腱绳驱动、传统电机驱动等方式来实现驱动；而对于形状记忆合金或者介电弹性材料制作的机械手，可以选择电场或者加热的方式来进行驱动。研究人员对软体机械手的驱动方式、结构形式和加工制造等进行了深入的研究。

(1) 软体机械手的驱动方式

软体机械手按驱动方式可以分为流体驱动、SMA 驱动、腱绳驱动、电活性聚合物驱动和化学驱动等。

① 流体驱动 流体驱动是软体机械手中应用最广泛的驱动方式，主要通过使用流体介质（液体或气体）对可产生大变形的材料制成的腔室施加压力进行驱动，图 8.26 展示了一款流体驱动软体机械手，主体为硅橡胶，具有多腔体结构，结合 3D 打印技术进行制造，能够实现较快的响应和较大的变形，但无法抓取重量较大的物体。

② SMA 驱动 SMA（形状记忆合金）是一种新型的合金材料，其形状能够随温度变化而变化，在一定的温度范围内具有形状记忆功能，可以通过对其通电加热改变形状，从而驱动软体机械手执行动作。She 等人研制出如图 8.27

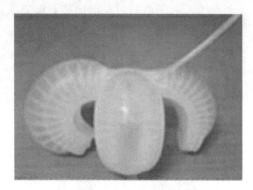

图 8.26 流体驱动软体机械手

所示的仿人手，每根手指由 SMA 丝和硅橡胶结构组成，当加热 SMA 丝时，SMA 丝收缩，使得手指执行较大的弯曲运动。但由于 SMA 材料加热和冷却的过程较长，且加热与冷却时间的不可控，会影响机械系统的响应速度。

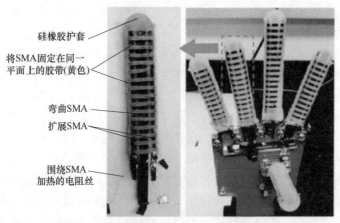

硅橡胶护套

将SMA固定在同一
平面上的胶带(黄色)

弯曲SMA
扩展SMA

围绕SMA
加热的电阻丝

图 8.27 结合 SMA 丝和硅橡胶结构的仿人手

③ 腱绳驱动　受人的手指启发，腱绳驱动的柔性结构已广泛应用于机械手中。腱绳是一种在长度方向上抗拉强度很高的柔性构件，可以在柔性或软体结构中弯曲回绕，在不改变尺寸的情况下承受巨大的拉力。腱绳驱动的基本原理是在柔性结构中设置一些固定点，然后用腱绳将其连接起来，依靠拉动腱绳控制机械手的抓取动作。Zhe 等人开发了一种拟人手，如图 8.28 所示，其模仿了人手骨骼、关节、韧带、肌腱、伸肌腱和肌腱鞘等结构，通过差动带轮传动装置控制，能够按照人手的姿态来完成拟人化的操作。

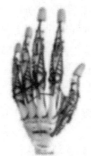

图 8.28 拟人手

Calisti 等人研发了一种受章鱼触手启发而设计的由腱绳驱动的柔性机械臂，如图 8.29 所示，其可以适应大小变化和形状不同的对象的形状，能够实现近端部分的缩短和伸长运动以及整个手臂的弯曲运动。在腱绳的作用下，其可以通过自身的卷曲夹紧铅笔等物体。

图 8.29 腱绳驱动的柔性机械臂

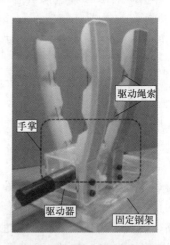

驱动绳索

手掌

驱动器

固定钢架

图 8.30 腱绳驱动的柔性机械手

Manti 等人研究了一种适应性强、能实现有效抓握的柔性机械手，如图 8.30 所示。该机械手通过腱绳驱动，利用腱绳控制三根软体手指的形态，能够实现较大的抓取范围。腱绳驱动可以简单有效地控制和驱动软体机械手，并具有灵活的抓取能力，但腱绳驱动需要外部拉线装置作为辅助，拉线装置往往结构复杂且需要相应的控制系统，使整个机械手系统难以小型化。

④ 电活性聚合物驱动　电活性聚合物（EAP）是一种易受电场影响并产生变形的柔性智能材料，能实现拉伸、弯曲、收紧或膨胀等动作。通常 EAP 膜的两侧分别设置有柔性电极，当施加电压时，静电薄膜在电场的作用下会发生变形，利用静电吸附原理能够抓取一些较轻的物体。Shintakes 等人设计出一种带有预拉伸 EAP 膜的软体手爪，在两层被动式硅树脂膜之间的顺应电极间嵌入该 EAP 膜，可以通过控制单个信号来实现软体手爪的动作，使其能够抓取易碎物体和扁平物体，如图 8.31 所示。

图 8.31　EAP 驱动的软体手爪

⑤ 化学驱动　化学驱动指的是通过化学燃料燃烧产生能量，将能量转换为软体机械手的动能。采用化学驱动能快速驱动软体机械手，但是无法准确控制反应时间，在实际应用中受到限制。Ilievski 等人研究的软体机械手，通过化学驱动对气腔通道加压实现软体机械手的大幅度动作，可以用于抓取易碎物品，如图 8.32 所示。

(2) 气动软体机械手的结构形式

综上所述，软体机械手具有多种不同的驱动方式。与其他驱动方式相比，采用流体驱动的软体机械手反应迅速，能够输出较大的抓取力。而流体驱动中的气动驱动又具有清洁和方便等优点，成为目前应用最广泛的驱动方式。基于气动执行器，有如下不同结构形式的气动软体机械手。

① 纤维增强型软体机械手　Zhang 等人研发的集成气动执行器和双稳态碳纤维增强压板的高负载软体机械手，如图 8.33 所示。当气动执行器的中央腔室被压缩空气充气时，硅橡胶主体可以进行轴向伸长，而当气动执行器被固定在双稳态层压板上时，硅橡胶主体与双稳态层压板接触的一侧不能伸长，此时气动执行器只能执行弯曲动作。该弯曲动作将产生力矩来驱动双稳态结构的稳定状态转变。

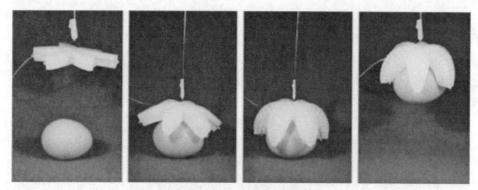

图 8.32 化学驱动的软体机械手

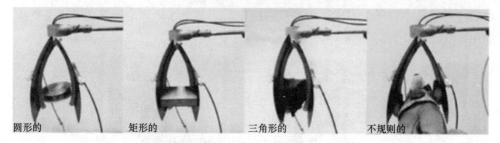

圆形的   矩形的   三角形的   不规则的

图 8.33 高负载软体机械手

② 气动网格型软体机械手 Mosadegh 等人设计了一款能够快速动作的气动网格型软体机械手,该软体机械手每个腔室的内壁之间包含间隙,充气气压增大时内壁会先于外壁膨胀,实现快速响应动作,如图 8.34 所示。Hao 等人设计的蜂窝气动网格软体机械手,将压缩蜂窝结构和气动网格结合在一起,在实现较大负载能力的同时,手臂还能沿着各个方向弯曲伸长,具有极大的应用前景,如图 8.35 所示。

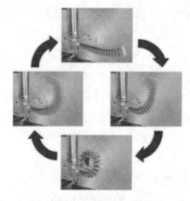

图 8.34 四爪弹性夹持器

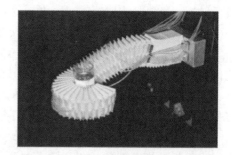

图 8.35 蜂窝气动网格软体机械手

③ 织物型软体机械手 Low 等人研究了一种基于织物的双向弯曲气动软体驱动器,如图 8.36 所示,其能够实现弯曲和伸展,相比于传统的基于硅橡胶的气动

软体驱动器，该织物致动器的制造十分简易，且在较低的充气压力下能够产生相对较大的抓取力，在充气压力 120kPa 时能够产生高达 20N 的抓取力。

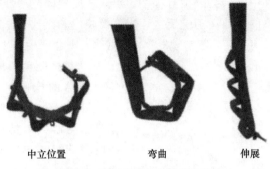

中立位置　　　　　　弯曲　　　　　　伸展

图 8.36 双向弯曲气动软体驱动器

(3) 基于织物材料的软体机械手

本课题组基于织物材料设计了一款新颖的软体机械手，主要包括基于双向弯曲软体驱动器的软体手指和软体手腕。所设计的软体手腕可适应被抓取对象的姿态，所设计的软体手指可输出较大的抓取力。

① 软体驱动器的设计　软体手指和软体手腕作为整个软体机械手中最重要的组成部分，其构型、尺寸、材质、工作原理等都对软体机械手的抓取性能起到关键作用。在众多软体驱动器中，采用织物材料制成的双向弯曲软体驱动器具有弹性高、重量轻、易于制造和驱动等优点，并且符合软体机械手的包络抓取和自适应抓取的需求。本课题组研制的基于织物材料的软体机械手，在保证软体机械手自身重量尽可能轻、结构尽可能小的同时，使其具有较大的抓取范围。

a. 软体驱动器基本结构　双向弯曲软体驱动器单元主要包括：由不可伸缩织物材料制成的中间层、由纵向弹性织物材料制成的上下表面和上下橡胶内芯。橡胶内芯是双向弯曲软体驱动器的核心组成部分，如图 8.37 (a) 所示，当橡胶内芯外表面包络一层纵向弹性织物材料时，橡胶内芯径向膨胀被限制，上表面只能发生轴

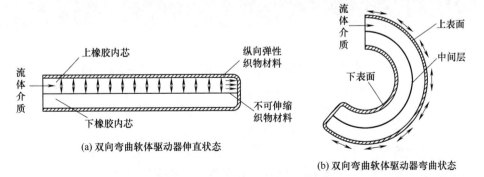

(a) 双向弯曲软体驱动器伸直状态

(b) 双向弯曲软体驱动器弯曲状态

图 8.37 双向弯曲软体驱动器弯曲原理

向伸长，而中间层不可伸缩，不发生轴向伸长。如图 8.37（b）所示，双向弯曲软体驱动器的上表面一侧轴向可伸长，中间层一侧被不可伸缩织物材料限制将不发生轴向伸长，上表面和中间层会产生行程差，双向弯曲软体驱动器在上橡胶内芯充气受压时就会产生向下的弯曲运动。反之，当下橡胶内芯充气受压时，双向弯曲软体驱动器则会产生向上的弯曲运动。

b. 软体驱动器橡胶内芯选择　软体驱动器的橡胶内芯选用哥伦比亚 Sempertex 公司生产的天然橡胶内芯作为驱动器主体材料，其在较小气压的驱动下能够产生大变形，符合软体机械手的需求。在拉力试验机上通过拉伸试验测试其应力-应变特性，橡胶内芯的弹性模量约为 5MPa，如图 8.38 所示。

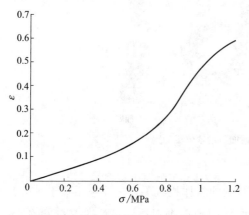

图 8.38　橡胶内芯拉伸应力-应变特征

c. 软体驱动器织物材料选择　不同的织物具有不同的拉伸应变性能，通过将织物剪裁拼接可以制造出符合需求的各向异性的织物材料。在工业生产中，可以把织物按照编织方法分为机织物与针织物两大类；机织物由经线和纬线垂直交织而形成，如图 8.39（a）所示。经线沿着织物的长度方向延伸，而纬线沿着宽度方向延伸。机织物由于具有紧密的交错结构，因此通常比针织物具有更高的弹性模量和更低的机械柔韧性，即具有极低的拉伸应变性。

针织物是针织机将一组或多组

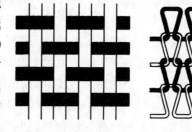

(a) 机织物微观结构简图　　　　(b) 针织物微观结构简图

图 8.39　机织物和针织物的对比

纱线按一定规律串套成圈进而连接形成的，如图 8.39（b）所示。针织物由于其线圈结构而呈现出比机织物更好的可扩展性和更显著的各向异性。

根据双向弯曲软体驱动器的弯曲原理，纵向弹性织物材料受力时在纵向方向的应变要远大于横向方向，即纵向低弹性模量。同时，在软体驱动器弯曲过程中径向膨胀被限制，纵向弹性织物材料在横向上的应变较小，即横向高弹性模量，因此应当选择具有显著各向异性的针织物作为纵向弹性织物材料。

在拉力试验机上通过拉伸试验测试涤纶-乳胶丝针织物纵向和横向的应力-应变特性，如图 8.40 所示，在相同的应力 σ 的作用下，该织物纵向应变远远大于横向应变，且当应力 σ 为 0.384MPa 时，纵向应变 ε 可达到 1，即该纺织品的伸长率达到 100％。因此涤纶-乳胶丝针织物具有良好的单向可拉伸性能，选择涤纶-乳胶丝针织物材料作为软体驱动器的纵向弹性织物材料。

而不可伸缩织物材料应当在各个方向都具有较高的弹性模量，即在受到较大应力的作用时其各个方向的应变都较小。选择比针织物具有更高的弹性模量的机织物作为不可伸缩织物材料。

在拉力试验机上通过拉伸试验测试涤棉机织物材料纵向和横向的应力-应变特性，如图 8.41 所示，在较大应力的作用下，该织物纵向应变和横向应变都较小，可以将该织物材料视作不可拉伸。选择涤棉机织物材料作为软体驱动器的不可伸缩织物材料。

考虑到氨纶针织物具有极好的四面高弹力的特性，拉伸后可迅速恢复原状，可以覆盖在软体手指和软体手腕表面而不影响弯曲效果，因此选择氨纶针织物作为四面弹性织物材料。上述织物材料实物如图 8.42 所示。

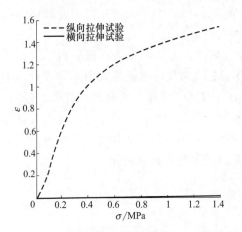

图 8.40　涤纶-乳胶丝针织物的拉伸应力-应变特性　　**图 8.41**　涤棉机织物的拉伸应力-应变特性

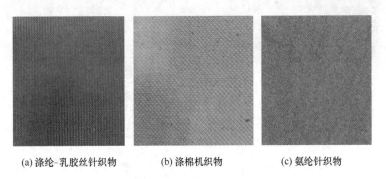

(a) 涤纶-乳胶丝针织物　　(b) 涤棉机织物　　(c) 氨纶针织物

图 8.42　织物材料实物图

② 软体机械手的结构　软体机械手的整体结构设计如图 8.43 所示，主要由两个并行的、可内外双向弯曲变形的软体手指和一个多方向弯曲的软体手腕集成一体

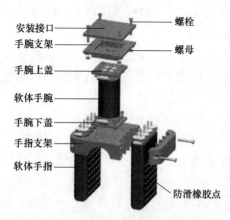

安装接口 —— 螺栓
手腕支架 —— 螺母
手腕上盖
软体手腕
手腕下盖
手指支架
软体手指
防滑橡胶点

图 8.43　软体机械手的整体结构设计

组成，每个软体手指通过螺栓连接固定在手指支架上，软体手腕的上盖通过螺栓连接固定在手腕支架上。手腕下盖还与手指支架相连，使软体机械手形成一个整体，软体手腕控制软体机械手的朝向，软体手指则控制软体机械手的抓放。手腕支架上端有一个定制的安装接口，用于将整个软体机械手安装在操作臂上。

a. 软体手指的设计及功能　软体机械手的每个软体手指的主体是 4×1 阵列的并联空心圆柱体，由纵向弹性织物材料制作而成，在中间面上用一层不可伸缩织物层将每个圆柱体分成两个空腔，总共分成八个空腔，如图 8.44 所示，因此软体手指可以看成由四个双向弯曲气动软体驱动器并联而成。

如图 8.45 所示，在手指主体的八个空腔内分别置入一个天然橡胶内芯（型号为 S350），从而形成八个密闭的气室。为了保证气密性，每个橡胶内芯均通过一个橡胶衬套与气管接头相连，气管接头通过喉箍与纵向弹性织物材料层扎紧。最后，在软体手指的外围套有一层四面弹性织物材料，该织物材料在各个方向都具有良好的拉伸性，不会影响软体手指的弯曲动作，在该织物材料的表面涂有橡胶点，用于提高软体机械手的摩擦因数，可以使软体机械手更好地抓取物体。

不可伸缩织物层
纵向弹性织物材料

图 8.44　软体手指主体

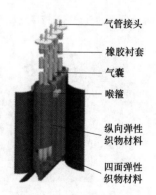

气管接头
橡胶衬套
气囊
喉箍
纵向弹性织物材料
四面弹性织物材料

图 8.45　软体手指的结构

两个软体手指自然状态如图 8.46（a）所示，同时向内弯曲可以实现向内抓起物体 [图 8.46（b）]，充气压力不同，软体手指弯曲变形量、抓握力不同，可实现对不同尺寸、不同重量物体的抓取；针对空心开口的物体，两个软体手指同时向外弯曲可以实现向外抓取 ［图 8.46 (c)］；当两个软体手指同时向内局部弯曲时，两手指的尖端角可以实现对小尺寸物体、小重量物体的精确捏取 ［图 8.46 (d)］，满足设计需求。

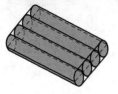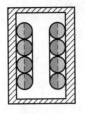

(a) 自然状态　　　　(b) 向内抓取　　　　(c) 向外抓取　　　　(d) 精确捏取

图 8.46　软体手指抓取示意图（深色表示充入高压）

b. 软体手腕的设计及功能　软体机械手的软体手腕由一个双轴双向弯曲气动软体驱动器构成，如图 8.47 所示。软体手腕的主体是一个四等分的空心圆柱体，其由纵向弹性织物材料制作而成，在圆柱体的中心贯穿有一根不可伸缩的织物丝。

如图 8.48 所示，为了保证气密性，在圆柱体的四个空腔内分别置入一个天然橡胶内芯，从而形成四个密闭的气室。每个橡胶内芯均通过一个橡胶衬套与气管接头相连，气管接头放置在手腕上盖的锥形孔内，并由手腕支架压紧。最后，在软体手腕的外围套一层四面弹性织物材料（氨纶材料），并在两端用喉箍扎紧。

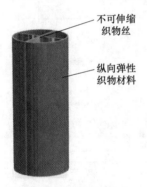

图 8.47　软体手腕主体

图 8.48　软体手腕的结构

如图 8.49 所示，对软体手腕的气室两两加压，便可以执行向上、向下、向左和向右四个方向的弯曲动作，而用不同的压力对不同的气室加压可实现软体手腕朝其他方向弯曲的功能，用于改变软体机械手的抓取姿态，这使得软体机械手更容易抓取不同形状、不同方位的物体。

如图 8.50 所示，软体手指和软体手腕装配后组成完整的软体机械手，对于不同尺寸、形状、姿态的物体，软体机械手可以采用不用的抓取策略。对于尺寸较小的物体，软体机械手可以用两个指尖捏住它们 ［图 8.50 (a)］，或者通过合拢两个手指 ［图 8.50 (b)］ 来抓握（完全抓紧）它们。对于尺寸较大的物体，软体机械

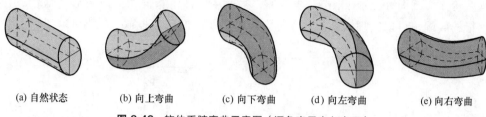

(a) 自然状态　　　　(b) 向上弯曲　　　　(c) 向下弯曲　　　　(d) 向左弯曲　　　　(e) 向右弯曲

图 8.49 软体手腕弯曲示意图（深色表示充入高压）

手首先将软体手指张开使其能够包络住大尺寸物体，然后再闭合抓住它们［图 8.50（d）、（g）］。对于具有开放腔的物体（例如杯子和木盒），软体机械手可通过手指的向外弯曲抓住它们的内表面［图 8.50（c）］。对于处于偏转方向（例如在倾斜平面上）的物体，可以通过腕部的弯曲实现软体机械手的准确抓取［图 8.50（e）、（f）］。对于某些带有两个提手的物体（例如，袋子和锅），软体机械手同样可以张开手指钩住提手，从而提起物体［图 8.50（h）］。

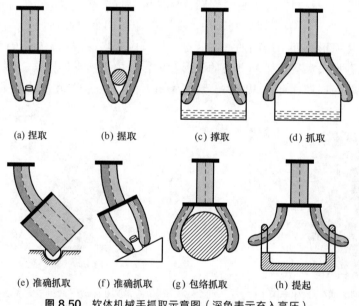

(a) 捏取　　　　(b) 握取　　　　(c) 撑取　　　　(d) 抓取

(e) 准确抓取　　(f) 准确抓取　　(g) 包络抓取　　(h) 提起

图 8.50 软体机械手抓取示意图（深色表示充入高压）

c. 软体手指和软体手腕的几何参数　软体手指的安装距离用 S 表示，软体手指的有效长度用 L_f 表示，由于软体手指能够双向弯曲且拥有较大的弯曲角度，因此软体手指安装时无需考虑安装角度，自然垂直安装，如图 8.51（a）所示。

两个软体手指垂直平行安装，对其抓取过程进行模型简化，如图 8.51（b）所示，假设软体机械手可以抓取最大半径为 R 的球形物体，抓取稳定时整个手指包络住球形物体，假设球体重量为 G，球体与软体手指的静摩擦因数为 μ，软体手指接触点 A 与球心 O 连线的水平夹角为 α，可得

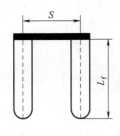 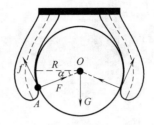

(a) 软体手指的安装　　　(b) 软体手指的抓取模型简化

图 8.51 软体手指几何参数

$$G = 2F(\mu \sin\alpha + \cos\alpha) \tag{8.10}$$

$$F = \frac{G}{2(\mu \sin\alpha + \cos\alpha)} \tag{8.11}$$

由式（8.10）可知，在软体手指的可抓取范围内，软体手指变形后可覆盖面积越大，即夹角 α 越大，软体机械手所能承受的重量也越重。为确保软体手指能够包裹住球体的一半，应满足：

$$S + 2L_f > 2R \tag{8.12}$$

为保证两软体手指间有比较合适的开度变化范围，设计软体手指的安装距离 S 为 88mm，软体手指有效长度 L_f 为 100mm，则软体手指可抓取对象最大长度为 $S + 2L_f = 288$mm，满足最大抓取长度 200mm 的要求。此外，为了保证软体手指输出足够大的抓取力，软体手指必须设计有足够大的横截面直径，但过大的横截面直径会导致软体手指过于厚重，经过多次试验，选取软体手指横截面直径 d_f 为 20mm。对于软体手腕，为了保证其输出足够大的弯曲力矩，以使软体机械手能够产生足够大的偏转姿态角，软体手腕也应当有足够大的横截面直径，经过实验，软体手腕横截面直径 d_w 设计为 41mm，长度 L_w 为 70mm。软体手指和软体手腕的几何参数如图 8.52 和表 8.2 所示。

如图 8.52（b）和（c）所示，橡胶内芯的直径应设计得稍小于软体手指和软体手腕的内腔直径。一方面，直径过小的橡胶内芯会在软体手指或软体手腕充气发生弯曲前，产生预膨胀，该预膨胀会消耗额外的气压并增大橡胶内芯的应变，导致软体手指或软体手腕输出力不够。另一方面，直径过大的橡胶内芯会在软体手指或手腕内发生褶皱，导致软体驱动器充气时发生不均匀的弯曲，因此软体手指内芯的截面直径 d_{bf} 设计为 6.4mm，软体手腕内芯的截面直径 d_{bw} 设计为 9.6mm。

除了运动范围和抓取力外，软体手指和软体手腕的响应时间也是必须考虑的因素。为了保证足够大的响应速度，整个软体手指或手腕的体积不能太大，因此其直径和长度都会受到限制。表 8.2 中的所有参数都是在满足功能需求的前提下，在 0.2MPa 的最大充气压力、20L/min 的最大充气流量下所设计的。

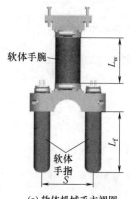

| (a) 软体机械手主视图 | (b) 软体手腕剖视图 | (c) 软体手指剖视图 |

图 8.52　软体机械手的几何参数

表 8.2　软体机械手的几何参数

参数	符号	值
软体手指的有效长度	L_f	100 mm
软体手指的截面直径	d_f	20 mm
每个软体手指的独立气室数	n	4×2
软体手指间的初始开度	S	88mm
软体手腕的有效长度	L_w	70mm
软体手腕的截面直径	d_w	41mm
软体手指内芯的截面直径	d_{bf}	6.4mm
软体手腕内芯的截面直径	d_{bw}	9.6mm

③ 软体机械手的制作　由软体手指、软体手腕及各部分支架组装完成软体机械手。采用 PLA 材料，由 3D 打印机完成软体手指、软体手腕各部分支架的制作。以软体手指设计参数为基础，剪裁 164mm×100mm 的纵向弹性织物材料和 8mm×100mm 不可伸缩织物材料，分别在纵向弹性织物材料和不可伸缩织物材料划四条均匀分布的竖线，按照所划的竖线从左到右依次进行双面缝制。用橡胶衬套将气管接头与气囊紧密地套在一起制成橡胶内芯，将长度一致的橡胶内芯放入软体手指的空腔内，通过喉箍将气管接头与弹性织物牢固扎紧。为制作软体手腕，需剪裁 300mm×70mm 的纵向弹性织物材料，将纵向弹性织物材料分两次对折缝纫，形成软体手腕主体。用喉箍将软体手腕主体与上、下盖连接扎紧。将软体手指和软体手腕依次固定在手指支架和手腕支架上，

图 8.53　软体机械手实物图

最后将手腕下盖与手指支架相连，装配完成的软体机械手如图 8.53 所示，总重 389g，总体尺寸长为 130mm，宽为 110mm，高为 260mm。

图 8.54 展示了软体机械手的测试，通过调节软体手腕四个气室的气压可以使其往任意方向弯曲，从而让软体机械手多方向抓住物体；调节软体手指内外气室的气压可以使其双向弯曲，让软体机械手既可以向内闭合抓住物体，也可以向外张开抓住空心的物体。因此软体手指和软体手腕能协同动作，实现软体机械手的多方位、多任务操作。

(a) 软体机械手朝右闭合

(b) 软体机械手朝左张开

(c) 软体机械手朝内闭合

(d) 软体机械手朝外张开

图 8.54　软体机械手的测试

④ 软体机械手抓取实验

a. 软体机械手的自适应抓取实验　使用如图 8.55 所示的三自由度抓取实验平台进行软体机械手的抓取实验。该实验平台由三台步进电机、三个滑台模组和一个控制柜组成。OX、OY 与 OZ 轴均由一台步进电机驱动一个模组直线运动实现 X、Y、Z 轴自由度，X 轴的有效工作行程为 1100mm，Y 轴有效工作行程为 450mm，Z 轴的有效工作行程为 500mm，软体机械手安装在三自由度实验平台顶端。

为了测试软体机械手能否抓取不同姿态、重量、形状和大小的物体，选取生活中常见的物品，进行抓取实验。图 8.56 展示了物体（重 200g，宽 60 mm）以倾斜的姿态被软体机械手抓取，结果表明软体机械手能适应不同姿态物体的抓取。

图 8.57 展示了软体机械手分别抓取 50g、200g、1000g 和 2000g 等不同质量的砝码，结果表明软体机械手能适应不同重量物体的抓取。

图 8.55　三自由度抓取实验平台

图 8.56　软体机械手抓取倾斜姿态的物体

(a) 重50g　　　　(b) 重200g　　　　(c) 重1000g　　　　(d) 重2000g

图 8.57　软体机械手抓取不同重量的物体

图 8.58 展示了软体机械手抓取饼干、鼠标、橘子、料盘、水管和塑料桶等不同形状的物体，结果表明软体机械手能适应不同形状物体的抓取。

图 8.59 展示了软体机械手向内闭合抓取木盒（重 240g，宽 145mm）的过程：首先，软体手指张开；然后，软体机械手移动至靠近木盒的位置；之后，软体手指闭合夹紧木盒；最后，软体机械手抓起物体。

图 8.60 展示了软体机械手向外张开提起木盒的过程：首先，软体手指闭合；然后，软体机械手移动至靠近木盒的位置；之后，软体手指张开撑紧木盒；最后，

(a) 抓取饼干

(b) 抓取橘子

(c) 抓取鼠标

(d) 抓取料盘

(e) 抓取水管

(f) 抓取塑料桶

图 8.58 软体机械手抓取不同形状的物体

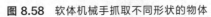

(a) 软体手指张开

(b) 软体机械手向下靠近

(c) 软体手指夹紧物体

(d) 软体机械手抓起物体

图 8.59 软体机械手向内闭合抓取物体

(a) 软体手指闭合

(b) 软体机械手向下靠近

(c) 软体手指撑紧物体

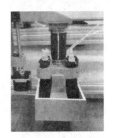
(d) 软体机械手提起物体

图 8.60 软体机械手向外张开抓取物体

软体机械手提起物体。

上述实验验证了所设计的软体机械手能够自适应抓取不同姿态、重量、形状和大小的物体，符合抓取要求，具有广泛的应用前景。

b. 软体机械手最大抓取范围测试实验　对软体机械手进行最大抓取范围测试，选取直径 1mm 的细针、直径 200mm 的料盘和重 5kg 的水桶进行软体机械手的最大抓取范围测试实验，实验结果如图 8.61 所示，软体机械手均能完成抓取要求，可见软体机械手具有良好的包络抓取能力，能够输出较大的抓取力。

(a) 抓取细针(直径1mm)　　(b) 抓取料盘(直径200mm)　　(c) 抓取水桶(重5kg)

图 8.61　软体机械手最大抓取范围测试

8.2.2　软体机器人运输平台

近年来软体机器人在生物模拟和医学研究领域呈现出巨大应用前景，由于机器人的柔软性，使得机器人可以改变形状并模拟动物的运动。软体机器人本身的柔软特性和更安全的人机交互特性使软体机器人对工业应用更具有吸引力。在工业运输中，不仅要对一些较硬的、不易被破坏的物体进行运输，如汽车零部件，还需要对一些精密的、容易被破坏的物体进行运输，而这种情况下传统的刚性机器人运输平台可能会对精密物体造成损坏，不能够很好地完成运输工作。因此新西兰的研究人员基于毛毛虫运动设计了一款软体机器人平台，这种软体平台展示了在工业自动化工作中同时操作多个精巧物体的能力，同时软体平台还可以用作医疗床移动患者。这种操作是由嵌在软体模块表面的可充气单元加压后产生变形来实现的。由于模块表面本身是柔软的，即使没有精确的控制算法也不会对精巧物体产生破坏。

软体机器人平台的工作原理是通过其表面一系列的变形来实现对物体的操作，这种想法的灵感来自于毛毛虫前脚的运动。将毛毛虫向上翻转并产生相同的腿部运动，可以使放置在腿部前端的平面物体移动，如图 8.62 所示。而软体机器人平台的柔软表面可以用一种与毛毛虫前脚运动相类似的方式来操纵其表面的物体运动，这种运动的驱动力来自运动过程中产生的表面变形摩擦力。

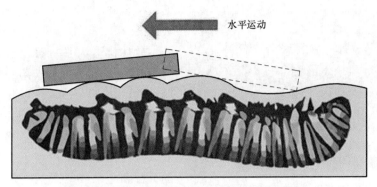

水平运动

图 8.62 用毛毛虫前脚运动方法实现对物体的操作

　　该软体机器人柔软平台的表面分为多个模块，每个模块包含四个气室，气室的膨胀和缩小会产生变形。如图 8.63 所示的是支撑物体的两个模块的简化横截面图。在每个模块中都显示了两个气室 A 和 B，模拟了毛毛虫的两个前脚的运动。在阶段 1 中，A 室的膨胀使得与物体有一个连接点，并将它提起离开表面，在第 2 阶段 B 室膨胀产生与物体的第二个连接点，该膨胀也在表面上产生剪切应力，这导致表面形状变形并将 A 的接触点推向左侧，第 3 阶段 A 室移除第一接触点并将 B 的接触点进一步向左拉，第 4 阶段 B 室移除接触点。这四个阶段完成运动的一个循环，使得物体向左移动了一步。该操作方法仅在物体可以提升到稳定状态时有效，因此该物体需要由两个或更多个模块支持。每个模块可以通过一个软体执行器实现，整个柔软平台可以由多个执行器连接起来。两个腔室可以产生双向运动，因此四个腔室能够在水平 XY 平面上进行四个平移运动（上、下、左、右）和两个旋转运动（顺时针和逆时针）。如图 8.64 所示，该软体机器人运输平台是由一个具有 5×5 个

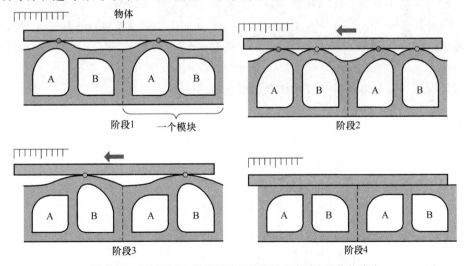

图 8.63 通过两个模块的四步操作方法来实现表面物体移动

图 8.64 软体机器人运输平台实物图

柔软平台和 25 个软体执行器的结构组成的。

软体机器人平台可以操纵的对象分为三种不同的类型。第一种类型是刚性的微电子元件，可以将平台用于它们的检查、准备或装配中。第二种是食品，如蔬菜和水果，这类对象有点软且易变形，可以将平台用于它们的分拣和包装中。最后一种是完全软的物体，例如动物内脏，可以将平台用于它们的运输和包装中。从每个类型中选择一个物体进行实验验证。微电子类型选择印制电路板（PCB），食品类型选择扁平蘑菇，第三种类型选择内脏中的一种人造人体器官（肝）。PCB 板、扁平蘑菇、人造器官的质量分别是 17g、28g 和 77g。利用该软体机器人运输平台测试了三个不同类型的物体，评估软体机器人平台的运输速度及其可重复性等方面的性能，有望在工业上得到应用。

8.3 小结

在第 8 章中，我们介绍了两种典型应用中的软体机器人，分别是医疗软体机器人和工业软体机器人。在医疗软体机器人中，我们介绍了软体康复手套、软体膝关节外骨骼机器人、软体肩关节外骨骼机器人、心脏辅助机器人、医用微型软体折叠机器人和下肢外骨骼康复机器人。这一类医用机器人多为辅助类机器人，在患者的恢复过程中提供帮助。在工业机器人中，我们介绍了两种不同应用原理的软体机器人，一种是工业手爪，另一种是软体机器人运输平台。前者是将软体机器人作为运动单元，相对地面坐标系发生移动，同时带动物体进行运动；而后者是一个相对地面参考坐标系固定的平台，使其上表面的物体发生运动。软体机器人作为一种新型的机器人，已经越来越多地应用于各个领域当中。

参考文献

[1] Crespi A，Ijspeert A J．AmphiBot II：An Amphibious Snake Robot that Crawls and Swims using a Central Pattern Generator [J]．Color Research & Application，2006，27 (2)：130-135．

[2] 曹玉君，尚建忠，梁科山，等．软体机器人研究现状综述 [J]．机械工程学报，2012，48 (03)：25-33．

[3] 侯涛刚，王田苗，苏浩鸿，等．软体机器人前沿技术及应用热点 [J]．科技导报，2017，35 (18)：20-28．

[4] 尤小丹，宋小波，陈峰．软体机器人的分类与加工制造研究 [J]．自动化仪表，2014，35 (08)：5-9．

[5] Shepherd R F，Ilievski F，Choi W，et al．Multigait soft robot [J]．Proceedings of the National Academy of Sciences of the United States of America，2011，108 (51)：20400．

[6] 北京化工大学．一种软体机器人：中国，CN201220574291.1 [P]．2013-05-01．

[7] Kim Y，Yuk H，Zhao R，et al．Printing ferromagnetic domains for untethered fast-transforming soft materials．[J]．Nature，2018．

[8] Katzschmann R K，Marchese A D，Rus D．Hydraulic autonomous soft robotic fish for 3D swimming [C] //International Symposium on Experi? mental Robotics (ISER 2014)．[2017-06-30]．http：//groups. csail. mit. edu/drl/wiki/images/archive/a/a5/20141003204304! Hydraulic_ Autono-mous_Soft_Fish- RKatzschmann_AMarchese_DRus_Final_Submission. pdf．

[9] Deepak Trivedi，Christopher D. Rahn，William M. Kier，et al．Soft robotics：Biological inspiration，state of the art，and future research [J]．Applied Bionics & Biomechanics，2014，5 (3)：99-117．

[10] Marks P．Robot octopus will go where no sub has gone before [J]．New Scientist，2009，201 (2700)：18．

[11] Cianchetti M，Mattoli V，Mazzolai B，et al．A new design methodology of electrostrictive actuators for bio-inspired robotics [J]．Sensors & Actuators B Chemical，2009，142 (1)：288-297．

[12] Sugiyama Y，Hirai S．Crawling and Jumping by a Deformable Robot [J]．International Journal of Robotics Research，2006，25 (25)：603-620．

[13] 许祥，侯丽雅，黄新燕．基于外骨骼的可穿戴式上肢康复机器人设计与研究 [J]．机器人，2014，36 (2)：147-155．

[14] Albu-Schaffer A，Fischer M，Schreiber G，et al．Soft robotics：what Cartesian stiffness can obtain with passively compliant，uncoupled joints．IEEE/RSJ Int Conf Intell Robot Syst 2005；4：3295-3301．

[15] Nickel VL，Perry J，Garrett AL，et al．Development useful function in the severely para-

lyzed hand. J Bone Joint Surg 1963；45：933-952.

[16] Shimachi S，Matumoto M. A study on contact forces of soft fingers. Trans Jpn Soc Mech Eng C 1990；56：1440-1443.

[17] Suzumori K，Tanaka H. Flexible microactuator. J Jpn Soc Mech Eng 1991；94：600-602.

[18] Robinson G，Davies JBC. The parallel bellows actuator. In Proceedings of Robotics 98，Brasov，Romanis，1998，pp. 195-200.

[19] Kornbluh R，Pelrine R，Eckerle J，et al. Electrostrictive polymer artificial muscle actuators. IEEE International Conference on Robotics and Automation，1998. Proc IEEE 2002；3：2147-2154.

[20] Ozkan MOET，Inoue K，Negishi K，et al. Defining a neural network controller structure for a rubbertuator robot. Neural Networks 2000；13：533-544.

[21] Boblan I，Bannasch R，Schwenk H，et al. A human-like robot hand and arm with fluidic muscles：biologically inspired construction and functionality. In Proceedings of Ad-Hoc，Mobile，and Wireless Networks，Montreal，Canada，2004，Vol. 3139，pp. 160-179.

[22] Noritsugu T. Development of pneumatic rotary soft actuator made of silicone rubber. J Robot Mechatron 2001；13：17-22.

[23] Bao GJ，Yao PF，Xu ZG，et al. Pneumatic bio-soft robot module：structure，elongation and experiment. Int J Agric Biol Eng 2017；10：114-122.

[24] Immega G，Antonelli K. The KSI tentacle manipulator. IEEE International Conference on Robotics and Automation，1995. Proc IEEE 2002；3：3149-3154.

[25] Hannan MW，Walker ID. The 'elephant trunk' manipulator，design and implementation. IEEE/ASME International Conference on Advanced Intelligent Mechatronics，2001. Proc IEEE 2001；1：14-19.

[26] Trimmer BA，Takesian AE，Sweet BM，et al. Caterpillar locomotion：a new model for soft-bodied climbing and burrowing robots. 7th International Symposium on Technology and the Mine Problem. California，USA，May 2006，pp. 1-10.

[27] Camarillo DB，Milne CF，Carlson CR，et al. Mechanics modeling of tendon-driven continuum manipulators. IEEE Trans Robot 2008；24：1262-1273.

[28] Bao G，Fang H，Chen L，et al. Soft Robotics：Academic Insights and Perspectives Through Bibliometric Analysis. [J]. Soft Robotics，2018，5（3）：229-241.

[29] Rus D，Tolley MT. Design，fabrication and control of soft robots. Nature 2015；521：467-475.

[30] Servi A T. Design and analysis of a soft prismatic joint by Amelia Tepper Servi. [J]. Massachusetts Institute of Technology，2010.

[31] Zhao H，O' Brien K，Li S，et al. Optoelectronically innervated soft prosthetic hand via stretchable optical waveguides [J]. 2016，1（1）：eaai7529.

[32] Laschi C. Octobot - A robot octopus points the way to soft robotics [J]. IEEE Spectrum，2017，54（3）：38-43.

[33] Polygerinos P，Lyne S，Wang Z，et al. Towards a soft pneumatic glove for hand rehabili-

tation [C] //Ieee/rsj International Conference on Intelligent Robots and Systems. IEEE, 2014: 1512-1517.

[34] Deng Z, Stommel M, Xu W. A Novel Soft Machine Table for Manipulation of Delicate Objects Inspired by Caterpillar Locomotion [J]. IEEE/ASME Transactions on Mechatronics, 2016, 21 (3): 1702-1710.

[35] 李铁风, 李国瑞, 梁艺鸣, 等. 软体机器人结构机理与驱动材料研究综述 [J]. 力学学报, 2016, 48 (4): 756-766.

[36] 戚勃. 气动仿蠕虫柔性爬行机器人运动机理及结构研究 [D]. 南京: 南京理工大学, 2016.

[37] 周雄兵. 多运动模式仿蠕虫气动柔性机器人关键技术研究 [D]. 南京: 南京理工大学, 2017.

[38] Yu L Z, Yan G Z, Wang X R. A flexible microrobot system for direct monitoring in human trachea. Jiqiren/Robot 28 (3), pp. 269-274, 2006.

[39] Chi D, Yan G. From wired to wireless: a miniature robot for intestinal inspection. Journal of Medical Engineering & Technology, 27 (2), pp. 71-76, 2003.

[40] 王巍, 王坤, 李大寨, 等. 爬壁蠕虫机器人构型初探 [J]. 北京航空航天大学学报, 2009, 35 (02): 251-255.

[41] 余杭杞. 仿蝗虫四足跳跃机器人的机构设计和运动性能分析 [D]. 哈尔滨: 哈尔滨工业大学, 2006.

[42] 戴振东, Stanislav. Gorb. 蝗虫脚掌微结构及其接触的有限元分析. 上海交通大学学报, 37 (1): 1006-2467 (2003) 01-0066-04.

[43] Bartlett NW, Tolley MT, Overvelde JTB, et al. A 3D-printed, functionally graded soft robot powered by combustion. Science, 2015, 349 (6244): 161-165.

[44] Shepherd RF, Stokes AA, Freake J, et al. Using explosions to power a soft robot. Angewandte Chemie International Edition, 2013, 52 (10): 2892-2896.

[45] Zheng P W, McCarthy T J. Langmuir 2010, 26: 18585-18590.

[46] 李健, 熊锋, 史佳俊, 等. SMA 丝驱动的仿象鼻柔性机械手的研究 [J]. 微特电机, 2014, 42 (9): 10-14.

[47] Wang T M, Shi Z Y, Liu D, et al. An accurately controlled antagonistic shape memory alloy actuator with self-sensing [J]. Sensors, 2012, 12 (6): 7682-7700.

[48] Mcmahan W, Jones B A, Walker I D. Design and implementation of a multi-section continuum robot: Air-Octor [C] //Ieee/rsj International Conference on Intelligent Robots and Systems. IEEE, 2005: 2578-2585.

[49] 张进华, 王韬, 洪军, 等. 软体机械手研究综述 [J]. 机械工程学报, 2017, 53 (13): 19-28.

[50] POLYGERINOS P, WANG Z, GALLOWAY K C, et al. Soft robotic glove for combined assistance and at-home rehabilitation [J]. Robotics and Autonomous Systems, 2015, 73: 135-143.

[51] Takahashi C D, Der-Yeghiaian L, Le V, et al. Robot-based hand motortherapy after stroke,

Brain 131 (2008) 425-437.

[52] Ueki S, Kawasaki H, Ito S, et al. Development of a handassist robot with multi-degrees-of-freedom for rehabilitation therapy, IEEE/ASME Trans. Mechatronics 17 (2012) 136-146.

[53] 杜勇. 具有多运动模式的可变形软体机器人研究 [D]. 合肥：中国科学技术大学，2013.

[54] Mazzolai B, Margheri L, Cianchetti M, et al. Soft-robotic arm inspired by the octopus：Ⅱ. From artificial requirements to innovative technological solutions. [J]. Bioinspiration & Biomimetics, 2012, 7 (2)：025005.

[55] Form and function in fish swimming. WEBB P W. Scientific American. 1984.

[56] 喻俊志，陈尔奎，王硕，等. 仿生机器鱼研究的进展与分析 [J]. 控制理论与应用，2003 (04)：485-491.

[57] Ayers J, Wilbur C, Olcott C. Lamprey Robots12 [J]. 2000.

[58] Marchese A D, Onal C D, Rus D. Autonomous Soft Robotic Fish Capable of Escape Maneuvers Using Fluidic Elastomer Actuators. [J]. Soft Robotics, 2014, 1 (1)：75.

[59] Festo. Airacuda, 2006. Available at：www. festo. com/cms/en_corp/9761. htm (accessed Dec. 31, 2013).

[60] Correll N, Onal CD, Liang H, et al. Soft autonomous materials—using active elasticity and embedded distributed computation. Springer Tracts Adv Rob 2014；79：227-240.

[61] Jayne BC, Lauder GV. Red and white muscle activity and kinematics of the escape response of the bluegill sunfish during swimming. J Comp Physiol A 1993；173：495-508.

[62] 毛世鑫. 辐射对称仿生柔体机器人协同推进机理及实现技术 [D]. 合肥：中国科学技术大学，2014.

[63] 王扬威，王振龙，李健，等. 形状记忆合金驱动仿生蝠鲼机器鱼的设计 [J]. 机器人，2010, 32 (02)：256-261.

[64] Bar-Cohen Y. Electroactive polymers as artificialmuscles-capabilities, potentials and challenges, in：Y. Bar-Cohen (Ed.), Handbook on Biomimetics, Section 11, Chapter, 2000, pp. 1-13.

[65] Shahinpoor M, Kim K. Ionic polymer-metal composites：Ⅰ. fundamentals, Smart Materials and Structures 10 (2001) 819-833.

[66] Kim K J, Shahinpoor M. Ionic polymer-metal composites：Ⅱ. Manufaturing techniques, Smart Materials and Structures 12 (2003) 65-79.

[67] Wang Y, Zhang H, Godaba H, et al. A soft flying robot driven by a dielectric elastomer actuator (Conference Presentation) [C] //Society of Photo-Optical Instrumentation Engineers. Society of Photo-Optical Instrumentation Engineers (SPIE) Conference Series, 2017；101631Q.

[68] Zhang H, Zhou Y, Dai M, et al. A novel flying robot system driven by dielectric elastomer balloon actuators [J]. Journal of Intelligent Material Systems & Structures, 2018 (11)：1045389X1877087.

[69] Laschi C. Octobot-A robot octopus points the way to soft robotics. in IEEE Spectrum,

vol. 54, no. 3, pp. 38-43, March 2017, doi: 10. 1109/MSPEC. 2017. 7864755.

[70] Kofod G, Wirges W, Paajanen M, et al. Energy minimization for self-organized structure formation and actuation [J]. Applied Physics Letters, 2007, 90 (8): 081916-081916-3.

[71] Jung K, Koo J C, Nam J D, et al. Artificial annelid robot driven by soft actuators [J]. Bioinspiration & Biomimetics, 2007, 2 (2): S42-S49.

[72] Tolley M T, Shepherd R F, Karpelson M, et al. An untethered jumping soft robot [C] //Proceedings of the 20014 IEEE/RSJ International Conference on Intelligent Robots and Systems. Piscataway, NJ: IEEE Press, 2014: 561-566.

[73] Taylor J, Hebrank J, Kier W M. Mechanical properties of the rigid and hydrostatic skeletons of molting blue crabs, Callinectes sapidus Rathbun [J]. Journal of Experimental Biology, 2007, 210 (24): 4272.

[74] TRIVEDI D, RAHN C, KIER W, et al. Soft robotics: Biological inspiration, state of the art, and future research [J]. Applied Bionics and Biomechanics, 2008, 5 (3): 99-117.

[75] CHAPMAN G. Versatility of hydraulic systems [J]. J. Exp. Zool. , 1975, 194 (1): 249-269.

[76] Chapman R F C. The Insects: Structure and Function [M]. Academic Press, 1971.

[77] Wright. D. S. (1988) Understanding Intergovernmental Relations. 3rd Edition, Brooks/ Cole, Pacific Grove.

[78] Kier, W. M. , Smith. K. K. (1985). Tongues, Tentacles and Trunks: The Biomechanics of Movement in Muscular-Hydrostats. Zoological Journal of the Linnean Society, 83, 307-324.

[79] Kier W, Leeuwen J. A kinematic analysis of tentacle extension in the squid Loligo pealei. J Exp Biol. 1997; 200 (Pt 1): 41-53. doi: 10. 1242/jeb. 200. 1. 41. PMID: 9317299.

[80] Kier, William M, Michael P. Stella. The arrangement and function of octopus arm musculature and connective tissue. Journal of Morphology 268 (2007): n. pag.

[81] Laboratory U. Army's new 3-D printed shape-shifting soft robots crawl, jump, grab.

[82] Li L, Wang S, Zhang Y, et al. Aerial-aquatic robots capable of crossing the air-water boundary and hitchhiking on surfaces [J]. Science Robotics, 2022 (66): 7.

[83] 费燕琼, 庞武, 于文博. 气压驱动软体机器人运动研究 [J]. 机械工程学报, 2017, (13): 14-18.

[84] Rus, Daniela, Tolley, et al. Design, fabrication and control of soft robots [J]. Nature, 2015, 521 (May 28 TN. 7553): 467-475.

[85] Shepherd, Robert & Stokes, Adam & Freake, Jacob & Barber, Jabulani & Snyder, Phillip & Mazzeo, Aaron & Cademartiri, Ludovico & Morin, Stephen & Whitesides, George. (2013). Using Explosions to Power a Soft Robot. Angewandte Chemie International Edition. 10. 1002/anie. 201209540.

[86] Polygerinos P, Galloway K C, Savage E, et al. Soft robotic glove for hand rehabilitation and task specific training. 2015 IEEE International Conference on Robotics and Automation

(ICRA), 2015, pp. 2913-2919, doi: 10. 1109/ICRA. 2015. 7139597.

[87] Wu G, Siegler S, Allard P, et al. ISB recommendation on definitions of joint coordinate system of various joints for the reporting of human joint motion--part I: ankle, hip, and spine. International Society of Biomechanics [J]. Journal of Biomechanics, 2002, 35 (4), 543-548.

[88] Aubin P M, Sallum H, Walsh C, et al. A pediatric robotic thumb exoskeleton for at-home rehabilitation: the Isolated Orthosis for Thumb Actuation (IOTA) [J]. IEEE International Conference on Rehabilitation Robotics: proceedings, 2013, 1-6.

[89] Mao S, Dong E, Xu M, et al. Design and development of starfish-like robot: Soft bionic platform with multi-motion using SMA actuators. 2013 IEEE International Conference on Robotics and Biomimetics (ROBIO), 2013, pp. 91-96, doi: 10. 1109/ROBIO. 2013. 6739441.

[90] Suzumori K, Endo S, Kanda T, et al. A bending pneumatic rubber actuator realizing soft-bodied manta swimming robot. //Robotics and Automation, 2007 IEEE International Conference on. IEEE, 2007: 4975-4980.

[91] Pang W, Fei Y, He W. Study on motion process of modular soft robot [C] //International Conference on Machine Learning and Cybernetics. IEEE, 2017: 146-151.

[92] 何斌, 王志鹏, 唐海峰. 软体机器人研究综述 [J]. 同济大学学报（自然科学版）, 2014, 42 (10): 1596-1603.

[93] Buehler W J, Gilfrich J, Wiley K C. J. Appl. Phys. , 34, 1963, 1467.

[94] 杨杰, 吴月华. 形状记忆合金及其应用 [M]. 合肥: 中国科学技术大学出版社, 1993.

[95] Menciassi A, Gorini S, Pernorio G, et al. A SMA actuated artificial earthworm [C] // IEEE International Conference on Robotics and Automation, 2004. Proceedings. ICRA. IEEE, 2004: 3282-3287 Vol. 4.

[96] Pelrine R, Kornbluh R, Pei Q, et al. High-speed electrically actuated elastomers with strain greater than 100% [J]. Science, 2000, 287 (5454): 836.

[97] Hubbard JJ, Fleming M, Palmre V, et al. Monolithic IPMC fins for propulsion and maneuvering in bioinspired underwater robotics. Oceanic Engineering, IEEE Journal, 2014, 39 (3): 540-551.

[98] Pugal D, Jung K, Aabloo A, et al. Ionic polymermetal composite mechanoelectrical transduction: Review and perspectives. Polymer Int. , vol. 59, no. 3, pp. 279-289, 2010.

[99] Kruusamae K, Brunetto P, Graziani S, et al. Self-sensing ionic polymer-metal composite actuating device with patterned surface electrodes. Polymer Int. , vol. 59, no. 3, pp. 300-304, 2009.

[100] Fleming M, Kim K J, Leang K K. Mitigating IPMC back relaxation through feedforward and feedback control of patterned electrodes. SmartMater. Struct. , vol. 21, no. 8, 2013, DOI: 10. 1088/0964-1726/21/8/085002.

[101] Aureli M, Kopman V, Porfiri M. Free-locomotion of underwater vehicles actuated by

ionic polymer metal composites. IEEE/ASME Trans. Mechatron. , vol. 15, no. 4, pp. 603-614, Aug. 2010.

[102] Madden J D W, Vandesteeg N A, Anquetil P A, et al. Artificial muscle technology: Physical principles and naval prospects. IEEE J. Ocean. Eng. , vol. 29, no. 3, pp. 706-728, Jul. 2004.

[103] Chen Z, Um T, Bart-Smith H. A novel fabrication of ionic polymer-metal composite membrane actuator capable of 3-dimensional kinematic motions. Sens. Actuators A, Phys. , vol. 168, no. 1, pp. 131-139, 2011.

[104] Bandyopadhyay P R. Maneuvering hydrodynamics of fish and small underwater vehicles. Integr. Compar. Biol. , vol. 42, no. 1, pp. 102-117, 2002.

[105] Kim D, Kim K J. Experimental investigation on electrochemical properties of ionic polymer-metal composite. J. Intell. Mater. Syst. Struct. , vol. 17, no. 5, pp. 449-454, 2006.

[106] Zheng T, Branson D T, Guglielmino E, et al. Model validation og an octopus inspired continuum robotic arm for use in underwater environments [J]. Journal og Mechanisms and Robotics, 2013, 5 (2): 021004.

[107] Kempaiah R, Nie Z. From nature to synthetic systems: shape transformation in soft materials. Journal of Materials Chemistry B, 2014, 2 (17): 2357-2368.

[108] Nakamaru S, Maeda S, Hara Y, et al. Development of novel selfoscillating gel actuator for achievement of chemical robot//Intelligent Robots and Systems, 2009. IROS 2009. IEEE/RSJ International Conference on. IEEE, 2009: 4319-4324.

[109] Yashin V V, Balazs A C. Pattern Formation and Shape Changes in Self-Oscillating Polymer Gels. Science, 2006, 314, pp. 798-801.

[110] Turanyi T, Gyorgyi L, Field R J. Analysis and simplification of the GTF model of the Belousov-Zhabotinsky reaction. J. Chem. Phys. 1993, 97, pp. 1931-1941.

[111] Maeda S, Hara Y, Yoshida R, et al. Control of the dynamic motion of a gel actuator driven by the Belousov-Zhabotinsky reaction. Marcomol. Rapid Commun. 2008, 29, pp. 401-405.

[112] Hara Y, Yoshida R. Self-oscillating polymer fueled by organic acid. J. Phys. Chem. B, 2008, 112, pp. 8427-8429.

[113] Maeda S, Hara Y, Sakai T, et al. Self-walking gel. Proc. IEEE/RAS-EMBS Int. Conf. On Intelligent Robotics and Systems, San Diego, CA, 2007, pp. 2150-2155.

[114] Hara Y, Sakai T, Maeda S, et al. Self-oscillating soluble-insoluble changes of polymer chain including an oxidizing agent induced by the Belousov-Zhabotinsky reaction. J. Phys. Chem. B, 2005, 109, pp. 23316-23319.

[115] Maeda S, Hara Y, Sakai T, et al. Self-walking gel. Adv. Mater. , 2007, 19, pp. 3480-3484.

[116] Yoshida R, Tanaka M, Onodera S, et al. In-Phase Synchronization of Chemical and Mechanical Oscillations in Self-Oscillating Gels. J. Phys. Chem. A, 2000, 104, pp.

7549-7555.

[117] Morales D, Palleau E, Dickey MD, et al. Electro-actuated hydrogel walkers with dual responsive legs. Soft Matter, 2014, 10 (9): 1337-1348.

[118] Ilievski F, Mazzeo A D, Shepherd R F, et al. Angew. Chem. 2011, 123, 1930-1935; Angew. Chem. Int. Ed. 2011, 50, 1890-1895.

[119] Bradley D, Gaskell P H, Gu X J. Combust. Flame 1996, 104, 176-198.

[120] Shepherd R F, Ilievski F, Choi W, et al. Proc. Natl. Acad. Sci. USA 2011, 108, 20400-20403.

[121] Zheng P W, McCarthy T J. Langmuir 2010, 26, 18585-18590.

[122] Hshieh F Y. Fire Mater. 1998, 22, 69-76.

[123] Jiangbei Wang, Yanqiong Fei, Zhaoyu Liu. FifoBots: Foldable Soft Robots for Flipping Locomotion, Soft Robotics, 2019, 6 (4): 532-559.

[124] Suzumori K, Endo S, Kanda T, et al. A bending pneumatic rubber actuator realizing soft-bodied manta swimming robot. //Robotics and Automation, 2007 IEEE International Conference on. IEEE, 2007: 4975-4980.

[125] 李嘉瑞. 双环形软体机器人研究 [D]. 上海交通大学, 2020.

[126] Maeda S. Self-oscillating gel actuator for chemical robotics [J]. Advanced Robotics, 2008, 22 (12): 1329-1342.

[127] 许红伟, 费燕琼, 朱宇航, 等. 形状记忆合金 (SMA) 弹簧执行器的变形研究 [J]. 高技术通讯, 2017, 27 (6): 554-558.

[128] 王扬威. 仿生墨鱼机器人及其关键技术研究 [D]. 哈尔滨: 哈尔滨工业大学, 2011.

[129] 彭海峰. 柔顺蜂窝蒙皮结构设计及研究 [D]. 合肥: 中国科学技术大学, 2011.

[130] 闫绍盟. 铁磁性形状记忆合金的马氏体相变与晶体学 [D]. 武汉: 华中科技大学, 2011.

[131] 张义辽. SMA 直线执行器结构原理及实验研究 [D]. 合肥: 中国科学技术大学, 2010.

[132] 刘芹, 任建亭, 姜节胜, 等. SMA 本构模型及其应用的研究进展 [J]. 力学进展, 2007, 37 (2): 189-204.

[133] 吕军. 形状记忆合金的断裂行为数值模拟分析 [D]. 哈尔滨: 哈尔滨工程大学, 2013.

[134] 朱伟国, 吕和祥, 杨大智. 形状记忆合金的本构模型 [J]. 材料研究学报, 2001, 15 (3): 263-268.

[135] 林华泉, 李灿军, 张永正, 等. 形状记忆合金基于 Brinson 模型的线性简化与分析 [J]. 江苏建筑, 2016 (2): 40-43.

[136] 陈安明, 钱学军. 形状记忆合金弹簧力学特性和数学模型的研究 [J]. 机械制造与自动化, 1999 (1): 14-16.

[137] 王金辉, 徐峰, 阎绍泽, 等. SMA 弹簧执行器驱动机理及实验 [J]. 清华大学学报 (自然科学版), 2003, 43 (2): 188-191.

[138] 李明东. 形状记忆合金执行器及在微小型移动机器人中的应用研究 [D]. 上海: 上海交通大学, 2000.

[139] 张策. 机械动力学 [M]. 北京: 高等教育出版社, 2000.

[140] Polygerinos P，Lyne S，Wang Z，et al. Towards a soft pneumatic glove for hand rehabilitation [C] //Ieee/rsj International Conference on Intelligent Robots and Systems. IEEE，2014：1512-1517.

[141] Mosadegh B，Polygerinos P，Keplinger C，et al. Pneumatic Networks for Soft Robotics that Actuate Rapidly [J]. Advanced Functional Materials，2014，24（15）：2163-2170.

[142] Yeoh O H. Some Forms of the Strain Energy Function for Rubber [J]. Rubber Chemistry & Technology，1993，66（5）：754-771.

[143] 黄建龙，解广娟，刘正伟. 基于 Mooney-Rivlin 模型和 Yeoh 模型的超弹性橡胶材料有限元分析 [J]. 橡胶工业，2008，55（8）：467-471.

[144] 左亮，肖绯雄. 橡胶 Mooney-Rivlin 模型材料系数的一种确定方法 [J]. 机械制造，2008，46（7）：38-40.

[145] Jiarui Li，Jiangbei Wang，Yanqiong Fei. Nonlinear modeling on a SMA actuated circular soft robot with closed-loop control system，Nonlinear Dynamics，2019，96：2627-2635.

[146] Pang W，Wang J，Fei Y. The structure，design，and closedloop motion control of a differential drive soft robot. Soft Robot. 5，71-80（2017）.

[147] Jiangbei Wang，Jian Min，Yanqiong Fei，et al. Study on nonlinear crawling locomotion of modular differential drive soft robot，Nonlinear Dynamics，2019，97：1107-1123.

[148] 沈永福，吴少军，邓方林. 智能 PID 控制综述 [J]. 工业仪表与自动化装置，2002（06）：11-13＋24.

[149] 高国琴，等. 微型计算机控制技术 [M]. 北京：机械工业出版社，2006.

[150] 蒋新华. 自适应 PID 控制（综述）[J]. 信息与控制，1988（05）：41-50.

[151] 欧艳华. 基于神经网络的自适应 PID 控制器设计 [J]. 机械设计与制造，2014（06）：263-265.

[152] 赵文杰. 井下索道载人运输系统控制与通讯的研究 [D]. 山东科技大学，2002.

[153] 胡雪婷. 基于图像识别的有效膨润土含量自动测定方法及仪器 [D]. 华中科技大学，2011.

[154] 邓平科. 基于 ARM 的高性能航天计算机研究 [D]. 中国科学院空间科学与应用研究中心，2005.

[155] 郑俊君，宋小波，姜祖辉，等. 一种气动静压软体机器人的驱动力产生机理及控制策略. 机器人，2014，36（05）：513-518. DOI：10. 13973/j. cnki. robot. 2014. 0513.

[156] 邓韬. 面向心脏微创手术的软体机器人系统研究 [D]. 上海：上海交通大学，2014.

[157] 曹青松，周继惠，黎林，等. 基于模糊自整定 PID 算法的压电柔性机械臂振动控制研究 [J]. 振动与冲击，2010，29（12）：7.

[158] Deng M，Wang A，Wakimoto S，et al. Characteristic analysis and modeling of a miniature pneumatic curling rubber actuator. The 2011 International Conference on Advanced Mechatronic Systems，2011，pp. 534-539.

[159] Gong Z，Fang X，Chen X，et al. A soft manipulator for efficient delicate grasping in shallow water：Modeling，control，and real-world experiments [J]. The International Journal of Robotics Research，2020，40（13）：027836492091720.

[160] 李晶，栾爽，尤明慧. 人工神经网络原理简介 [J]. 现代教育科学，2010 (S1)：98-99. DOI：10. 13980/j. cnki. xdjykx. gjyj. 2010. sl. 079.

[161] 王伟. 人工神经网络原理 [M]. 北京：北京航空航天大学出版社，1995.

[162] Haykin S. Neural Networks：A Comprehensive Foundation (3rd Edition) [M]. Macmillan，1998.

[163] Passino K M，Yurkovich S. Fuzzy control [M]. Tsinghua University Press，2001.

[164] Haykin S. Neural Networks：A Comprehensive Foundation (3rd Edition) [M]. Macmillan，1998.

[165] Farinwata S S，Filev D，Langari R. Fuzzy control. Synthesis and analysis. 1999.

[166] Kim Y H，Lewis F L. High Level Feedback Control with Neural Networks. River Edge，NJ：1998.

[167] Afonso C，HM Lourenco，Pereica C，et al. Journal of Intelligent and Robotic Systems [J]. Journal of the Science of Food & Agriculture，2001，30 (14).

[168] Polygerinos P，Wang Z，Overvelde J T B，et al. Modeling of Soft Fiber-Reinforced Bending Actuators [J]. IEEE Transactions on Robotics，2015，31 (3)：778-789.

[169] Ranzani T，Gerboni G，Cianchetti M，et al. A bioinspired soft manipulator for minimally invasive surgery [J]. Bioinspiration & Biomimetics，2015，10 (3)：035008.

[170] 王田苗，郝雨飞，杨兴帮，等. 软体机器人：结构、驱动、传感与控制 [J]. 机械工程学报，2017，53 (13)：1-13.

[171] Syed A，Agasbal Z T H，Melligeri T，et al. Flex Sensor Based Robotic Arm Controller Using Micro Controller [J]. Journal of Software Engineering & Applications，2012，5 (5)：364-366.

[172] Simone L K，Kamper D G. Design considerations for a wearable monitor to measure finger posture [J]. Journal of Neuroengineering & Rehabilitation，2005，2 (1)：5.

[173] Fei Y，Xu H. Modeling and Motion Control of a Soft Robot [J]. IEEE Transactions on Industrial Electronics，2017，64 (2)：1737-1742.

[174] Muth J T，Vogt D M，Truby R L，et al. 3D Printing：Embedded 3D Printing of Strain Sensors within Highly Stretchable Elastomers (Adv. Mater. 36/2014) [J]. Advanced Materials，2014，26 (36)：6307-6312.

[175] Cheung Y N，Zhu Y，Cheng C H，et al. A novel fluidic strain sensor for large strain measurement [J]. Sensors & Actuators A Physical，2008，147 (2)：401-408.

[176] Russo S，Ranzani T，Liu H，et al. Soft and Stretchable Sensor Using Biocompatible Electrodes and Liquid for Medical Applications [J]. Soft Robotics，2015，2 (4)：146-154.

[177] Bilodeau R A，White E L，Kramer R K. Monolithic fabrication of sensors and actuators in a soft robotic gripper [C] //Ieee/rsj International Conference on Intelligent Robots and Systems. IEEE，2015：2324-2329.

[178] Kramer R K，Majidi C，Wood R J. Wearable tactile keypad with stretchable artificial skin [J]. 2011：1103-1107.

[179] Park Y L, Chen B R, Wood R J. Design and Fabrication of Soft Artificial Skin Using Embedded Microchannels and Liquid Conductors [J]. IEEE Sensors Journal, 2012, 12 (8): 2711-2718.

[180] Vogt D M, Park Y L, Wood R J. Design and Characterization of a Soft Multi-Axis Force Sensor Using Embedded Microfluidic Channels [J]. IEEE Sensors Journal, 2013, 13 (10): 4056-4064.

[181] Zhang X, Zhao Y. Design and fabrication of a thin and soft tactile force sensor array based on conductive rubber [J]. Sensor Review, 2012, 32 (4): 273-279.

[182] Sheng P, Sichel E K, Gittleman J I. Fluctuation-Induced Tunneling Conduction in Carbon-Polyvinylchloride Composites [J]. Physical Review Letters, 1978, 40 (18): 1197-1200.

[183] Huang Y, et al. Piezoresistive Characteristic of Conductive Rubber for Flexible Tactile Sensor [J]. Journal of Wuhan University of Technology (Materials Science Edition), 2011, 26 (3): 443-448.

[184] Shimojo M, Namiki A, Ishikawa M, et al. A tactile sensor sheet using pressure conductive rubber with electrical-wires stitched method [J]. IEEE Sensors Journal, 2004, 4 (5): 589-596.

[185] Shimojo M, Sato S, Seki Y, et al. A system for simultaneously measuring grasping posture and pressure distribution [C] //IEEE International Conference on Robotics and Automation, 1995. Proceedings. IEEE, 2002: 831-836 vol. 1.

[186] Ishikawa M, Shimojo M. An Imaging Tactile Sensor with Video Output and Tactile Image Processing [J]. 2009, 24 (7): 662-669.

[187] Kanaya K, Ishikawa M. Tactile imaging system and its application [J]. Proc. SOBIM, 1989, 13: 45-48.

[188] Purbrick J A. A Force Transducer Employing Conductive Silicone Rubber [J]. Proc. of Conf. on Robot Vision & Sensory Controls, 1981.

[189] Hills W D. A high-resolution imaging touch sensor [J]. Int. j. robot. res, 1982, 1 (2): 33-44.

[190] 丁俊香, 葛运建, 徐菲, 等. 基于导电橡胶的一种新型类皮肤触觉传感器阵列 [J]. 传感技术学报, 2010, 23 (3): 315-321.

[191] Teshigawara S, Tadakuma K, Ming A, et al. Development of high-sensitivity slip sensor using special characteristics of pressure conductive rubber [C] //IEEE International Conference on Robotics and Automation. IEEE, 2009: 3289-3294.

[192] 恽斌峰. 布拉格光纤光栅传感器理论与实验研究 [D]. 南京: 东南大学, 2006.

[193] Feng J, Zhao Y, Lin X W, et al. A Transflective Nano-Wire Grid Polarizer Based Fiber-Optic Sensor [J]. Sensors, 2011, 11 (3): 2488-2495.

[194] Patrick H J, Chang C, Vohra S T. Long period fibre gratings for structural bend sensing [J]. Electronics Letters, 2002, 34 (18): 1773-1775.

[195] Allsop T, Dubov M, Martinez A, et al. Long period grating directional bend sensor

based on asymmetric index modification of cladding [J]. Electronics Letters，2005，41
(2)：59-60.

[196] Sareh S，Noh Y，Ranzani T，et al. A 7.5mm Steiner chain fibre-optic system for multi-
segment flex sensing [C] //Ieee/rsj International Conference on Intelligent Robots and
Systems. IEEE，2015：2336-2341.

[197] Sareh S，Jiang A，Faragasso A，et al. Bio-inspired tactile sensor sleeve for surgical soft
manipulators [C] //IEEE International Conference on Robotics and Automation. IEEE，
2014：1454-1459.

[198] Ataollahi A，Polygerinos P，Puangmali P，et al. Tactile sensor array using prismatic-tip
optical fibers for dexterous robotic hands [C] //Ieee/rsj International Conference on Intel-
ligent Robots and Systems. IEEE，2010：910-915.

[199] 彭星玲，张华，李玉龙. 光纤宏弯传感器研究进展 [J]. 光通信技术，2012，36 (11)：
42-45.

[200]   Haran F M，Barton J S，Kidd S R，et al. Optical fibre interferometric sensors using
buffer guided light [J]. Measurement Science & Technology，1994，5 (5)：526.

[201] Wang W C，Ledoux W R，Sangeorzan B J，et al. A shear and plantar pressure sensor
based on fiber-optic bend loss. [J]. Journal of Rehabilitation Research & Development，
2005，42 (3)：315.

[202] Park Y L，Chau K，Black R J，et al. Force Sensing Robot Fingers using Embedded Fiber
Bragg Grating Sensors and Shape Deposition Manufacturing [C] //IEEE International
Conference on Robotics and Automation. IEEE，2007：1510-1516.

[203] Yi J，Zhu X，Shen L，et al. An Orthogonal Curvature Fiber Bragg Grating Sensor Array
for Shape Reconstruction [J]. 2010，97：25-31.

[204] Roesthuis R J，Janssen S，Misra S. On using an array of fiber Bragg grating sensors for
closed-loop control of flexible minimally invasive surgical instruments [C] //Ieee/rsj In-
ternational Conference on Intelligent Robots and Systems. IEEE，2014：2545-2551.

[205] 孙英，尹泽楠，许玉杰，等. 电容式柔性触觉传感器的研究与进展 [J]. 微纳电子技术，
2017，54 (10)：684-693.

[206] Lee H K，Chang S I，Yoon E. A Flexible Polymer Tactile Sensor：Fabrication and Mod-
ular Expandability for Large Area Deployment [J]. Journal of Microelectromechanical
Systems，2006，15 (6)：1681-1686.

[207]   Cheng M，Huang X，Yang Y. A flexible capacitive tactile sensing array with floating
electrodes [J]. Journal of Micromechanics & Microengineering，2009，19 (11)：
115001.

[208] 戴国平. 霍尔效应原理与应用分析 [J]. 科协论坛 (下半月)，2013 (11)：34-35.

[209] 渠珊珊，何志伟. 基于霍尔效应的磁场测量方法的研究 [J]. 电测与仪表，2013，50
(10)：98-101.

[210] Dollar A M，Howe R D. A robust compliant grasper via shape deposition manufacturing
[J]. IEEE/ASME Transactions on Mechatronics，2006，11 (2)：154-161.

[211] Jamone L，Natale L，Metta G，et al. Highly Sensitive Soft Tactile Sensors for an Anthropomorphic Robotic Hand [J]. IEEE Sensors Journal，2015，15 (8)：4226-4233.

[212] Youssefian S，Rahbar N，Torres-Jara E. Contact Behavior of Soft Spherical Tactile Sensors [J]. IEEE Sensors Journal，2014，14 (5)：1435-1442.

[213] Ozel S，Keskin N A，Khea D，et al. A precise embedded curvature sensor module for soft-bodied robots [J]. Sensors & Actuators A Physical，2015，236：349-356.

[214] 尤小丹，宋小波，陈峰. 软体机器人的分类与加工制造研究 [J]. 自动化仪表，2014，35 (8)：5-9.

[215] Cho K J，Koh J S，Kim S，et al. Review of manufacturing processes for soft biomimetic robots [J]. International Journal of Precision Engineering and Manufacturing，2009，10 (3)：171-181.

[216] 李娇. 研究者热捧可折叠、可伸展硅片电路 [EB/OL]. [2008-04-09]. http：//www. eeworld. com. cn/news/packing/200804/article_20745. html.

[217] Degennes P G. Soft matter [J]. Reviews of Modern Physics，1006，64 (3)：645-648.

[218] Barcohen Y，Xue A T，Shahinpoor M，et al. Low-mass muscle actuators using electroactive polymers [C] //International Society for Optical Engineering，Smart Structures and Materials Symposium：Electroactive Polymer Actuators and Devices (EAPAD). 1998，San Diego，CA，USA：SPIE，1998：1-6.

[219] Li T，Keplinger C，Baumgartner R，et al. Giant voltage-induced deformation in dielectric elastomers near the verge of snap-through instability. Journal of the Mechanics and Physics of Solids，2013，61 (2)：611-628.

[220] Li T，Qu S，Yang W. Electromechanical and dynamic analyses of tunable dielectric elastomer resonator. International Journal of Solids and Structures，2012，49 (26)：3754-3761.

[221] Li C，Xie Y，Huang X，et al. Novel dielectric elastomer structure of soft robot//SPIE Smart Structures and Materials＋Nondestructive Evaluation and Health Monitoring. International Society for Optics and Photonics，2015：943021-943021-6.

[222] Kofod G，Wirges W，Paajanen M，et al. Energy minimization for self-organized structure formation and actuation. Applied Physics Letters，2007，90 (8)：081916.

[223] Conn AT，Hinitt AD，Wang P. Soft segmented inchworm robot with dielectric elastomer muscles//SPIE Smart Structures and Materials＋Nondestructive Evaluation and Health Monitoring. International Society for Optics and Photonics，2014：90562L-90562L-10.

[224] Bailey S A，Cham J G，Cutkosky M R，et al. Biomimetic Robotic Mechanisms via Shape Deposition Manufacturing [J]. 2000，57 (1)：450-458.

[225] 赵梦凡，常博，葛正浩，等. 软体机器人制造工艺研究进展 [J]. 微纳电子技术，2018 (8).

[226] Cham J G，Bailey S A，Clark J E，et al. Fast and Robust：Hexapedal Robots via Shape Deposition Manufacturing [J]. International Journal of Robotics Research，2002，21 (10)：869-882.

[227] 黄天佑. 材料加工工艺［M］. 北京：清华大学出版社，2004.

[228] Gafford J，Ye D，Harris A，et al. Shape Deposition Manufacturing of a Soft，Atraumatic，Deployable Surgical Grasper1［J］. Journal of Medical Devices，2016，8（3）：030927.

[229] Binnard M，Cutkosky M. A design by composition approach for layered manufacturing. J. Mech. Design，vol. 122，no. 1，pp. 91-101，2000.

[230] Carlson A，Bowen A M，Huang Y，et al. Transfer Printing Techniques for Materials Assembly and Micro/Nanodevice Fabrication［J］. Advanced Materials，2012，24（39）：5284-5318.

[231] Wu J，Dan Q，Liu S. Effect of viscoelasticity of PDMS on transfer printing［C］//International Conference on Electronic Packaging Technology. IEEE，2015：759-764.

[232] Kim S，Wu J，Carlson A，et al. Microstructured elastomeric surfaces with reversible adhesion and examples of their use in deterministic assembly by transfer printing.［J］. Proceedings of the National Academy of Sciences of the United States of America，2010，107（40）：17095-17100.

[233] Eisenhaure J D，Sang I R，Al-Okaily A M，et al. The Use of Shape Memory Polymers for Microassembly by Transfer Printing［J］. Journal of Microelectromechanical Systems，2014，23（5）：1012-1014.

[234] Pang W，Wang J B，Fei Y Q. The Structure，Design，and Closed-Loop Motion Control of a Differential Drive Soft Robot［J］. Soft Robotics，2018，5（1）：71-80.

[235] Marchese A D，Katzschmann R K，Daniela R. A Recipe for Soft Fluidic Elastomer Robots：［J］. Soft Robot，2015，2（1）：7-25.

[236] Katzschmann R K，Marchese A D，Rus D. Hydraulic Autonomous Soft Robotic Fish for 3D Swimming［C］//International Symposium on Experimental Robotics. 2014：405-420.

[237] Bartlett N W，Tolley M T，Overvelde J T，et al. SOFT ROBOTICS. A 3D-printed，functionally graded soft robot powered by combustion［J］. Science，2015，349（6244）：161-165.

[238] 施建平，杨继全，王兴松. 多材料零件 3D 打印技术现状及趋势［J］. 机械设计与制造工程，2017（2）：11-17.

[239] Muth J T，Vogt D M，Truby R L，et al. Embedded 3D printing of strain sensors within highly stretchable elastomers.［J］. Advanced Materials，2014，26（36）：6307-6312.

[240] Boley J W，White E L，Chiu G T，et al. Direct Writing of Gallium-Indium Alloy for Stretchable Electronics［J］. Advanced Functional Materials，2014，24（23）：3501-3507.

[241] Wehner M，Truby R L，Fitzgerald D J，et al. An integrated design and fabrication strategy for entirely soft，autonomous robots［J］. Nature，2016，536（7617）：451-455.

[242] 杨卫民，迟百宏，高晓东，等. 软物质材料 3D 打印技术研究进展［J］. 塑料，2016，45（1）：70-74.

[243] 张吉. 软质尼龙材料 3D 打印与软质 PUA 光固化材料的研究［D］. 杭州：浙江理工大

学，2017.

[244] Bartlett N W，Tolley M T，Overvelde J T，et al. SOFT ROBOTICS. A 3D-printed, functionally graded soft robot powered by combustion [J]. Science，2015，349 (6244)：161-165.

[245] Maccurdy R，Katzschmann R，Kim Y，et al. Printable Hydraulics：A Method for Fabricating Robots by 3D Co-Printing Solids and Liquids [J]. Computer Science，2016，2012 (1687-9503).

[246] Hogan N，Krebs H I，Rohrer B，et al. Motions or muscles? Some behavioral factors underlying robotic assistance of motor recovery. J Rehabil Res Dev，2006，43：605-618.

[247] Riener R，Lunenburger L，Colombo G. Human-centered robotics applied to gait training and assessment. J Rehabil Res Dev，2006，43：679-693.

[248] Polygerinos P，Lyne S，Wang Z，et al. Towards a soft pneumatic glove for hand rehabilitation [C] //Ieee/rsj International Conference on Intelligent Robots and Systems. IEEE，2014：1512-1517.

[249] Bogue R. Exoskeletons and robotic prosthetics：a review of recentdevelopments. Ind. Rob.：Int. J.，vol. 36，no. 5，pp. 421-427，2009.

[250] Ferris D P，Czerniecki J M，Hannaford B. An ankle-foot orthosis powered by artificial peumatic muscles. J. Appl. Biomech.，vol. 21，pp. 189-197，2005.

[251] Yong-Lae，Park，Jobim，et al. A Soft Wearable Robotic Device for Active Knee Motions using Flat Pneumatic Artificial Muscles [R]. Hong Kong，China：2014 IEEE International Conference on Robotics & Automation (ICRA)，2014. 4805-4810.

[252] Park Y L，Wood R J. Smart pneumatic artificial muscle actuator with embedded microfluidic sensing. in Proc. IEEE Sens. Conf.，Baltimore，MD，November 2013，pp. 689-692.

[253] Park Y L，Young D，Chen B，et al. Networked bio-inspired modules for sensorimotor control of wearable cyberphysical devices. in Proc. Int. Conf. Comput. Network. Commun. (ICNC)，San Diego，CA，January 2013，pp. 92-96.

[254] Ciarán，T，O' Neill，et al. A soft wearable robot for the shoulder：design，characterization，and preliminary testing [R]. London，UK：2017 international conference on rehabilitation robotics (ICORR)，2017. 1-7.

[255] Go A S，Mozaffarian D，Roger V L，et al. Heart disease and stroke statistics—2013 update：A report from theAmerican Heart Association. Circulation 127，e6-e245 (2013).

[256] Heidenreich P A，Trogdon J G，Khavjou O A，et al. Forecasting the future of cardiovascular disease in the United States：A policy statement from the American Heart Association. Circulation 123，933-944 (2011).

[257] Moreno M R，Biswas S，Harrison L D，et al. Assessment of minimally invasive device that provides simultaneous adjustable cardiac support and active synchronous assist in an acute heart failure model. J. Med. Devices 5，41008-1-41008-9 (2011).

[258] Ellen T. Roche，Markus A. Horvath，Isaac Wamala，et al. Soft robotics sleeve support

heart function [J]. Roche: Sci. Transl. Med 9, 1-11 (2017).

[259] Shuhei, Miyashita, Steven, et al. Ingestible, Controllable, and Degradable Origami Robot for Patching Stomach Wounds [R]. Stockholm, Sweden: 2016 IEEE International Conference on Robotics and Automation (ICRA), 2016. 1-9.

[260] Shuhei, Miyashita, Steven, et al. An untetered miniature origami robot that self-folds, walks, swims, and degrades [R]. Seattle, Washington: 2015 IEEE International Conference on Robotics and Automation (ICRA), 2015. 1490-1496.

[261] Deng Z, Stommel M, Xu W. A novel soft machine table for manipulation of delicate objects inspired by caterpillar locomotion. IEEE/ASME Transactions on Mechatronics, vol. 21, no. 3, pp. 1702-1710, 2016.

[262] Stommel M, Xu W, Lim P, et al. Robotic sorting of ovine offal: Discussion of a soft peristaltic approach. Soft Robotics, vol. 1, no. 4, pp. 246-254, 2014.

[263] Fei Yanqiong, Shen Xingyao. Nonlinear analysis on moving process of soft robots. *Nonlinear Dynamics*, 2013, 73 (1-2), 671-677.

[264] Fei Yanqiong, Gao Hanwei. Nonlinear dynamic modeling on multi-spherical modular soft robots. *Nonlinear Dynamics*, 2014: 78 (2), 831-838.

[265] Fei Yanqiong, Wang Xu. Study on nonlinear obstacle avoidance on modular soft robots. *Nonlinear Dynamics*, 2015, 82: 891-898.

[266] 王绪，费燕琼，许红伟，等. 仿尺蠖蠕动模块化软体机器人的设计. 高技术通讯，2015, (8-9): 829-834.

[267] Fei Yanqiong, Pang Wu. Analysis on nonlinear turning motion of multispherical soft robots. *Nonlinear Dynamics*, 2016, 88 (2): 1-10.